太湖流域
河湖连通工程水环境改善综合调控技术

吴时强　周杰　李敏　刘俊杰　著

中国水利水电出版社
www.waterpub.com.cn
·北京·

内 容 提 要

　　太湖流域是我国典型的平原河网地区，河网水系错综复杂，社会经济发达，城镇化率高，保障流域防洪安全、水资源供给、水环境改善需求是流域河湖水系连通工程体系调控的三大目标。本书在回顾太湖河湖连通工程体系演变的基础上，针对其现状及近期规划实施的工程，分析了工程体系现状调控水动力变化及水环境效果，评价了工程体系调控改善水环境综合效应，研究了综合调度的环境风险评估与应急措施，提出了河湖连通工程体系综合调度技术和应对策略，为太湖流域河湖连通工程体系完善和综合调控方案的制定提供了技术支撑。

　　本书可供关心和研究太湖流域水环境治理以及河湖连通工程体系调控技术的技术人员和管理者借鉴和参考，也可供水利、环境等专业师生使用。

图书在版编目（ＣＩＰ）数据

太湖流域河湖连通工程水环境改善综合调控技术 /
吴时强等著. -- 北京：中国水利水电出版社，2015.12
ISBN 978-7-5170-3984-6

Ⅰ．①太… Ⅱ．①吴… Ⅲ．①太湖－流域－水资源管理－研究②太湖－流域－水环境－环境管理－研究 Ⅳ．①TV213.3②X524

中国版本图书馆CIP数据核字(2015)第321393号

审图号：GS（2016）2817号

书　　　名	**太湖流域河湖连通工程水环境改善综合调控技术**
作　　　者	吴时强　　周杰　李敏　刘俊杰　著
出 版 发 行	中国水利水电出版社 （北京市海淀区玉渊潭南路1号D座　100038） 网址：www.waterpub.com.cn E-mail：sales@waterpub.com.cn 电话：（010）68367658（发行部）
经　　　售	北京科水图书销售中心（零售） 电话：（010）88383994、63202643、68545874 全国各地新华书店和相关出版物销售网点
排　　　版	中国水利水电出版社微机排版中心
印　　　刷	北京瑞斯通印务发展有限公司
规　　　格	184mm×260mm　16开本　18印张　445千字　12插页
版　　　次	2015年12月第1版　2015年12月第1次印刷
印　　　数	0001—1000册
定　　　价	**78.00元**

前言

　　河湖水系是水资源的载体，是水环境的重要组成部分，是社会经济发展的重要支撑。在全球气候变化、极端水旱灾害事件频发、经济社会高速发展、水资源短缺与生态环境渐趋恶化等形势下，河湖水系连通工程作为提高水资源统筹调配能力、改善水环境质量状况和增强抵御水旱灾害能力的一种治水方略，已经远远超出了单一水系连通性的学术研究范畴。河湖水系连通工程体系调控，不仅影响流域水资源配置适宜性，而且会对水循环伴随的水环境质量演变产生重要影响，并进一步影响抵御水旱灾害的能力。

　　近年来，由于河网、湖泊水体水质下降趋势加剧，在截污控源的同时，利用河湖连通工程调控来改善水生态环境已经成为减缓水环境恶化趋势的重要手段。全国重点污染治理的"三湖"均采用河湖连通工程调度方式来改善水系湖泊水环境状况，如引江济巢工程设有凤凰颈、白荡湖、菜子湖三条江湖连通通道，以重建江湖动态联系方式，通过扩大江湖水量交换和加快河湖水体流动，提高巢湖水体自净能力和缩短巢湖换水周期，促进巢湖污染综合治理和水环境状况改善。滇池是我国六大重要淡水湖泊之一，20余年来，滇池草海水质一直为劣Ⅴ类，外海水质在Ⅴ类和劣Ⅴ类之间波动，滇池水环境急剧恶化，水生植物面积锐减，生物多样性被严重破坏。多年来，采取环湖截污、入湖河道综合整治、农村面源治理、生态修复与重建、生态清淤和外流域调水等综合治理措施，加快水污染治理进程，其中截污控污是根本，调水补水是关键。在力行全面截污控污的基础上，通过金沙江支流牛栏江—滇池补水工程等外流域调水补充滇池清洁水，解决了滇池流域水资源严重短缺的"瓶颈"问题，增强了水资源承载能力，加快了水体循环和交换，逐步恢复了滇池流域良性水生生态，达到了最终实现滇池水环境改善的初步效果。

　　太湖流域北依长江，太湖居中，平原河网湖泊棋布，沟通长江、太湖及平原湖泊的水系发达。太湖水系由太湖和周围的水网组成，由于人工控制工程的修建，影响了太湖流域水系与长江水系的自然连通性，降低了太湖流域河网与长江水体之间的交换能力，改变了原有河网水系的水体流动性，也导致太湖河网湖泊水系成为强人工干预性水系，客观上削弱了河网水系与湖泊水体的自净能力，减少了河网水体环境容量，近20年来，随着流域经济快速发展和人口的高度集聚，流域污染负荷不断增加，加快了流域水环境恶化和湖泊富营养化趋势。

1991年发生流域性洪水之后，国务院制订并全面实施了《太湖流域综合治理总体规划方案》，通过11项骨干工程的建设，重点提升流域防洪排涝能力。经过多年的努力，太湖流域已初步建成了可供引排调节和控制水流的防洪工程体系，提高了流域防洪标准，可有效防御1954年型洪水，也初步形成了利用调水引流技术改善区域水环境的基础设施条件。2002年1月，水利部门启动了引江济太调水试验工程，通过望虞河调引长江水进入太湖流域，增加流域水资源的有效供给，湖区水体水质和流域有关河网水环境得到一定的改善，保障了流域供水安全，提高了水资源和水环境的承载能力，发挥了连通工程在水环境改善方面的作用。在应对2007年蓝藻暴发等事件中起到了极大的作用，缓解了区域水环境恶化的趋势。但由于目前流域性调控措施相对较为单一，主要依赖望虞河引水与太浦河排水以及渎山泵站等组成的连通工程，无法满足流域水环境改善的需求。为此自2007年蓝藻事件之后，国务院又制定了《太湖流域水环境综合治理总体方案》，厘清了太湖污染的现状和主要问题，明确了太湖水环境治理的总体思路和总目标，涉及江湖连通工程的有新孟河延伸拓浚工程、新沟河延伸拓浚工程、走马塘拓浚延伸工程和望虞河西岸控制工程、平湖塘延伸拓浚工程、太嘉河工程等，构建较为完善的流域性江河湖连通工程体系，促进河网水系水体整体流动性，提高流域整体水环境容量，达到改善流域河网水系及湖泊水环境的目标。

随着流域河湖连通工程体系逐步完善，如何充分发挥河湖连通工程体系调水改善区域水环境的综合作用，协调好区域水环境改善和河湖连通工程体系调度措施的关系，减小其不利影响，是一个值得研究的课题。为此，南京水利科学研究院联合太湖流域管理局水利发展研究中心、江苏省水文水资源勘测局共同申报并获批水利部公益性行业专项"河湖连通工程水环境改善综合调控技术"（201301041），针对太湖流域河网水系及湖泊，在评价河湖水系连通工程格局现状及近期连通规划工程的基础上，分析河湖水系连通工程调控对流域河网水系及湖泊水流动力条件的响应关系，研究河湖水系连通工程调控与水环境主要评价指标变化规律，评估主要连通工程体系综合调控下流域河网水系及湖泊水环境改善效果及控制能力，指出河湖水系连通工程体系存在的局限性，分析河湖连通工程综合调控的水环境风险，提出水环境改善的河湖水系连通工程综合调控技术与策略，为河湖水系连通工程布局调整及综合调控方案的制订提供技术支撑。

本书主要以该项目研究成果为基础，结合其他相关项目成果编著而成。本书共分8章，第1章综述了国内外河湖连通状况及水环境效果评价与调控技术；第2章介绍了太湖流域河湖连通演变及工程状况；第3章分析评价了太湖流域河湖连通工程现状调控水动力变化及水环境效果；第4章结合流域河湖连通工程体系规划，设置了不同分析情景及调度原则；第5章分析评价了不同情景下河湖连通工程调水引流改善水环境综合效应；第6章评估了不同风险源下河湖连通工程体系综合调度的环境风险，提出了相应的应急措施；第7章根据前几章的研究成果，提出了河湖连通工程综合调控技术，探讨调控策略；第8章总结并提出了河湖连通工程体系调控策略和展望。

书稿由吴时强、周杰统稿，第1、2章由吴时强、周杰、李敏、蔡梅撰写，第3章由马倩、刘俊杰撰写，第4章由周杰、吴修锋撰写，第5章由周杰、吴时强、戴江玉撰写，第6章由李敏、蔡梅、王元元撰写，第7章由周杰、李敏、王元元撰写，第8章由吴时强、周杰撰写，杨倩倩参加了本书编著过程的部分校对工作。

研究工作中，得到了太湖流域管理局、江苏省水利厅、南京水利科学研究院、中国水利水电科学研究院、上海勘测设计研究院有限公司、河海大学、中国科学院地理与湖泊研究所、南京大学等单位领导、专家的大力支持和指导，同时也感谢参与本项目研究工作的沙海飞、戴江玉、范子武、庞翠超、吕学研、邵军荣、肖潇、杨倩倩、王芳芳、王威、曹浩、王勇、何建兵、李蓓、陈红、周宏伟、潘明祥、陆志华、韦婷婷、章杭惠、陈凤玉、李昊洋、陆小明、胡尊乐、沈国华、郑建中、高鸣远等的合作和帮助。本书的出版也得到了南京水利科学研究院出版基金的资助，一并表示感谢。

鉴于太湖流域河湖水系复杂，水生态环境问题凸显，河湖连通工程体系涉及因素众多，情景设计等尚有诸多不确定因素，加上作者水平有限，书中难免有偏颇、遗漏和不妥之处，恳请广大读者和同行批评指正，以利今后深入研究。

作者

2015 年 12 月

目录

1 绪 论

1.1 河湖连通工程由来及功能演变

1.1.1 河湖水系自然演变与格局

地表水与地下水分水线所包围的集水区或汇水区称为流域，流域内所有河流、湖泊等各种水体，组成脉络相通的水网系统，称为水系。自然状态下的河湖水系由水流自由发展而成，是经过自然演变后形成的具有自然性和完整性的网络系统。河、湖、沼泽、湿地、地下水、地表水、环境是水系网络的节点，长期自然的推进过程形成了各个节点之间的连通关系。俗话说"水往低处流"，水系的流向、形态、流域面积、河网密度等特征与地形、气候关系密切。流域的河流形态、水系结构、调蓄能力以及景观特征等受水系分叉、河网密度、河流分级等自然因素影响，有明显的地域特点[1]。

河湖水系是地表水资源的主要存储空间，是水循环形成的载体，是流域生态环境的重要组成部分，更是人类经济社会发展的支撑[2]。河湖水系的生态系统不仅是自然物种繁衍、多样性演进最为适宜的环境，更是人类社会文明发展和进步最为活跃的地方，人类依河而生存，逐水而兴旺。在社会的发展进程中，人类的生产活动也不断影响着河湖水系的连通格局，社会经济的快速发展和用水需求的不断增加，使得自然形成的河湖水系已经演变成自然-人工复合水系，环境特征多样，生态结构复杂，除包括河流、湖泊、湿地等自然水体外，还包括人工修建的闸坝、堤防等水工程形成的水库、渠系、蓄滞洪区以及人工河道、人工湖泊等人工水体。

我国幅员辽阔，江河湖泊纵横分布，流域面积在 $100km^2$ 以上的河流有 2 万多条，水域面积在 $1km^2$ 以上的湖泊有 3000 多个，大大小小的河流湖泊构成了我国复杂的河网水系。河流大多顺地势自西向东流入海洋，绝大多数河流分布在外流河流域，主要水系包括长江、黄河、淮河、海河、珠江、松花江和辽河；内陆河水系大都发育在封闭的盆地内，大致可分为新疆、甘肃、内蒙古、青海、藏北五个内陆河地区。湖泊分布主要取决于湖水的补给条件，按地理位置划分，主要分为东部湖区、东北湖区、蒙新湖区、青藏高原湖区、云贵湖区五大湖区，长江中下游平原和青藏高原是湖泊分布最为集中的区域。按湖水的含盐度划分，可分为淡水湖和咸水湖，其中淡水湖面积占全国湖泊总面积的 45%，主要分布在外流河流域附近，咸水湖则主要分布在内流河流域。

从生产生活方式、水土资源开发方式、人水关系以及连通状况等角度，李原园等[3]将我国河湖水系格局的演变进程划分为四个时期，见表 1.1。

表 1.1 河湖水系演变进程

历史时期	生产方式	水土资源开发方式	人 水 关 系	连通状况
远古	渔猎采摘	逐水而居	完全自然演变，人类被动适应	自然连通状况
古代	传统农业	局部开发	自然演变为主，人类逐步适应	局部连通改造
近代	近代工业	区域开发	自然因素为主，人类主动改造	连通状况改变
现代	现代工业	规模开发	演变关系复杂，人类影响加大	连通状况复杂

（1）河湖水系的形成和发展初期。由于远古时期剧烈的地质结构运动，我国形成了西高东低的三级阶梯地势，阶地隆起为水流提供了巨大的势能，使得一些互不连通、相互独立的内陆水系汇集成河，逐步演变为从源头到入海口、自西向东的总体流势。此时河湖水系受自然因素影响完全处于天然演变状态，具有自然缓慢、突变剧烈的特点。

（2）水系的发育和格局调整时期。古代是我国主要江河湖泊不断发育、自然因素主导的水系格局不断调整的时期，在自然营力的持续作用下，我国主要河湖水系的连通格局基本形成，该时期的水系演变仍以自然演变为主，但逐渐出现一些顺应自然规律的开发利用与人工干预。

（3）自然-人工复合水系格局的稳定时期。在近代，随着人类科技水平和生产能力的提高，河湖水系格局不断与经济社会发展格局相匹配，人类活动通过改变河流边界条件、水沙条件，对河湖水系频繁实施防洪建设、河湖围垦、水资源开发利用等活动，更加深入地影响河湖水系的演变，呈现出自然演变缓慢、人工干预增强的趋势。河湖水系逐渐从连片、支叶形转变成线带状、网格型的形态，水面面积缩小，河湖水系的水动力减弱，河流淤积加重，自然-人工复合水系结构复杂。

（4）水系连通方式不断丰富、格局逐步完善的时期。该时期河湖水系格局直接受人类活动影响，人类在利用河湖水系时，给水资源带来巨大的压力负荷，导致部分河湖严重萎缩，连通性减弱，水旱灾害频发。现代人们开始注重人水和谐，坚持可持续发展治水理念，在多个方面对河湖水系连通产生影响，河湖水系连通工程多以防洪抗旱、航运、水资源配置和水生态环境保护与修复等功能为目的。

经过漫长的自然演变和持续的江河开发治理，目前我国已形成以七大江河等自然水系为主体、人工水系为辅的河湖水系及其连通格局，河势基本得到控制，河湖功能得以发挥。

人类社会的发展与河湖水系及其演变密切相关。河湖水系及其连通状况不仅决定了水资源格局和水资源承载能力与环境容量的大小，而且对生态环境和水旱灾害风险产生重要影响。

1.1.2 河湖连通工程类型与功能

1.1.2.1 河湖水系连通的概念

水是生命之源，是一切生物赖以生存和社会经济赖以发展的物质基础。然而，水资源的时空分布不均，一些地区水资源承载能力不足，区域经济发展受限，加上人类用水方式的多样化，各种水问题相继出现。为了改善和解决这些水问题，人类采取一系列调配统筹水资源的行为或活动，其中包括河湖水系连通工程的建设[4]。河湖水系的相互连通关系是流域内各种水体的形态分布与连接状态的综合描述，人们逐渐意识到河湖水系连通的重要性。2009 年，水利部部长陈雷首次提出河湖水系连通这一重大战略举措[5]，旨在提高水资源统筹调配能力、改善生态环境质量状况和增强抵御水旱灾害能力。

近年来，关于河湖水系连通的研究不断增多和深化，国内部分学者做了一些探索性的研究，讨论了河湖水系连通概念及内涵，初步构建了河湖水系连通概念框架和理论体系；一些学者对水系连通性概念及内涵在一定程度上进行了界定，探讨了水系连通性的重要意义及评价方法。

2005 年，长江水利委员会编写的《维护健康长江，促进人水和谐》研究报告中，首次提出了水系连通性概念，并将水系连通性定义为：河道干支流、湖泊及其他湿地等水系的连通情况，反映水流的连续性和水系的连通状况[6]。这一概念强调了河流、湖泊在水系连通性中的重要作用。张欧阳等[7]进一步研究讨论指出，水系连通性包含两个基本要素：一要有能满足一定需求的保持流动的水流；二要有水流的连接通道；夏军等[8]从科学范畴定义水系连通性为：在自然和人工形成的江河湖库水系基础上，维系、重建或新建满足一定功能目标的水流连接通道，以维持相对稳定的流动水体及其联系的物质循环的状况。其实，"脉络相通"便是水系的连通性，这一定义客观地解释了河湖水系连通，但与目前水利部为解决日益严重的水问题而提出的河湖水系连通战略尚有一定的差异。在总结相关研究的基础上，结合河湖水系连通的战略目标、构成要素，窦明等[9]、李宗礼等[10]给出了河湖水系连通概念的进一步解析，即以实现水资源可持续利用、人水和谐为目标，以改善水生态环境状况、提高水资源统筹调配能力和抗御自然灾害能力为重点，借助水库、闸坝、泵站、渠道等各种人工措施和自然水循环更新能力等手段，构建蓄泄兼筹、丰枯调剂、引排自如、多源互补、生态健康的水系连通网络体系；徐宗学等[11]提出将通过自然营力或工程措施建立河湖水系之间的水力联系，统称为水系连通，目前所提到的河湖水系连通往往指后者，定义为"以可持续发展与人水和谐为原则，以水安全和流域生态健康为目标，基于水循环理论，通过工程措施以及水库闸坝调度等手段，建立河湖库不同水体之间水力联系的措施和行为"。

河湖水系连通本质上是根据河、湖特性，统筹考虑连通区域的经济社会、生态环境等各方面的水情、工况和需求，通过自然与人工手段进行科学有效的连通，构建脉络相通的水网体系，实现人水和谐可持续发展[12]。

1.1.2.2 河湖水系连通的类型

河湖水系连通实践古已有之，结合国内外河湖水系连通的实践经验，在河湖水系连通概念和内涵的基础上，依据河湖水系连通的主要影响因素，参照李宗礼等[13]、窦明等[9]、夏军等[8]提出的有关分类原则和分类体系，总结河湖水系连通的主要类型有以下几种：

（1）按连通对象，可分为河河连通、河湖连通、河湖与湿地连通、河湖与城市水网连通、多对象复杂连通。

（2）按连通区域和水系特点，可分为缺水区（北方平原区、北方丘陵区、西北干旱区）连通、丰水区（南方丘陵区、西南高原区、松嫩平原区）连通、河网区（长江中游河网区、下游河网区）连通。

（3）按连通空间尺度，可分为国家层面水网连通、流域层面水网连通（跨流域连通、流域内连通）、区域层面水网连通（省级层面连通、市县层面连通、城市内部连通）。

（4）按连通时间尺度，可分为长期连通（又称常态连通）、短期连通（又称非常态连通，如季节性连通、年度性连通、应急性连通）。

（5）按连通目的和功能，可分为水资源调配型连通、生态环境修复型连通、水旱灾害防御型连通、综合效益型连通。

1.1.2.3 河湖水系连通的功能

河湖水系连通的目的是解决我国水资源条件与生产力不匹配问题，最终实现人水和谐。其功能主要表现[14]为：合理调配水资源，保障人类的生存与发展，实现水资源可持续利用，遵从自然规律，提高河湖健康保障能力，保障经济社会可持续发展的良好环境，应对气候变化和突发事件，提高抵御重大水旱灾害能力。细化河湖水系连通功能，形成具体的功能体系[15]，如图 1.1 所示。

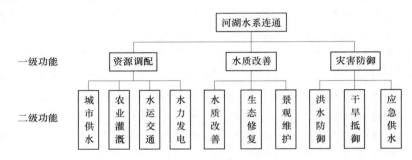

图 1.1 河湖水系连通的功能体系

（1）提高水资源统筹调配能力。我国水资源时空分布特点决定了其与大部分地区的人口、生产力布局以及土地等其他资源不相匹配。河流上下游、干支流的水力联系随着河湖治理、河湖滩涂围垦等而改变，流域、区域与行业之间用水竞争加剧，部分地区水资源承载能力不足，供水安全的风险正在逐步加大，水资源供需矛盾日益突出。

根据水资源条件和生态环境的整体特点，开展河湖水系连通工程的建设，可以增加外调水量，同时可以将已建的水利工程连通起来，达到丰枯相互调剂的目的，从而增加当地的水资源可利用量，提高供水保证率，以水资源的可持续发展支撑经济社会的可持续发展。

（2）改善水生态环境状况。在经济快速发展地区，工业、生活污水排放量日益增大，河湖水体污染严重，水生态环境状况恶化；另外，部分地区为开发利用水资源，修建大量闸坝，改变或阻隔了河湖水系原有的水力联系，水体流速减缓，天然河湖、湿地的调蓄能力降低，水体自净能力和水环境承载力降低；水体富营养化现象加剧，生态自我修复能力下降，水质型缺水严重。

在严格控制污染物排放的前提下，通过河湖水系连通工程的建设，可以加速水体流动，加快水体置换频率，增加水环境容量，达到稀释水体、降低污染物浓度、提高水体自净能力、改善水环境的目的，从而增强水环境承载能力，保障生态安全。

（3）增强水旱灾害抗御能力。洪涝和干旱灾害一直是我国主要的自然灾害，严重制约着我国社会经济的正常运行，加之气候变化和人类活动的影响，极端事件发生频率不断增加。众多湖泊、淀洼的调蓄能力大幅下降，中小河流淤积、堵塞和萎缩现象严重，部分河道的调蓄、输水、排水等功能受到严重影响。

河湖水系连通不仅为洪水提供畅通出路，维护洪水蓄滞空间，而且能够为干旱地区调配水源，维持水资源供给，有效降低洪涝灾害风险，保障防洪和供水安全。河湖水系连通将成为提高径流调控与洪水蓄泄能力、增强抵御水旱灾害能力的有效途径。

总体而言，河湖水系连通工程的实施，可以将不同水系连通起来产生综合效应，发挥多种功能，一方面可以增加调蓄容积，有效减少洪涝灾害，恢复战略应急水源，提高供水保障；另一方面可以促进流域污染治理，改善河湖水质，提高区域生物多样性，恢复水生态环境健康。除此之外，还有利于改善内河航道，促进内河航运更好的发展。

河湖水系连通的提出是解决我国水资源短缺、水环境恶化、水灾害频发等问题的一个重大举措，是实现水资源可持续利用的治水新思路。同时，河湖水系连通工程也是一项复杂的系统工程，仍需继续深入研究，不断丰富其理论，并结合工程实践，因地制宜、合理调度，才能更好地发挥其功能，有效解决水资源问题。

1.1.3 河湖水系功能演变

河湖水系格局的自然演变伴随着河湖水系功能的演变，影响河湖水系及其连通状况演变的主要因素有自然因素和人为因素两方面，其中人类社会的生存发展与河湖水系连通及其功能息息相关，相互影响、相辅相成。人类从逐水而居到逐水而兴，由开始的开发利用河湖水系到后来的逐渐改造河湖水系，更好地服务于人类的社会经济发展，河湖水系的功能不断改变，从传统的供水、防洪、排涝、抗旱、航运、军事等单功能的开发利用向统筹水资源调配、兼顾水生态环境修复等多功能综合利用转变。

我国是世界上河流水系最为发达和人为开发最早的国家之一，中华民族文明发展的每一个阶段都与河流水资源的开发密切相关。

（1）远古时期。河湖水系初成，处于天然演变状态，完全受自然因素影响控制，人类生活主要以渔猎采摘为生，基本没有抵御自然灾害的能力，只能择水而栖，被动地适应和屈从自然。这个时期的河湖水系功能单一，主要为人类提供生存的环境和水资源，满足人类基本生存用水需求。

（2）古代时期。主要江河湖泊不断发育、自然因素主导的河湖水系格局逐渐形成并不断调整。人类逐水而兴，河湖水系发挥了重要作用，其功能除了供水外，还有灌溉、航运、军事等。伴随水系发展的还有严重的水旱灾害，人类为了生存和发展，不断地与洪水作斗争，采取人工措施进行干预，河湖水系起到了防洪、排涝的作用。此时河湖水系的利用还处于开发起步阶段，只是一些顺应自然规律的开发治理与人工干预。

（3）近代时期。河湖水系不断调整，自然-人工复合河湖水系格局逐步稳定并形成。伴随人类科技水平和生产能力的提高，对河湖水系格局与经济社会发展格局相匹配的需求也越来越高，防洪建设、河湖围垦、水资源开发等活动频发，河湖水系的边界条件和水沙条件不断被改变。河湖水系不仅要满足人类的基本生活用水需求，还有更高的工农业生产、水力发电、航运、河流生态用水等的需求。此外，还有为了缓解水资源供需矛盾采取的调水措施，用于污水稀释、改善生态环境和维持湖水稳定。

（4）现代时期。现代河湖水系格局直接受人类活动影响，连通方式不断丰富，水系格局逐步完善。河湖水系在为人类服务的同时，面临的压力不断增加，水资源与水环境承载能力不足，河湖功能与作用发生改变。在水资源利用方面，倡导以人为本、人水和谐的可持续发展理念，由注重水系开发利用向注重水资源调配和生态保护发展，由注重水量向水量-水质-水生态相结合发展，由局部向跨流域、跨区域统筹协调管理发展[16]。河湖水系除了满足人类的基本生活生产用水外，河湖水系连通工程等水利措施的建设，完善了防洪工程体系，优化了水资源配置，同时也保护了水生态环境。人类通过实行最严格的水资源管理，来保障经济社会发展的安全、健康、可持续用水。

河湖水系参与了水的循环过程，是水资源的重要载体，在自然界中为动植物和人类提供了水源，是社会不可或缺的一部分。伴随人类从早期改造河湖水系到后来治理河湖水系，河湖水系功能也不断演变，从供水、灌溉、军事、航运到工业用水、水力发电、防洪、抗旱，再到稀释污染的自净化功能、为生物提供栖息环境、治理水污染、改善水环境等，无不体现着与人类经济社会发展的密切联系。在今后人水和谐的人类用水治水理念下，河湖水系将更好地发挥其功能，为人类社会可持续发展服务。

1.2 国内外河湖连通状况

水是一切生命之源，是人类生存和社会经济发展必不可少的物质基础，早在远古时代人类就循水而居。但是受自然地理及气候等方面因素的影响，全球降水量的时空分布极其不均，洪涝、干旱灾害频发，与区域发展格局不相匹配问题也一直存在。为了解决这些水问题，人类在很早以前就开始开挖沟渠引水灌溉，开凿运河运送货物发展贸易，建设许多河湖水系连通工程来人为调配水资源。

据统计[4]，目前世界上至少 40 个国家建成了比较大型的 350 余项河湖水系连通工程，主要分布在美国、加拿大、俄罗斯、印度、巴基斯坦、中国、澳大利亚等国家。

1.2.1 国外河湖连通状况、典型案例

最初的河湖连通工程主要是为了满足农业生产发展的需要。早在公元前 2400 年，古埃及兴建了世界上第一个河湖水系连通工程，从尼罗河引水到埃塞俄比亚南部，以满足地区灌溉和航运用水需求，在一定程度上促进了埃及文明的发展。

18 世纪后期，工业革命对国外河湖水系连通建设起到了巨大的推动作用，同时经济产业的发展增大了对水路输运的需求。到 19 世纪末，一些国家先后兴建了一些以航运为目的水系连通工程，如举世闻名的基尔运河、苏伊士运河和巴拿马运河等。20 世纪以来，河湖连通的重要性受到了越来越多的重视，许多国家开始兴建各种用途的河湖连通工程，满足人类对水资源的需求，支撑社会经济的发展。据统计资料，世界上许多大型的水系连通工程都是在 20 世纪 40—80 年代建设的。20 世纪 80 年代后期，一些发达国家的河湖水系连通工程建设速度放慢，而发展中国家仍大力建设。这些河湖水系连通工程的功能主要体现在军事和航运、灌溉和供水、江河湖泊治理、水资源配置和水生态环境修复等方面。早期的河湖连通目标单一，多为引水灌溉，后期除了灌溉还兼顾航运、城市供水、水力发电、生态环境保护等作用，给整个地区的经济发展带来了显著的经济和社会效益。进入 21 世纪以来，随着水生态环境问题的日益加剧，以水生态环境治理为主要目的的河湖水

系连通工程逐渐增多。表1.2列举了国外著名的河湖连通工程[16-18]。

表 1. 2   国外著名的河湖连通工程

序号	所在地	工程名称	功能和目的	首次送水年份
1	加拿大	韦兰运河工程	发电、航运	1829
2	美国	芝加哥调水工程	供水、灌溉、水环境治理	1900
3	苏联	伏尔加—莫斯科调水工程	灌溉、城市供水、发电、航运	1937
4	美国	中央河谷工程	灌溉、城市及工业供水、防洪、发电、航运、环境保护	1940
5	美国	全美灌溉系统	供水、灌溉、发电等	1940
6	以色列	北水南调工程	灌溉、城市供水	1953
7	美国	科罗拉多—大汤普森调水工程	灌溉、防洪、城市及工业用水、水力发电、旅游等	1959
8	苏联	卡拉库姆运河工程	灌溉、城市及工业用水	1962
9	美国	加利福尼亚北水南调工程	灌溉、城市及工业供水、防洪、发电	1973
10	澳大利亚	雪山调水工程	灌溉、发电、工农业用水	1974
11	加拿大	魁北克调水工程	水力发电、灌溉、城市供水	1974
12	伊拉克	底格里斯—塞尔萨尔湖—幼发拉底调水工程	防洪、灌溉	1976
13	巴基斯坦	西水东调工程	耕地灌溉、发电、防洪	1977
14	印度	萨尔大萨哈哈克工程	灌溉	1982
15	芬兰	赫尔辛基调水工程	供水	1982
16	哈萨克斯坦	额尔齐斯—卡拉干达运河工程	供水	1982
17	美国	中央亚利桑那工程	灌溉、供水	1985
18	秘鲁	马赫斯调水工程	灌溉	1986
19	埃及	西水东调工程	灌溉、城市供水	1998
20	南非	莱索托高原调水工程	工业供水	1998
21	德国	巴伐利亚州调水工程	供水、灌溉	1999
22	尼日利亚	古拉拉调水工程	供水、发电	2007

美国加州北水南调工程是一项宏大的跨流域河湖连通工程，输水渠道南北绵延千余公里，年调水总量超过140亿 m³，为加州南部的经济和社会发展、生态环境改善提供了充足的水源，河湖连通工程的成功建设，使加州发展成为美国人口最多、灌溉面积最大、粮食产量最高的一个州。

澳大利亚雪山调水工程是世界上最复杂也是澳大利亚最大的一项水利建设工程，用来解决内陆干旱缺水问题，年调水量超过30亿 m³，通过大坝、水库和山涧隧道网，从雪山山脉的东坡建库蓄水，使南流入海的雪山融水向西调至墨累河等需水地区，满足下游灌溉用水的需求，沿途还产生了巨大的发电效益。

巴基斯坦西水东调工程是当今世界上满足灌溉等需求的调水量最大的工程，从西三河向东三河调水，年调水量达148亿 m³，解决了东三河下游的灌溉用水等问题，曼格拉和塔贝拉两大水库的建设，也发挥了极大的防洪效益和发电效益，为巴基斯坦整个经济社会的发展提供了强大的动力。

调水发电工程中最为著名的是加拿大魁北克省詹姆斯湾调水工程。拉格朗德河水量充沛，水能资源蕴藏丰富，河道地势有落差 360m，利于开发，故从卡尼亚皮斯科河和伊斯特梅恩河引水至拉格朗德河，年引水量 382 亿 m^3，干流上四大电站的年发电量 717 亿 $kW \cdot h$，满足了整个加拿大的用电需要。魁北克省通过河流水系连通工程从相邻河流调水集中进行梯级水电开发的做法经济合理，值得借鉴。

苏联的伏尔加—莫斯科调水工程，于 1932 年开工建设，1937 年 5 月竣工投入使用。运河线路总长 128km，共建有 240 余座不同的水工建筑物。建设莫斯科运河的主要目的是满足莫斯科市和周边地区的饮用水需求，同时开辟了航道实现航运目标，并沿途进行水力发电产生经济效益。运河建筑物的施工设计具有较高水平和超前意识，为莫斯科市的发展做出了不可替代的贡献。

美国芝加哥调水工程是 19 世纪末规模最大、最复杂的公共建设工程之一，该工程通过大规模的河湖水系连通设施建设，从供水、水环境治理角度，建立了芝加哥城市河湖水系与密歇根湖以及密西西比河的水力联系，解决了芝加哥的水资源和水环境改善问题。

以上河湖水系连通工程为当地的社会经济发展做出了巨大的贡献，也成为世界上河湖水系连通的成功典范。

1.2.2 国内河湖连通状况、典型案例

我国水利工程历史悠久，修建河湖水系连通工程、合理调控利用河湖水系，在我国有许多成功的典范。

我国古代战争频繁，但由于交通不便影响了人员、粮食的输运，最初修建了许多以军事、航运为目的的河湖水系连通工程。据记载，我国在公元前 486 年修建的以军事和航运为目的的引长江水入淮河的邗沟工程，是我国最早的河湖水系连通工程；为了保证农业发展、粮食供应，公元前 256 年修建的引岷江水入成都平原的都江堰引水工程，灌溉了成都平原，成就了四川"天府之国"的美誉；而于 1400 年前开凿的京杭运河，更形成了联系海河、黄河、淮河、长江以及钱塘江等多条河流的跨流域水系连通工程，在航运和供水方面带来了效益。

新中国成立以来，特别是 20 世纪 80 年代以后，为解决缺水城市和地区水资源紧张的问题，全国陆续建设了一批水系连通工程，如广东东深供水工程、天津引滦入津工程、山东引黄济青工程、甘肃引大入秦工程、辽宁引碧入连工程等。21 世纪以来，随着我国工业化、城镇化的快速发展，水资源短缺、水生态环境恶化问题日益突出，以水资源调配和水生态环境保护与修复为目的的河湖水系连通工程开始出现，如南水北调、引江济太、引黄济淀等跨流域调水工程。表 1.3 列举了国内一些影响较大的河湖连通工程。

表 1.3　　　　　　　　　　国内主要的河湖连通工程

序号	所在地	工程名称	功能和目的	首次送水年份
1	广东	东深引水工程	灌溉、城市供水	1965
2	天津	引滦入津工程	城市及工业供水	1983
3	山东	引黄济青工程	城市供水、灌溉	1989
4	江苏	江水北调工程	调水、灌溉、排涝、航运	1991

序号	所在地	工程名称	功能和目的	首次送水年份
5	甘肃	引大入秦工程	耕地灌溉、生活用水	1995
6	河北	引黄入卫工程	城镇、工业和农业供水	1995
7	辽宁	引碧入连工程	城市供水、农业用水	1997
8	山西	引黄入晋工程	城市供水、能源基地建设用水	2002
9	江苏	引江济太工程	供水、水环境改善	2002
10		南水北调东线工程	城市及工业供水、灌溉、航运	2007
11	—	南水北调中线工程	灌溉、城市及工业供水、生态环境用水	2008
12		南水北调西线工程	灌溉、城市及工业供水	规划中

为了解决苏北地区缺水问题，1961年江苏省开工修建了江水北调工程，以江都站为起点，京杭运河为输水骨干河道，输水线路长达404km，经过30多年的建设，已经形成了多级提水、多库调节、江淮沂沭泗多水源互济、供水与排涝相结合的调水系统，是目前国内引水量最大、受益区范围最广的跨流域水系连通工程，有效地促进了苏北地区工农业生产和社会发展。

2003年开工建设、现已建成通水的南水北调东线、中线工程是缓解我国北方缺水严峻形势的水资源配置战略工程，也是连接海河、淮河、黄河、长江等河流的大规模水系连通工程，对优化水资源配置、保障水资源安全具有重大意义。其中东线工程输水干线1150km，中线工程主干线长1241km，工程可基本解决沿线城市的水资源紧缺问题，大大改善了供水区生态环境，推动了当地经济发展。

2002年以来，太湖流域管理局组织实施了引江济太调水试验，将长江水经常熟水利枢纽通过望虞河引向太湖，以增加太湖水资源量，改善太湖及流域河网的水环境，并通过太浦河和环太湖口向苏州、无锡等太湖周边区域和上海、杭嘉湖等地区供水，由此带动流域内其他诸多水利工程的优化调度。引江济太工程的实施提高了太湖流域的水资源和水环境承载力。

2005年以来，城市居民对城市供水、水环境、水景观、水文化的需求逐渐增加，为改善城市供水条件、提高供水保证率、美化城市环境、提升城市竞争力，全国主要大中型城市纷纷加快了城市生态水网建设的步伐，形成以城市为单元、辐射周边地区的生态水网体系。比较有代表性的有桂林两江四湖工程、银川市河湖水系连通工程、邯郸生态水网建设、杭州西湖综合保护工程、武汉市大东湖生态水网构建工程、郑州市生态水系工程等。

河湖水系连通的成功实践为保证供水区工农业和经济社会发展、改善生态环境发挥了重大作用，同时为以后的研究提供了宝贵的经验。

1.2.3　目前河湖连通面临的问题

从国内外河湖连通工程实践总结来看，其重要性已被大家所认同和接受，河湖连通工程是解决水资源短缺、洪涝灾害乃至水生态破坏的重要途径和有效手段。

但河湖连通作为一项复杂的系统工程，有独特的河网体系，在大自然条件多变和人类剧烈活动影响下，必然具有独特的脆弱性[19]。现有的河湖连通性概念并没有达成共识，远未形成完整的理论与技术体系，难以在水文或其他方面得到广泛应用，且其定量化方法还不明确[20]，对工程体系的复杂性还缺乏定量的判断。要使水资源、水环境进入可持续的发展状态，仍然面临诸多问题，有待进一步研究解决。

由于河流、湖泊、湿地、沼泽等各水体的边界并未完全封闭，水资源循环系统属于开放的复杂系统，同时河湖水系连通还涉及复杂的经济、文化等问题，所以亟须针对不同尺度、不同格局的水系调度问题弄清楚为什么连、如何连、连通后如何调度、连通后有哪些正面和负面的效应，如何能让河湖水系连通工程常态、长效地运行下去，如何综合发挥河湖连通工程的效益等众多问题。梳理当前河湖水系连通工程面临的问题，亟待研究的关键技术[21]有：问题分析技术、规划设计技术、运行调度技术、监督管理技术、效果评价技术。

（1）问题分析技术。用以前期识别区域内水资源配置问题、河湖水系健康状况、水旱灾害防御情况的技术方法及判别指标和准则，以便综合全面了解区域水问题、分析连通工程功能目标、判定连通的必要性，使河湖水系连通建设更具针对性。

（2）规划设计技术。从河流健康和水资源可持续利用角度出发，统筹人工措施与自然功能的作用、协调水量水质水生态要素，建立规划设计水系连通方案的规范和标准，以便针对不同尺度的河湖水系连通工程，能够科学确定连通规模、连通方式，确保连通后的经济社会格局与水资源格局匹配。

（3）运行调度技术。河湖水系连通工程不仅仅是基础设施建设，更重要的是运行调度规则，应根据河湖水系连通的功能要求与方式特点统筹连通的运行调度规则，以便合理有效地对综合多目标连通工程进行生态调度，提高水系连通工程的运行效率和水资源的利用效率，使效益最大化、风险损失最小化。

（4）监督管理技术。河湖水系连通工程带来多种效益的同时，也存在诸多负面影响和风险，围绕河湖水系连通工作，尽快建立健全科学化、信息化的监督管理机制、手段和应急预案，是河湖水系连通工程正常运作的有效保障。

（5）效果评价技术。应用河湖水系连通功效评价理论，建立完整的评价方法、评价指标和评价准则，从水系功能、人类活动影响、河湖健康、人水和谐、可持续利用和水安全六个方面评价连通效果，使工程可持续、稳定、有益。

此外，河湖连通工程还面临以下挑战：连通工程的各项设施随着时间推移会老化、淤塞，工程在设计和建造过程中，要重点考虑未来维修的方便性、简单性和经济性[22]；经济社会发展格局随着时间会发生变化，要能保证河湖水系连通的长期稳定调度，也是研究的重点和难点。另外，未来气候变化情景下的河湖水系连通问题也是一个复杂的系统问题，要深入研究极端水文事件对河湖水系连通的影响并提出积极应对措施[14]。

今后的研究，必须跟踪国际相关水科学研究的前沿动态，总结国内外典型案例的成功经验，从不同尺度和方面开展河湖水系连通的理论与技术研究，建立完整的河湖水系连通工程技术理论体系。弄清河湖水系连通工程的内涵和关键技术是实践河湖水系连通工程的基础，分析论证地区连通需求是合理规划河湖水系连通工程的首要前提，丰沛的可调水源是实施河湖水系连通的基本条件，根据不同区域的不同情况选择适当的连通调度方式是实施河湖水系连通的关键，加强水资源综合管理和风险管理、建立健全信息化管理机制是实施河湖水系连通的保障，正确客观地分析评价河湖水系连通工程调度后的效益和影响是支撑。

只有建立完整的河湖水系连通工程技术理论体系，才能更好地实施河湖水系连通战略，才能真正提高水资源统筹调配能力、改善河湖生态健康保障能力和增强抵御水旱灾害能力，最终实现"人水和谐"的可持续发展。

1.3 工程体系调控作用及水环境改善评价方法

1.3.1 河湖连通工程体系调控技术与效果

河湖水系连通工程的初衷是解决地区水资源短缺问题，随着社会的发展，其在江河湖泊治理、水旱灾害防御、水生态环境改善等方面也发挥了重要作用，实现了多目标的综合运行效益，国内外有许多成功案例，总结各工程的实践经验，可获得如下启示[16,18]：

（1）重视自然规律。因地制宜，不同区域的河湖演变规律、水资源分布、社会经济状况均不同，因而水系连通方式也要有所侧重；必须遵循客观规律，深入研究自然状态下的河湖水系连通及演变特征，在充分节水、保护资源和减少负面影响的前提下，规划建设河湖水系连通工程。

（2）重视系统分析。全面系统地考虑河湖水系连通，不仅统筹规划连通的必要性、连通的可能性、连通方式、调度措施、连通效果，还要考虑连通后的风险、连通后的负面影响等，统筹各种利弊关系，加强连通后对生态环境不利影响的研究和防护。

（3）重视工程管理。重视加强法制建设与执行的管理意识及对不确定因素的研究，建立实时调度方案，以便应对突发状况；并建立整体的工程运行管理信息系统与决策支持系统，提高管理水平。

（4）重视连通工程的趋势转变。不仅水系连通工程规模已由近距离、小流量向远距离、大流量发展，而且工程的目标也由单一的灌溉、发电、供水向兼顾改善生态环境等多目标综合利用方面发展。水系连通的调水方式也日益多样化，既有自流、提水及自流与提水相结合的调水方式，也有采用天然河道、管道渠道、隧洞及多种复杂结构相结合的形式。提水方式中还建有不同扬程和流量的提水泵站等构筑物。

（5）强调工程的经济可行性研究。在政府主导下，统筹连通地区的发展，运用经济杠杆建立合理的用水竞争机制，促进节水和产业优化布局及结构调整，形成以河湖连通为核心的区域经济发展的良性循环。

李原园等[23]从连通判别条件和基本要求两个方面研究提出了水资源配置、灾害防御、生态环境修复三类河湖水系连通的技术要求，并提出河湖水系连通总体技术要求框架，如图1.2所示。

纵观国内外河湖水系连通工程的建设与成功调度，颇有成效，给连通地区带来了经济、社会、环境等多方面的效益。

美国的中央河谷工程、加州北水

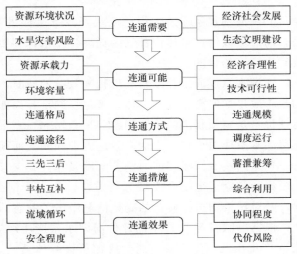

图 1.2 河湖水系连通总体技术要求框架

南调工程、全美灌溉系统、科罗拉多—大汤普森调水工程等著名的河湖连通工程的成功建设给缺水地区的经济发展带来了生机和活力，对美国经济的宏观布局以及生产要素和水资源的合理配置起到了重要作用；澳大利亚的雪山调水工程不仅起到了发电、灌溉的作用，还给当地带来了旅游、生态环境改善等多方面的效益；此外，德国巴伐利亚水系连通工程带来的环境效益、伊拉克塞尔萨尔调水工程的灌溉和固沙效益、加拿大韦兰运河的航运效益，都是非常显著的。

我国迄今开展的河湖水系连通工程都产生了一定的效果，七大江河形成了以骨干枢纽、河道堤防、蓄滞洪区等为主的工程措施，提高了调蓄防洪能力，促进了大江大河干流防洪减灾体系的形成，引江济太、塔里木河下游调水等工程有效改善了区域水体质量和水生态环境状况，同时，通过引黄济青、引滦入津、南水北调等调水工程解决了水资源分配不均的问题，我国逐步形成了"四横三纵、南北调配、东西互济"的水资源配置格局，并初步建立了农田灌排体系，提高了水土资源保护能力。

综上所述，河湖水系连通工程调控技术不仅给区域经济发展带来了巨大的经济社会效益，改善了区域的农业灌溉情况，也提高了区域的水资源配置能力，在供水、发电、防洪抗旱、航运、旅游方面发挥了重要作用，同时也带来了巨大的生态效益[24]：加强局部地区水循环过程、有利于改善水质、补偿地下水、增加受水区水生生物及鱼类多样性、有利于生态系统的恢复。

正如事物都存在两面性，河湖水系连通工程在给人类生存与发展带来巨大利益的同时，其带来的负面影响也不容忽视：工程移民安置问题、社会文化损失、疾病传播问题等社会影响，另外还可能导致受水地区土地大面积沼泽化、盐碱化，甚至出现新的水污染问题，使河流水质下降，并严重影响水文情势。

在运用河湖水系连通工程调控技术时，需要统筹规划、科学调度，全面发挥连通工程的效益，把负面影响降至最低。

1.3.2 河湖连通工程水环境改善效果评价方法

利用河湖水系连通工程调度水资源可以促进水体复氧能力，从而提高水体的自净能力，同时可以增加水体内部动力循环，使水体得到置换，从而达到治理江河湖泊水污染、改善水环境的目的。

河湖水系连通工程给水环境带来效益的同时，也带来了一定的负面影响，其对水环境的改善效果如何需建立评价体系来定量判定，而如何对河湖水系连通改善水环境的效果进行评价，是亟须解决的重要问题。只有建立了完整的河湖水系连通评价体系，才能全面认识河湖水系连通工程，更加有效地管理和调度河湖水系连通工程。

在太湖流域江河湖连通调控实践及水生态环境作用研究[25]中，作者分别采用马尔可夫模型和模糊可变集合模型分析方法，探索了河湖连通条件下污染物指标质量的变化规律，并对污染物指标质量的变化情况做出了动态的评价。

根据冯顺新等[26]提出的评价河湖水系连通影响的评价指标体系和评价方法，以及向莹等[27]提出的河湖水系连通健康评价指标体系，总结提炼出河湖连通工程水环境改善评价指标体系及评价方法。

建立的指标体系由目标层、要素层和指标层三个层级组成，见表1.4。

表 1.4　　　　　　　　　河湖连通工程水环境改善评价指标体系

目标层	要素层	指 标 层	设 置 理 由 及 依 据
河湖水系连通的影响（A）	水资源（B_1）	人均综合用水量（C_1）	重新配置水资源是连通的重要目的之一
		地下水位降落漏斗面积变化率（C_2）	表征连通对受水区地下水开采的置换效应
	水环境（B_2）	水功能区达标率（C_3）	反映连通调水释污对水质的影响
		湖泊富营养化状况（C_4）	反映连通对湖泊富营养化状况的影响
		湖泊换水周期（C_5）	表征连通对湖泊水动力条件的影响
		水温、pH值、溶解氧 DO（C_6）	重要的水环境指标，对水环境水生态均有重要影响
	水生态（B_3）	鱼类种类变化率（C_7）	表征连通对受水区鱼类种数的影响
		浮游动植物种演替变化率（C_8）	表征连通对受水区浮游生物的影响
		珍稀水生生物存活状况（C_9）	直接反映河流生态保护成效的指标
		河湖生态需水保证率（C_{10}）	保障河流的生态需水量是河流生态环境管理的底线
		保护区影响程度（C_{11}）	自然保护区属于敏感生态区，表征连通对保护区的影响
		植被覆盖率（C_{12}）	连通改变了连通区的水分条件，可能对植被产生影响

在河湖水系连通影响评价中，有些指标可定量评价，而有些仅能定性评价，一般可采用专家咨询、访谈、问卷调查等方法。

基于阈值对指标进行评价，是定量评价指标时所常用的方法。当连通对指标的综合正效益最大时，评价得分最高；当连通对指标的综合负效益最大时，评价得分最低。具体各指标的评价方法见表1.5。

表 1.5　　　　　　　　　河湖连通工程水环境改善指标评价方法

目标层	要素层	指 标 层	指 标 的 评 价 方 法
河湖水系连通的影响（A）	水资源（B_1）	人均综合用水量（C_1）	可参照《城市给水工程规划规范》（GB 50282—1998）进行评价
		地下水位降落漏斗面积变化率（C_2）	若连通后 C_1 大于或等于连通前的值，指标评分为零；若连通后 $C_1 \approx 0$，表明深层地下水位基本稳定，指标评分为 0.5；若连通后 $C_1 < 0$，指标评分为 1
	水环境（B_2）	水功能区达标率（C_3）	基于流域及河流水功能区达标率的分级评价标准进行评价
		湖泊富营养化状况（C_4）	基于《地表水资源质量评价技术规程》（SL 395—2007）和《湖泊（水库）富营养化评价方法及分级技术规定》进行评价
		湖泊换水周期（C_5）	当前尚无明确的阈值，暂按如下方式评价：当连通使换水周期缩短一半时，评为1分；使换水周期缩短四分之一时，评为0.5分；依此类推
		水温、pH值、溶解氧 DO（C_6）	参考水利部水利水电规划设计总院的研究报告进行评价
	水生态（B_3）	鱼类种类变化率（C_7）	固定年限内河道鱼类变化数/固定年限以前鱼类种数
		浮游动植物种演替变化率（C_8）	固定年限内浮游植物变化数/固定年限以前物种数量
		珍稀水生生物存活状况（C_9）	通过设置指标等级的方法进行评价
		河湖生态需水保证率（C_{10}）	可基于相关管理需求进行评价
		保护区影响程度（C_{11}）	通过专家咨询进行评价
		植被覆盖率（C_{12}）	可基于对植被覆盖率的等级划分进行评价

在完成对各单项指标的评价后,可通过专家咨询或对各指标的相对重要性进行比较,也确定各指标的权重,最后对各指标的评价结果进行综合,得出河湖水系连通影响的综合评价得分。得分分值范围为 [−1,1],大于零的分值表明河湖水系连通的影响是正面的。

河湖连通工程水环境改善效果评价体系和方法还不成熟,系统性弱,还未能准确地进行定量分析,还未形成完整的评价标准。今后在河湖连通对环境与生态的影响评价分析中,还应考虑更多方面的影响因素,同时细化评价指标,以期能更客观、真实、准确地评价河湖连通工程对水环境的改善效果。

1.4 河湖连通调控技术研究现状

调控技术包括效果与效益评价和优化技术两部分。

从以往的调水来看,所产生的效益包括经济效益、社会效益与环境效益。环境效益是调水所产生的直接效益,经济效益与社会效益是由于水质改善与水量增加所带来的间接效益。目前国内外用于效果评价研究领域的方法主要有以下几种:

(1)市场价值法(即生产率法)。生态环境条件的变化导致生产率和生产成本的变化,从而导致产量和利润的变化。利用生态环境条件变化引起的产量和利润的变化来计算生态环境条件变化产生的经济价值。

(2)影子工程法。影子工程法是恢复费用技术的一种特殊形式。影子工程法的基本原理是在环境破坏以后,人工建造一个工程来代替原来的环境功能,以此工程投资来计算破坏的经济损失。

(3)因子分析法。通过改变环境系统中的某些因子,采用数学模型模拟、监测、调查等方法和手段评价由此产生的环境要素的改变,从而评价环境效益。

从国内外的连通调控工程运行管理成功经验看,普遍认为调控技术主要以水资源优化配置与管理技术为主。

在 20 世纪 90 年代初,世界上首家"水银行"(Water Bank)的水权交易体系在美国加州大型调水工程的水资源配置过程中产生,它是由政府组织专门机构作为中介,将每年来水量按水权分成若干份,以股份制形式对水权进行管理[28-30]。"水银行"负责联系水资源的卖方与买方,即购买自愿出售水的用户的水,然后卖给急需用水的其他用户。一般是从农民和其他自愿卖水者处取得水权,然后按照水权合同的规定,将水输送到买水方所在地,有效地促进了水资源的合理流通。"水银行"的成员可以是公司、共同用水组织或者负责工农业和环境供水的公共机构,必须符合严格的条件才能成为"水银行"的成员(比如用完了所有能被利用的水),用水户必须保证不浪费水,也不能购买超出需要量的水,实现水资源在州内短期的重新分配。"水银行"的运作机制方便了水权交易程序,使得水资源的经济价值得以更充分的体现。在水权交易过程中,州政府发挥着宏观调控的功能。现在美国还出现利用互联网进行水权交易,水权的买卖双方都可以到水权市场网站进行登记,从而在网上完成水权交易,使水权得到重新分配。"水银行"可以尽可能地减少干旱造成的全州经济损失,更合理地进行水资源配置。当然,"水银行"也带来了一些争论,如环境用水如何保证、对农业负面影响以及对税收和财政的影响。"水银行"与水权交易市场机制都是利用市场机制配置水资源的有效方式，只是两者实现水权转移的途径不同，究竟采取何种方式，取决于水商品特点、调水工程特点和社会经济发展的需要。

战略性南水北调工程，将首开中国大规模跨流域调水市场化运作的先河，在调水沿线建设世界最大水权交易市场。这个水权交易市场由中央政府宏观调控、沿线地方政府参与、企业具体运作。南水北调总调水量约 400 亿 m^3，将根据沿线各省市需水量确定调水规模和方案。需水地方的股金按比例分摊，要的水越多，出的资本金越多。

太湖流域河湖连通工程调控目的多，有防洪、补充水资源、水生态环境改善调控等多个目标，且大部分目标是公益性的，显然"水银行"与水权交易市场机制在太湖流域连通工程调控技术应用中受到很多限制。太湖流域采用了分级建设、分级管理、分级调控的原则进行调控。还在不断地摸索一种公平、公正、行之有效的方法和管理体制来兼顾流域大局和地方利益，统筹兼顾防洪、水资源、水生态、环境等方面的效益和目的。

2 太湖流域河湖连通演变及工程状况

2.1 流域概况

2.1.1 自然概况

太湖流域地处长江三角洲的南翼，北抵长江，东临东海，南滨钱塘江，西以天目山、茅山为界。流域面积36895km²，行政区划分属江苏省、浙江省、上海市和安徽省，如图2.1所示，其中江苏省19399km²，占52.6%；浙江省12095km²，占32.8%；上海市5176km²，占14.0%；安徽省225km²，占0.6%。

太湖流域地形特点为周边高、中间低，呈碟状。流域地貌分为山丘和平原，西部为山丘区，约占流域总面积的20%；中间为平原河网和以太湖为中心的洼地及湖泊；北、东、南周边受长江口和杭州湾泥沙堆积影响，地势相对较高，形成碟边。流域属亚热带季风气候区，呈现四季分明、冬季干冷、夏季湿热、降雨丰沛和台风频繁等气候特点，流域多年平均气温15～17℃。

太湖流域是长江水系最下游的支流水系，江湖相连，水系沟通，犹如瓜藤相接，依存关系密切。长江水量丰沛，是太湖流域的重要补给水源，也是流域排水的主要出路之一。流域内河流水系以太湖为中心，分上游和下游水系。上游水系主要包括苕溪水系、南河水系和洮滆水系；下游主要为平原河网水系，包括东部黄浦江水系、北部沿长江水系和南部沿杭州湾水系。京杭运河穿越流域腹地及下游诸水系，起着水量调节和承转的作用，也是流域重要的内河航道。

太湖流域河网如织，湖泊棋布，水面面积5551km²，水面率15%；河道总长约12万km，河道密度3.3km/km²，平均水面坡降约1/10万。流域水面面积在0.5km²以上的大小湖泊有189个，总水面面积3159km²，蓄水量57.7亿m³，其中太湖水面面积2338km²，多年平均蓄水量44.3亿m³。

2.1.2 经济社会概况

太湖流域位于长江三角洲的核心地区，是我国经济最发达、大中城市最密集的地区之一，地理和战略优势突出。流域内分布有特大城市上海，大中城市杭州、苏州、无锡、常州、镇江、嘉兴、湖州，以及迅速发展的众多小城市和建制镇，已形成等级齐全、群体结构日趋合理的城镇体系。

2012年，太湖流域总人口达5920万人，城镇化率达77.6%，人口密度约1600人/km²，约占全国总人口的4.4%；流域GDP总量5.42万亿元，占全国的10.4%，人均约9.2万元，是全国人均水平的2.4倍。

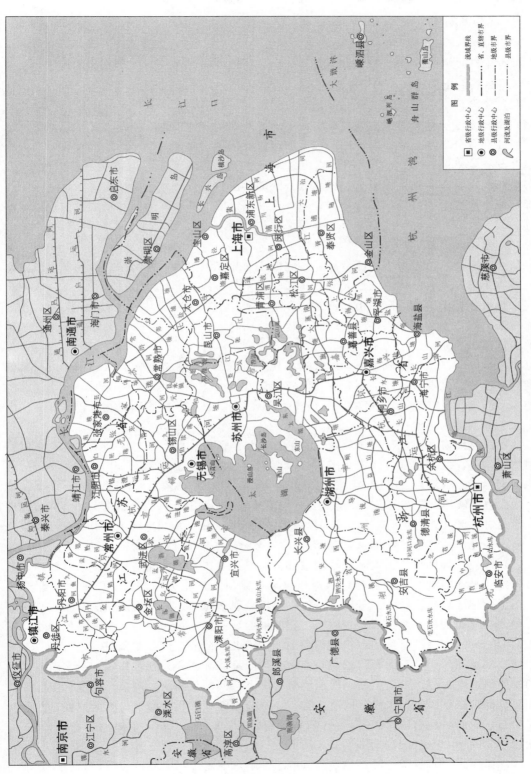

图 2.1 太湖流域行政区划分布图

2.1.3 水利区划

根据流域内地形特征和水系分布特点，结合流域以及区域规划和治理的需要，经流域机构和地方水行政主管部门的共同研究协商，流域划分为八个水利分区，分别为湖西区、浙西区、太湖区、武澄锡虞区、阳澄淀泖区、杭嘉湖区、浦西区和浦东区，如图2.2所示。

（1）湖西区。位于流域的西北部，东自德胜河与澡港分水线南下至新闸，向南沿武宜运河东岸经太滆运河北岸至太湖，再沿太湖湖岸向西南至江苏、浙江两省分界线；南以江苏、浙江两省分界线为界；西以茅山与秦淮河流域接壤；北至长江。湖西区行政区划大部分属江苏省，上游约0.9%的面积属安徽省。该区地形极为复杂，高低交错，山圩相连，地势呈西北高、东南低，周边高、腹部低，腹部低洼中又有高地，逐渐向太湖倾斜。该区北部运河平原区地面高程一般为6.0～7.0m，洮滆、南河等腹部地区和东部沿湖地区地面高程一般为4.0～5.0m。区内又分为运河平原片（运河片）、洮滆平原片（洮滆片）、茅山山区、宜溧山区四片。

（2）浙西区。位于流域的西南部，东侧以东导流堤线为界；北与湖西区相邻；西、南以流域界为限。浙西区行政区划大部分属浙江省，上游约2.6%的面积属安徽省。区内东西苕溪流域上、中游为山区，山峰海拔一般在500.0m以上，其中龙王峰高程1587.0m，为流域最高峰，下游为长兴平原，地面高程一般为6.0m以下。浙西区又分为长兴、东苕溪及西苕溪三片。

（3）太湖区。位于流域中心，以太湖和其沿湖山丘为一独立分区。太湖区周边与其他水利分区相邻。太湖区行政区划分属江苏省和浙江省。太湖湖底平均高程约1.0m，湖中岛屿51处，洞庭西山为最大岛屿，其最高峰海拔338.5m。湖西侧和北侧有较多零星小山丘，东侧和南侧为平原。

（4）武澄锡虞区。位于太湖流域的北部，西与湖西区接壤；南与太湖区为邻；东以望虞河东岸为界；北滨长江。武澄锡虞区行政区划属江苏省，全区地势呈周边高、腹部低，平原河网纵横。武澄锡虞区以白屈港为界，分为高、低两片，望虞河以西地势低洼呈盆地状，为武澄锡低片；望虞河以东地势高亢，局部地区有小山分布，为澄锡虞高片。武澄锡虞区地形相对平坦，其中平原地区地面高程一般在5.0～7.0m，低洼圩区主要分布在武澄锡低片，地面高程一般在4.0～5.0m，南端无锡市区及附近一带地面高程最低，仅2.8～3.5m。

（5）阳澄淀泖区。位于太湖流域的东部，西接武澄锡虞区，北临长江；东自江苏、上海分界线，沿山湖东岸经淀峰，再沿拦路港、泖河东岸至太浦河；南以太浦河北岸为界。阳澄淀泖区行政区划大部分属江苏省，小部分属上海市。区内河道湖荡密布，东北部沿江稍高，地面高程一般为6.0～8.0m，腹部地面高程为4.0～5.0m，东南部低洼处高程为2.8～3.5m。阳澄淀泖区内以沪宁铁路为界，南北又分成淀泖片和阳澄片。

（6）杭嘉湖区。位于太湖流域的南部，北与阳澄淀泖区和太湖区相邻，以太湖南岸大堤和太浦河南岸为界；东自斜塘、横潦泾至大泖港；西部与浙西区接壤；南滨杭州湾和钱塘江。杭嘉湖区行政区划大部分属浙江省，小部分属江苏省和上海市。本区地势自西南向东北倾斜，地面高程沿杭州湾为5.0～7.0m，腹部为3.5～4.5m，东部一般为3.2m，局部低地为2.8～3.0m。杭嘉湖区又分成运西片、运东片及南排片三片。

（7）浦西区、浦东区。位于太湖流域的东部，东临东海，南滨杭州湾，北以江苏、上

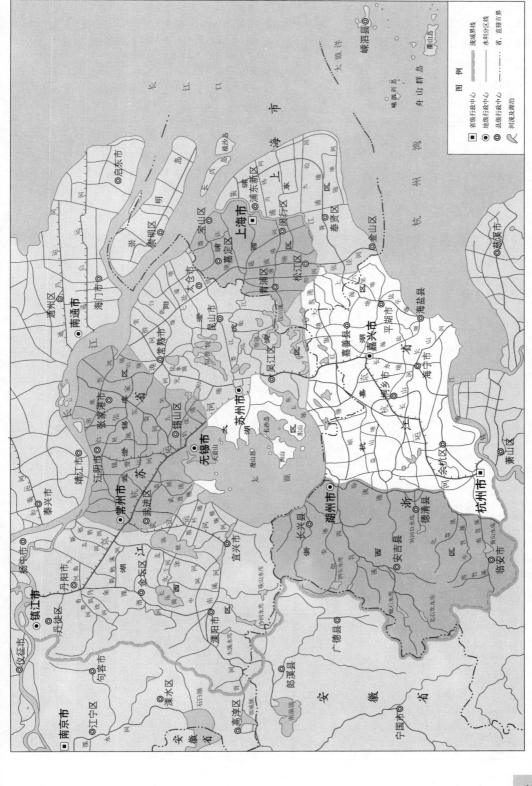

图 2.2　太湖流域水利分区图

海分界线及长江江堤为界，西与阳澄淀泖区和杭嘉湖区为邻。浦西区、浦东区以黄浦江为分界线，行政区划均属上海市。本区北、东、南部地势比西部高，境内以平原为主，有零星的小山丘分布。金山、青浦、松江地区为上海最低地区，地面高程一般为2.2～3.5m，最低处不到2.0m。

太湖流域水利分区基本情况详见表2.1。

表2.1　　　　　　太湖流域水利分区基本情况表

水利分区		省级	地市	面积/km²	占流域比例/%
		合　计		16672	45.2
上游区	浙西区	合　计		5931	16.0
		浙江省	小计	5774	15.6
			杭州市	1401	3.8
			湖州市	4373	11.8
		安徽省	宣城市	157	0.4
	湖西区	合　计		7549	20.5
		江苏省	小计	7481	20.3
			南京市	168	0.5
			镇江市	2142	5.8
			常州市	3434	9.3
			无锡市	1737	4.7
		安徽省	宣城市	68	0.2
	太湖区	合　计		3192	8.7
		江苏省	小计	3192	8.7
			常州市	40	0.1
			无锡市	655	1.8
			苏州市	2492	6.8
		浙江省	湖州市	5	
下游区		合　计		20223	54.8
	武澄锡虞区	合　计		3928	10.7
		江苏省	小计	3928	10.7
			常州市	888	2.4
			无锡市	2170	5.9
			苏州市	870	2.4
	阳澄淀泖区	合　计		4393	11.9
		江苏省	苏州市	4234	11.5
		上海市	上海市	159	0.4
	杭嘉湖区	合　计		7436	20.1
		江苏省	苏州市	564	1.5
		浙江省	小计	6321	17.1
			杭州市	933	2.5
			嘉兴市	3943	10.7
			湖州市区	1445	3.9
		上海市	上海市	551	1.5
	浦东区	上海市	上海市	2301	6.2
	浦西区	上海市	上海市	2165	5.9
流　域　总　计				36895	100.0

2.2 太湖流域河湖连通演变

2.2.1 水系演变

2.2.1.1 流域水系演变

五六千年前，太湖地区仍为湖陆相间低洼平原。后随太湖周围地区不断下沉和沿海地区泥沙的堆积，太湖平原逐渐向碟形洼地发展，最终形成了大型湖泊，即先秦地理著作中的震泽（县区）。这种湖区下沉、湖面扩大的趋势直至宋代仍未结束。在宋人郑亶《水利书》中明确记载苏州一带湖荡水下有"古之民家阶甃之遗址"。单锷亦说："昔为民田，今为太湖""太湖宽度，逾于昔时"。明清时期曾在太湖平原中部地下发现宋代以前的遗址和文物。

太湖流域的水系，通常以太湖为中心，分上、下游两个系统。太湖北部以无锡市梁溪口为分界点，太湖南部以吴江县吴淞口为分界点，分界线以西为上游来水区，以东则为下游出水区。

流域上游来水主要有南、西两路，南路为苕溪水系，西路为荆溪（现称南河）水系。

南路苕溪水系包括东苕溪和西苕溪两派。东苕溪源出天目山之南，有南苕、中苕、北苕三条。南苕是主干，起自临安县青云镇，东流经原临安、余杭县城后向北至瓶窑镇汇合中、北两苕之水后统称东苕溪，继续北流经德清至吴兴，沿途支流西纳东吐，主流在大钱口等口门入太湖。西苕溪源出天目山之北各脉，向北流至吴兴县城后与东苕溪汇合，其主流由小梅、大钱等口北入太湖，分流东入頔塘，頔塘又旁纳太湖南岸地区之水，一部分经各溇港分散入太湖，其余则继续东流，合下游杭嘉湖平原地区之水而辗转排泄入海。此外，还有吴兴区西北与长兴一带山水汇成的合溪水系，由夹浦等各溇港汇入太湖。南路水系集水面积约 6000km²，古时入湖港口有 72 条港之多，虽经沧海变迁，有些已经淤废，但主要入湖口门仍在，仍是太湖的主要来水来源。

西路来水，自明代在胥溪河上筑东坝，隔绝了跨流域的丹阳、石臼、固城三湖来水后，基本上以荆溪水系和洮滆水系为源，总集水面积约 9000km²。荆溪水系源出江苏、安徽、浙江三省交界处的界岭，汇溧阳、金坛、宜兴诸山来水，由南溪河东泄，经溧阳，穿宜兴的西氿、东氿至大浦港及其附近港浍进入太湖。洮滆水系汇集茅山山脉及镇、丹、金（镇江、丹阳、金坛）一带的岗坡径流东泄，由宜兴百渎等港分散注入太湖。

流域下游水系即湖东地区，在唐代还是汪洋一片，并无明显湖界。经唐宋修建吴江塘路后，塘路两侧逐渐淤出大片湖滩形成湖界。在围滩造田过程中，沿湖又开了许多港成为太湖洪水的出水通道。据明代文献记载，大约梁溪口至吴淞口间，太湖共有大小出湖溇港 140 余条。这些溇港受湖水波浪流的泥沙沉积，极易淤塞。

太湖下游古有三江排水之说，即淞江（吴淞江）、东江和古娄江，分东、东南、东北三向注入江海。《尚书·禹贡》记载"三江既入，震泽底定"即指对太湖流域几条主要泄水道的整治。随着太湖周围地区的不断下沉和沿海边缘因泥沙堆积而抬高，太湖周围形成碟形洼地，向东排水发生困难，"欲东导于海者反西流，欲北导于江者反南下"，从而促使三江水系的淤浅，积水在太湖平原上潴蓄成大小零星的湖沼。时至今日，东江、古娄江已相继湮废。古娄江的故道和变迁，史册记载很少，说法也颇多，有关调查表明，从太湖辐射出来有一条线形低沙地带，从太湖起，通过阳澄湖向东，经浏河以北七浦塘以南一带入海，或许就是古娄江的故道。娄江的湮废时间可能在吴越钱氏以前或更早一些。东江何时湮废，史无记载，以历史文献推测，4世纪初东江尚存，5世纪东江已趋萎缩，8世纪东江已失大川之势，10世纪或更早一些全部湮废。东江的古道及入海地点也众说不一，其出海口有金山卫之说、乍浦之说和澉浦之说。吴淞江故道，与现今路线基本一致，只是其河道深广远不如昔。旧志记载唐时河口宽达20里，北宋时期尚有9里，元代最狭窄处犹广2里，明初广150丈余（1里约500m，1丈约3.33m）。现上海市区的苏州河宽仅40～50m。吴淞江以太湖瓜泾口为源，出口随海岸线的扩展而东移，东晋时在青浦镇西的沪渎村，唐代中期在江湾下沙一线以东，北宋时在浦东高桥一带。

1974年复旦大学历史地理研究室在《江苏太湖以东及东太湖地区历史地理调查考察简报》中分析认为：三江分流处在今吴县以西、澄湖以北，淞江和娄江大致经由吴淞旧江和昆山塘东泄于海，东江则东南穿过澄湖、白蚬湖以及淀泖地区入海。纵观历史，虽经沧海桑田，但太湖上游基本保持着两路来水的格局，而下游则变化较多。唐宋600年间，基本保持东、东北和东南三路排水格局，后逐渐演变为吴淞江一路排水；明代以来随着黄浦江的形成和发展，吴淞江更趋萎缩，呈现"江衰浦盛"态势，黄浦江逐渐替代吴淞江，特别是到了近代随着东南沿海港浦的不断淤塞阻断，黄浦江已成为太湖下游唯一的排水出路。

2.2.1.2　各分区水系连通现状

目前，太湖流域共划分八个水利分区，其中，太湖以及周围零星山丘和湖中岛屿自成一区为太湖区，浦西、浦东区位于流域东部，黄浦江下游，行政区划均属上海市，境内河湖水系及连通工程基本自成体系。本节仅分析其他五个水利分区水系及连通现状。

（1）湖西区水系连通现状。湖西区境内河网众多，分布有洮湖、滆湖、钱资荡和东氿、西氿等大中型天然湖泊，通江、入湖及内部调节主要河道几十条，这些湖泊和河道组成了湖西区河湖相连、纵横交错的河网水系。根据地形及水流情况，可分为三大水系：①北部运河水系，以京杭运河为骨干河道，经京杭运河、九曲河、新孟河、德胜河入江；②中部洮滆水系，主要由胜利河、通济河等山区河道承接西部茅山及丹阳、金坛一带高地来水，经由湟里河、北干河、中干河等河道入洮湖、滆湖调节，经太滆运河、殷村港、烧香港及湛渎港等河道入太湖，洮湖、滆湖面积分别约为89km² 和147km²；③南部南河水系，古称荆溪，发源于宜溧山区和茅山山区，以南河为干流，包括南河、中河、北河及其支流，经溧阳、宜兴汇集两岸来水经西氿、东氿，由城东港及附近诸港入太湖。三大水系间由南北向河道丹金溧漕河、越渎河、扁担河、武宜运河等连接，形成南北东西相通的平原水网。

（2）武澄锡虞区水系连通现状。武澄锡虞区北侧依赖长江大堤，抵御长江洪水，南部依靠环太湖大堤，阻挡太湖洪水，西部以武澄锡西控制线为界，与湖西相邻；东部至望虞河东岸。区内河网密布，主要有白屈港、锡澄运河、新夏港、新沟河、澡港等入江河道；有梁溪河、曹王泾、直湖港、武进港等入湖河道；东西向有锡北运河、九里河、伯渎港、应天河等调节河道，以及北塘河、三山港和采菱港等内部引排河道。苏南运河自西向东经常州、无锡两市区贯穿本区，并连接上述诸多河道，形成纵横交错、四通八达的河网，自然水资源、水运条件较好，为区域防洪除涝和干旱年保证区域内的工农业生产和居民生活用水、改善航运条件和河道水质提供了基础。

（3）阳澄淀泖区水系连通现状。阳澄淀泖区境内河道纵横，湖泊众多，各级河道达2万多条，大小湖泊计300多个，河湖串通，构成水网。主要河港大运河、盐铁塘、张家港纵贯南北，望虞河、白茆塘、七浦塘、杨林塘、浏河、太浦河、常浒河、吴淞江等横穿东西。较大的湖泊有太湖、阳澄湖、澄湖、淀山湖、独墅湖等。

（4）杭嘉湖区水系连通现状。杭嘉湖区水系有运河水系和上塘河水系。运河水系中重要的流域或地区性骨干河道按排水方向有北排入太湖、东排入黄浦江及近年开拓的南排入杭州湾等河道。入太湖河道（溇港）大小22条，其中主要的有大钱港、罗溇、幻溇、濮溇、汤溇5条。入黄浦江河道又分为排水走廊系统、嘉北水系和沪杭铁路以南入大泖港水系三大系统，其中，排水走廊系统又称北排通道，主要河道包括南横塘、北横塘、顿塘、双林塘、练市塘、九里塘、白马塘、金牛塘及澜溪塘等，总长度近690km；嘉北水系的东西向骨干河道有三店塘、清凉港、新景港、红旗塘、横枫泾、俞汇塘及凤家圩港等，南北向骨干河道有苏嘉运河、梅潭港、芦墟塘、红菱塘、坟墩港、丁栅港等，总长度近230km；沪杭铁路以南入大泖港水系，主要有平源塘、乍浦塘、上海塘、广陈塘等骨干河道，总长度约105km。南排水系是近年建设南排工程的骨干排水河道，有南台头、长山河、盐官下河等排涝干河。另外，杭州湾北岸杭州、海宁一带的上塘河水系，其主干河道上塘河也属南排水系。

（5）浙西区水系连通现状。浙西区主要由苕溪流域和下游长兴平原区组成。区内主要水系有苕溪水系和长兴平原水系。其中，苕溪水系河源有二，东苕溪、西苕溪分别发源于天目山的南、北麓，两条溪无论是流域面积还是河流长度均相仿，在湖州市白雀塘桥汇合后，经长兜港、机坊港注入太湖。长兴平原水系发源于西北部山区及西部、南部黄土丘陵的乌溪、合溪及泗安溪三条山溪，河网由上周港、金村港、夹浦港、双港、沉渎港、合溪新港、长兴港、杨家浦港和南横港9条入湖河道组成。

2.2.2 治水进程

公元前11世纪，商末周兴之际，中原文化进入太湖地区，围绕农业的耕作，太湖地区便有了水利活动。据传无锡东南的泰伯渎是太湖地区最早的人工河道。春秋战国时期，为了军事运输和发展农业的需要，先后开凿了胥溪河、江南运河、胥浦、蠡渎、黄浦等河道。这个时期是太湖治水的萌芽期，还谈不上太湖治水思想，但这些河道的开凿客观上起到了沟通湖西向东南排水入江的作用。

秦汉及南北朝的主要水利工程，除了开通江南运河，开凿破冈渎和上容渎沟通秦淮河和江南运河水系外，更主要的是余杭南湖工程和丹阳练湖工程的建设。南湖位于旧余杭县城南，是太湖流域兴建最早、规模最大、兼有滞洪和灌溉功能的水库，分上湖和下湖两部分，上湖、下湖总面积达1.3万余亩（1亩＝666.7m²），它拦蓄东天目诸山之水，起到"纳潴溪水，分杀水势，渐泄归海"的作用，既制约暴洪对余杭的侵害，又减轻杭嘉湖平原的洪涝威胁。练湖位于丹阳城北，是继南湖工程后的又一个平原水库，总面积2万余亩，蓄水量超过 3000 万 m³。它拦蓄高骊山、马鞍山、老营山一带的山丘坡地径流，除害兴利，同时为农业灌溉创造条件。两大水库起到了上拦下蓄的作用。

隋唐至五代时期，进一步拓浚了江南运河，兴建堰埭等治水建筑物，防止洪水侵袭两岸农田；初步建成吴淞江以南的江浙海塘，形成太湖平原东南部的沿海屏障。其间，兴筑与形成了吴江塘路，把太湖约束在一定范围之内，为太湖湖界的形成和湖东沼泽地的垦殖创造了条件。

宋代涉及流域治理的水利工程建设并不多，更多地体现在治水理论的讨论方面，其间出现过不少较好的治水理论。宋初的水利问题主要集中反映在以塘浦为四界的大圩古制的解体，以及适应土地经营从"均田制"向"庄园制"过渡的小圩的建立，它客观上适应了小农生产的需要。南宋以后，随着太湖下游排水出路的日趋恶化，以及吴淞江的屡浚屡淤、日趋萎缩，围绕东北和东南通江港浦排泄太湖洪水问题出现了较多的主张。就东北港浦而言，其主流意见是东北港浦的主要作用是引潮水灌溉沿江高田，兼泄地区涝水；太湖之水若经东北港浦排入江海，"导湖水经由腹内之田，弥漫盈溢，然后入海，当潦岁积水，而上源不绝，弥漫不可治也。"这时已经有了洪涝不分、无法根治水患的认识，成为现代圩区治理方法中"高低分开、洪涝分治"思想的先驱。对于太湖地区向东南方向的排水通道，在东江湮塞之后已由很多港浦分担，入海口就有金山浦、小官浦、芦沥浦、澉浦等，也有"柘湖十八港""华亭沿海三十六浦"之说，足见当时东南沿海的港浦很多。由于受到当时水利技术水平限制，随着东南海岸线不断内缩，在填筑海塘过程中逐步封闭了东南海口，加上黄浦江的不断发展，东南地区大面积的排水逐渐被迫改由黄浦江出海。

20 世纪 50 年代后期开始，太湖流域在治水思路上贯彻蓄泄兼筹的方针，针对流域洪水的来源，在流域上游、中游主要兴建水库和利用天然湖泊蓄洪；下游主要是人工开挖河道、疏浚天然河道，以增加泄洪排涝水量，减少洪涝灾害。太湖洪水，南路来自天目山的东、西苕溪，此路洪水 70% 进入太湖，30% 流入吴兴、吴江、嘉兴平原；西路来自茅山岗坡地及湖西平原，此路水绝大部分进入太湖，少量由北段运河转东流或北注长江。太湖南面及北面平原地区积水，也有部分进入太湖。长江流域规划办公室 1980 年 4 月编制的《太湖流域综合规划报告》中指出：1954 年 5—7 月，太湖上游产生洪水 116 亿 m³，其中进入太湖的为 85 亿 m³，亦即太湖上游洪水总量的 75% 由太湖承转下泄。防洪压力巨大，水系改造的主要工作与历史上相同，主要通过疏导的方法进行。

2.3　太湖流域河湖水系连通格局分析

太湖流域地处我国沿江沿海交汇处，三面濒江临海，长江横卧于流域之北，东海位于流域之东，南部为钱塘江、杭州湾。20 世纪 60 年代以来，在气候变化与人类活动的影响下，大量天然河流水系遭到破坏，水系的数量、长度、水面积大幅度减少；末端河流大量消逝，水系主干化趋势明显；河道淤积严重，河网与湖泊调蓄能力下降；河流水系分割明显，河网内部通达不畅[31]。与此同时，随着流域对河湖连通水系功能需求的重心从区域防洪、水资源利用向兼顾水环境改善的方向转变，太湖流域河湖连通水系格局发生了重大变化。

2.3.1 以区域防洪为主要功能的河湖连通水系格局

受地形因素和水文气象条件的限制，太湖流域区域内洪涝灾害频繁发生。20世纪80—90年代以来，太湖流域几乎年年处于洪水威胁之中，"小水大灾"现象突出[32]。随着太湖流域防洪需求的日益紧迫，流域河湖连通水系格局也随之发生了变化。太湖流域逐渐建立了以防洪为主要目的的河湖连通水系结构。流域北有涵闸控制可引排水量进出长江；南有长山闸可将杭嘉湖涝水南排至杭州湾；东有黄浦江东泄至江海；区内太湖汇集浙西的苕溪水系及湖西荆溪水系来水，构成江河湖海相互贯通的复杂水系。

流域湖泊以太湖为中心，形成西部洮滆湖群、南部嘉西湖群、东部淀泖湖群和北部阳澄湖群。流域内面积大于10km²的湖泊有9个，分别为太湖、滆湖、阳澄湖、洮湖、淀山湖、澄湖、昆承湖、元荡、独墅湖。

流域骨干水网主要为出入太湖骨干水网，流域性排水河道及贯通全区的京杭运河，如苕溪水系、江南大运河、黄浦江、吴淞江及新中国成立以来开挖的人工排水河道太浦河、望虞河、长山河、红旗塘等，其总长度约1200km。地区性河网主要为依附京杭运河的南北分支与骨干水网相通的纵浦横塘，如澄锡虞地区的锡澄运河、张家港、十一圩港、锡北运河等。阳澄地区主要有常浒塘、白茆塘、七浦塘、杨林塘、盐铁塘、浏河及娄江等；淀泖地区有急水港、八荡河、戗港、七星港、瓜泾口等；湖西区有丹金溧漕河、九曲河、新孟河、德胜河等，地区性河道总长度5000～6000km。圩区水网含圩外排水河道及圩内"二"字形、"十"字形、"丁"字形、"月"样、"弓"样等河道，圩内水面面积初步统计达700km²，占流域总水面面积的12%。

2.3.2 兼顾水环境改善功能的河湖连通水系格局

20世纪80年代以来，流域需水量不断增加，水资源短缺问题开始显现，同时地区乡镇企业的快速发展，水环境逐步恶化，水污染问题引起社会的广泛关注，如何改善水环境、确保饮用水水源地安全等问题迫在眉睫。2002年起，经水利部批准，太湖流域管理局会同两省一市（江苏省、浙江省、上海市）水利部门实施了引江济太调水试验，通过望虞河江边的常熟枢纽，以自引与抽引相结合的方式引长江水入望虞河，经过望虞河约60km河道，再从望亭立交进入太湖，同时加大太浦河下泄水量，增加对太湖下游地区供水。2007年太湖蓝藻暴发，无锡市出现供水危机，直接影响约200万人饮水安全，江苏紧急实施引江济太应急调水，及时开启梅梁湖泵站抽排太湖水入京杭运河，迅速改善贡湖水源地水质。

在完善流域防洪功能基础上，为进一步治理太湖及流域水环境问题，依托现状河湖连通工程，实施引江调水扩建工程，在流域上游开辟引江济太第二通道，引长江优质水从太湖上游入太湖，形成新孟河—太湖北部湾区—新沟河、新孟河—太湖湖区—太浦河调水引流循环线路，缩短湖体换水周期，提高水体自净能力和水环境容量，完善兼顾水环境改善的河湖连通工程布局，全面改善太湖水环境，保障水源地供水安全。引江调水扩建工程水流流向示意图如图2.3所示。

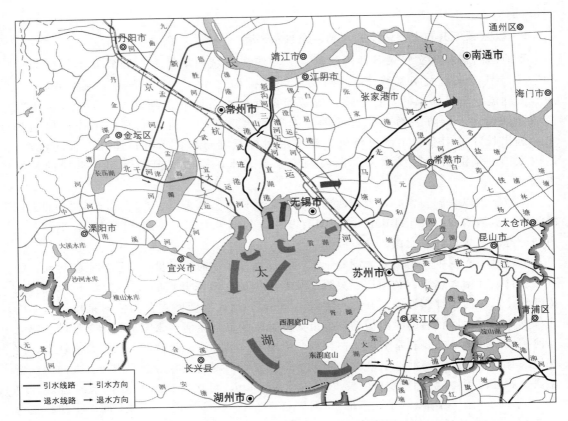

图 2.3　太湖流域河湖连通引排工程水流流向示意图

2.3.3　快速城镇化影响下的河湖连通水系格局

太湖流域城镇化进程迅速，城镇土地面积占流域土地面积的比例从 20 世纪 80 年代的 5.1% 快速增加至 21 世纪初的 25.6%[33]。城镇化过程中，人类活动叠加到各项自然要素上对流域河网水系会产生明显影响，河流、湖泊形态结构发生改变。

武澄锡虞区是太湖流域腹部的低洼平原河网地区，北滨长江，南临太湖，西部以武澄锡西控制线为界，东部从望虞河江边枢纽起，沿望虞河东岸线直至太湖边沙墩港口止，区域水域面积约 248km²。河流纵横交错，水面平缓，圩区众多。武澄锡虞区也是太湖流域城镇化发展迅速且程度高的地区，在太湖流域具有代表性。研究区代表城市无锡的建成区面积从 1956 年的 12.2km² 发展至 2000 年的 101km²；而常州市的建成区面积也从 1954 年的 9.5km² 发展至 2000 年的 68.95km²。随着武澄锡虞区城镇化的快速发展，区域线状、面状水系在数量上明显减少，河网密度变小，结构简单化，河湖总面积减少。就河流等级而言，一级河流面积有所增长，一级河流延伸拓浚及与其他等级河流的连通是主要原因。总体而言，城镇化影响下，河流的多元化特征削弱，河网演化趋于主干化、单一化，河湖连通性下降[34]。

苏州古城区"自流活水"工程则是通过河湖连通工程改善城市水环境的典型成功案例。工程利用望虞河、七浦塘、杨林塘、阳澄湖等调水引流工程，通过科学合理的调配调度，将水量丰沛、水质优良的长江和太湖水引至古城区环城河，为古城区河网环境改善引水工程提供可靠的水源。江湖共济引水格局如图2.4所示。

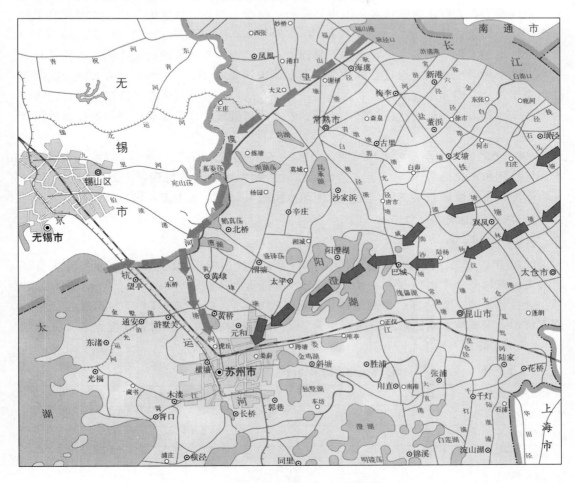

图 2.4　苏州古城区引水江湖共济格局示意图

从恢复太湖流域河湖生态健康的角度来看，流域河湖连通水系布局将不仅以区域防洪为主要功能，修复流域水环境，保障河湖水系生态健康也将是流域河湖连通工程的主要功能，如何在尊重河湖水系自然特征的基础上，合理优化太湖流域河湖连通水系格局是今后水利工作的重要研究课题。

2.4　太湖流域水环境现状及改善需求

2.4.1　水环境动态演变

20世纪50年代，太湖流域基本保持山清水秀的良好状态。近20年来，随着流域内人口不断增加，经济持续高速发展，城市化建设规模不断扩大，人类活动对水环境的影响愈演愈烈，太湖流域水质状况逐步恶化，湖泊富营养化进程加剧。随着城镇化进程的进一步加快，各种工业废水和生活污水直接排入河网水系，使河水受污染。

太湖作为本流域的开放型水体，接纳四面八方来水，流域内的人类活动对水土资源的影响最终都会在太湖水体的量和质上得到反映。随着太湖地区经济的发展，太湖受到了越来越严重的污染。从 20 世纪 80 年代初到 90 年代末，太湖的总氮（TN）和总磷（TP）含量分别增加了近 3 倍和 2 倍，富营养化程度不断增加。近年来的研究表明，太湖是有机物和营养物污染型湖泊，通过各种途径进入湖体的污染物多达 26 种，影响太湖水质的主要污染物为氮、磷和高锰酸钾。TN、TP 浓度在 20 世纪 90 年代末有下降的趋势，这或许与近些年太湖流域污染物达标排放、化肥、农药的用量减少以及含磷洗涤剂的控制使用有一定的关系。

2000 年之后，太湖流域水环境变化以 2007 年作为时间节点。2007 年以前，太湖流域水环境总体呈恶化趋势，2007 年太湖蓝藻暴发引起无锡供水危机后，太湖流域水环境综合治理方案得以全面启动实施，流域内河湖水质明显好转，水生态环境总体改善。

2.4.2 水环境现状

2.4.2.1 河网水质

2013 年，太湖流域管理局会同两省一市（江苏省、浙江省、上海市）水行政主管部门对太湖流域 380 个水功能区 [《太湖流域水功能区划（2010—2030)》，国函〔2010〕39号] 进行了监测。2013 年，以高锰酸盐指数（COD_{Mn}）、氨氮（NH_3-N）两项指标年均值评价，太湖流域水功能区水质达标率为 36.8%，具体水功能区水质状况见表 2.2 和图 2.5（文后附彩插）。

表 2.2　　　　　　　　2013 年太湖流域水功能区水质达标状况统计

水功能区类别	保留区	保护区	缓冲区	开发利用区	合计
区划数/个	6	14	76	284	380
监测数/个	6	14	74	284	378①
达标个数/个	2	11	20	106	139
达标率/%	33.3	78.6	27.0	37.3	36.8

① 2013 年两个缓冲区未监测，分别是盐铁塘苏沪边界缓冲区和北横塘苏浙边界缓冲区。

以《地表水环境质量标准》（GB 3838—2002）基本项目为评价指标❶，采用《太湖流域水环境综合治理总体方案》（以下简称《总体方案》）中采用的年均值法评价，2013 年太湖流域 101 个重点水功能区中，达标 34 个，达标率仅为 33.7%。

2.4.2.2 太湖水质

2013 年，太湖湖区主要水质指标年平均浓度 COD_{Mn} 为 Ⅲ 类，NH_3-N 为 Ⅰ 类，TP 为 Ⅳ 类，TN 为 Ⅴ 类（表 2.3）。除 TP 外，太湖湖区主要水质指标均已达到《太湖流域水环境综合治理总体方案修编》明确的 2015 年近期目标。

---

❶ 评价指标包括：水温、pH 值、溶解氧、高锰酸盐指数、化学需氧量、五日生化需氧量、氨氮、铜、锌、氟化物、硒、砷、汞、镉、铬（六价）、铅、氰化物、挥发酚、石油类、阴离子表面活性剂、硫化物；总磷、总氮、粪大肠菌群未参评。

图 2.5 2013 年太湖流域水质状况图
（评价方法：年均值法；评价指标：COD_{Mn} 和 NH_3-N）

表 2.3 太湖湖区水质指标变化 单位：mg/L

时　间	COD$_{Mn}$	NH$_3$-N	TP	TN
2007 年	5.10（Ⅲ类）	0.39（Ⅱ类）	0.074（Ⅳ类）	2.35（劣Ⅴ类）
2009 年	3.98（Ⅲ类）	0.32（Ⅱ类）	0.062（Ⅳ类）	2.26（劣Ⅴ类）
2011 年	4.25（Ⅲ类）	0.22（Ⅱ类）	0.066（Ⅳ类）	2.04（劣Ⅴ类）
2012 年	4.34（Ⅲ类）	0.18（Ⅱ类）	0.071（Ⅳ类）	1.97（Ⅴ类）
2013 年	4.83（Ⅲ类）	0.15（Ⅰ类）	0.078（Ⅳ类）	1.97（Ⅴ类）
2015 年近期目标	Ⅲ类	Ⅱ类	0.060（Ⅳ类）	2.20（劣Ⅴ类）

2013 年，太湖蓝藻的平均密度为 4008 万个/L，叶绿素 a 的平均浓度为 25.08mg/m³。其中，竺山湖和梅梁湖蓝藻密度较高，东太湖蓝藻密度较低。各湖区蓝藻水华季度发生情况见表 2.4。

表 2.4 2013 年太湖各湖区蓝藻季度平均密度及水华发生程度 单位：万个/L

湖　区	春　季	夏　季	秋　季	冬　季
梅梁湖	2235（轻度）	8895（重度）	13454（重度）	5229（中度）
竺山湖	2661（轻度）	14935（重度）	10834（重度）	3364（中度）
贡湖	752（轻度）	4948（中度）	7154（中度）	2235（轻度）
东太湖	250（轻度）	475（轻度）	537（轻度）	737（轻度）
湖心区	1090（轻度）	5973（中度）	6651（中度）	4552（中度）
西部沿岸区	2689（轻度）	8881（重度）	6643（中度）	968（轻度）
东部沿岸区	774（轻度）	1016（轻度）	2093（轻度）	1985（轻度）
南部沿岸区	998（轻度）	7448（中度）	2309（轻度）	4450（中度）
五里湖	60（轻度）	12685（重度）	4982（中度）	40（轻度）
全湖平均	1195（轻度）	5838（中度）	5517（中度）	3482（中度）

注 依据《太湖蓝藻水华评价方法（试行）》，蓝藻密度小于 3000 万个/L 为轻度；3000 万～8000 万个/L 为中度；大于 8000 万个/L 为重度。

卫星遥感影像显示，2013 年 3 月底开始出现小面积蓝藻水华，5 月后随着气温上升，水华范围逐渐扩大，程度也逐渐加重。其中 11 月 19 日太湖水华面积 1092.38km²（高强度水华面积 584.44km²，低强度水华面积 507.94km²），为 2013 年最大值；其次为 12 月 10 日的 982.32km²（高强度水华面积 470.44km²，低强度水华面积 511.88km²），如图 2.6（文后附彩插）所示。

2.4.3 水环境改善需求

太湖流域水环境综合治理全面实施之后，太湖主要水质指标稳中有降，环湖河道与河网水质有所改善，饮用水安全程度有很大提高，太湖流域水环境综合治理成效明显。但由于产业结构调整和转变经济发展方式尚需时日，仍造成大量废污水排入水体，现状污染物排放总量仍超过水环境容量（纳污能力），加之流域水体流速缓慢，自净能力弱，流域呈现常年水质型缺水。

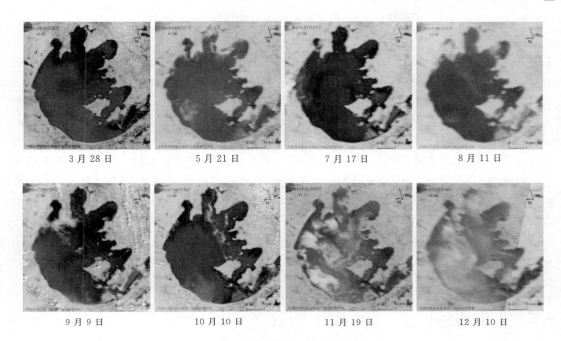

| 3月28日 | 5月21日 | 7月17日 | 8月11日 |

| 9月9日 | 10月10日 | 11月19日 | 12月10日 |

图 2.6　2013 年典型月份太湖蓝藻水华状况

2.4.3.1　河网水质改善需求

太湖流域是典型的平原河网地区，河网纵横交错，河网水系在流域经济社会发展中发挥着极其重要的作用。但随着流域经济建设的快速发展和流域城镇化率的提高，受人类活动的影响，流域河网污染严重、水系破坏等问题也日益突出，再加上平原河网地区河道流速缓慢，降低了水体自净能力和水环境承载能力，对流域经济社会可持续发展也造成了影响。

河网水体污染严重，综合治理力度不足。长期以来，面源污染治理重视不够、投入少，面源污染已成为流域的重要污染来源，再加上面源污染治理难度较大，河流支浜水质为劣Ⅴ类或Ⅴ类的水体较多，直接影响相应入湖河流水质的改善。由于河道水体污染，草率、简单地填埋或覆盖河道，形成了许多死水潭、断头浜，甚至河浜消失，造成河网水系萎缩，影响水体流动。

在污染源尚未得到有效控制的背景下，为改善太湖流域河网水质，对流域内河湖连通工程实施综合调控，可以促进水流流向、流速、水体组成等由自然状态转变为目标状态，是实现河湖水系连通的主要方式。通过人工控制、调度连通对象中的水资源，充分利用水体的水量、水质、水能等，来促进自然-人工复合水网体系的运转和维持。因此，深入研究河湖水系连通调控关键技术，将有利于流域综合调度的需求分析、目标制定及方案研究。

2.4.3.2　太湖水生态环境改善需求

太湖历史上具有较好的岸边湿地、植物、微生物和鱼类群落，维系着太湖良好的水生态环境，具有较大的环境容量和净化水体的作用。相关研究表明，湖泊内沉水植物和鱼类生长对湖泊水位水量的要求基本可代表湖泊的生境需水要求。

根据相关研究，目前太湖流域沉水植物的主要优势种群为马来眼子菜，其对水深的适应性很广，太湖不同水深均有分布，野外调查研究表明马来眼子菜主要分布于 $1\sim4m$ 的水深中。部分学者在实验室内对不同水深的马来眼子菜的生长习性做了详细的研究，得出水深为 $0.6m$ 的试验池中的生物量最低（$810g/m^2$），水深超过 $1.0m$ 时，马来眼子菜长势明显变好，生物量也相应增加，水深 $1.80m$ 的试验池中马来眼子菜的生物量最高（$2941g/m^2$）。根据太湖湖底平均高程约 $1.0m$ 可推算出，满足水生高等植物生长的太湖最低生态水位为 $1.60m$，适宜生态水位为 $2.80m$。对于太湖现存鱼类来说，对水深的最低要求一般为 $1.5\sim2.0m$。为维持太湖鱼类生境，必须维持生境最低水位为 $2.5m$。另太湖系列水位、水资源量分析表明，太湖旬平均水位不低于 $2.65m$ 时［该水位接近太湖实测水位（1964—2000年）平水年最低旬平均水位］，可满足城镇供水、农田灌溉、航运、渔业等方面的要求。综上，太湖生境最低需水水位为 $2.50m$，此时湖泊蓄水量约为 33.5 亿 m^3，枯水期为满足太湖生境需求，需通过河湖连通工程调引水源。因此，有效调控流域内河网连通工程，对太湖水生态环境改善具有重要作用。

2.5 太湖流域水利工程体系及其环境效应

2.5.1 现状工程体系

新中国成立以来，太湖流域开展了大规模的水利建设——修建水库、开挖和疏浚河道、兴修和加固河湖堤防和海塘、在平原洼地修建圩堤和泵站，提高了防洪、除涝、抗旱和挡潮的能力。特别是1991年江淮大水之后，流域开展了望虞河、太浦河、环湖大堤、杭嘉湖南排后续、湖西引排、武澄锡引排、东西苕溪防洪、杭嘉湖北排通道、红旗塘、扩大拦路港泖河及斜塘、黄浦江上游干流防洪11项综合治理骨干工程建设，初步形成北向长江引排、东出黄浦江供排、南排杭州湾并且利用太湖调蓄的防洪与水资源调控工程体系，在流域防洪和供水中发挥了巨大的效益。

2.5.1.1 流域骨干引排连通通道

（1）望虞河引排通道。望虞河是《总体方案》确定的排泄太湖洪水的主要通道之一，兼排两岸地区涝水；同时，也是流域骨干引水通道，对流域防洪、水资源配置和水环境改善具有举足轻重的作用。望虞河位于太湖流域东北部，南起太湖边的沙墩口，经无锡市的新区和锡山区、苏州市的相城区和常熟市，由耿泾口入长江，全长60.8km。

望虞河沿线分布有常熟水利枢纽、望亭水利枢纽和44座口门建筑物。其中，常熟水利枢纽工程位于常熟市海虞镇，距长江边1100m，包括节制闸、泵站和船闸各一座，于1999年建成，通过自引、自排或抽引、抽排达到引水排水两用；望亭水利枢纽工程位于望虞河与京杭运河相交处，是望虞河穿越京杭运河的立交建筑物，为防止望虞河分泄太湖洪水时倒灌运河和确保京杭运河航运，采用地下涵洞的立交形式，上部为京杭运河，下部为望虞河，是望虞河进出太湖的控制性工程，距望亭镇约1000m，离太湖口门2.2km；望虞河两岸主要口门配套建筑物共有44座，其中东岸37座，西岸7座，分布在苏州和无锡境内，东岸堤防总长80.38km，口门已实行全线控制，西岸沿线口门现状基本无控制，保持敞开，仅在上游无锡市的新区、锡山区及下游常熟福山塘以北部分口门加以控制。

（2）太浦河供排通道。太浦河是《总体方案》确定的排泄太湖洪水的主要通道之一，兼排杭嘉湖区部分涝水；同时，也是流域向上海、嘉兴、吴江等下游地区供水的骨干河道，对改善上海黄浦江上游水源地水质有较大作用。太浦河西起东太湖边的时家港，向东穿越蚂蚁漾、桃花漾至平望北与京杭运河相交，再经汾湖、马斜湖等大小湖荡，至南大港入西泖河接黄浦江，横穿江苏、浙江、上海 3 省（市）的吴江、嘉兴和青浦 3 个市（区），全长 57.6km，其中江苏 40.73km、上海 15.24km、浙江 1.63km。河道底宽 117～150m，河底高程－5.0～0m。

太浦河沿线分布有太浦闸、太浦河泵站和 62 座口门建筑物。其中，太浦河出太湖口建有太浦闸和太浦河泵站，太浦闸总净宽 116m，泵站抽水能力 300m³/s；太浦河两岸口门建筑物有 62 座，其中北岸 44 座（除江南运河敞开外，已全部建闸控制），南岸 18 座（芦墟以东支河口门已全线控制，芦墟以西为杭嘉湖区西部排水通道，尚有 9 个口门未实施控制），分别分布在江苏、浙江和上海境内，其中江苏 36 座（不包括芦墟以西南岸圩区水闸）、浙江 7 座、上海 19 座。

（3）环太湖口门。太湖流域水系、河道多与太湖相通，出入湖河道多达 228 条，入湖水系主要有苕溪水系、南溪水系、洮滆运河水系；出湖水系主要有望虞河等沿长江水系和太浦河等黄浦江水系。为保障流域防洪安全，充分发挥太湖的滞蓄功能，减轻太湖沿岸平原地区的洪水压力，太湖流域实施了环湖大堤工程。环湖大堤总长 282km，北以直湖港口、南以长兜港口为界，分为东西两段，目前东段大堤口门全部控制，西段口门基本敞开。环太湖主要口门建筑物共有 140 座，其中，湖西区 2 座，武澄锡虞区 28 座，阳澄淀泖区 85 座，杭嘉湖区 23 座，同时，在武澄锡虞区和阳澄淀泖区分区界河望虞河入湖口建有望亭水利枢纽，阳澄淀泖区和杭嘉湖区分区界河太浦河出湖口建有太浦闸及太浦河泵站。

（4）沿长江口门。沿长江口门与长江堤防相配合，具有防洪、挡潮、排涝、供水、航运、水环境治理等综合功能，为流域利用长江丰沛而优质的过境水资源，增加水资源补给、改善水环境提供了有利条件。江苏段沿江主要口门建筑物共有 64 座，其中，湖西区 15 座，武澄锡虞区 33 座，阳澄淀泖区 15 座，还有 1 座位于武澄锡虞区和阳澄淀泖区分区界河望虞河河口。

（5）沿杭州湾口门。太湖流域沿杭州湾分属杭州市区，嘉兴市的海宁市、海盐县、平湖市及上海市的金山区、奉贤区、南汇区。浙江段自杭州闸口至浙沪的分界处金丝娘桥，岸线总长 167km。为达到防潮、防洪、除涝、调水引流改善区域水环境等作用，沿杭州湾主要口门设置控制性建筑物共有 9 座，其中 5 座位于杭州市，4 座位于嘉兴市，自西向东引水排涝工程主要有赤山埠西湖引水泵站、中河双向泵站、闸口西湖引水泵站、三堡船闸、七堡泵站、盐官上河闸、盐官下河闸、长山闸、南台头闸。

2.5.1.2　区域骨干水利工程

湖西区地形复杂，由东向西丘陵高地与平原相间，而沿江地势又较高，形成了以洮湖、滆湖和南河为中心的洼地，降雨较少，是流域内较干旱的地区。为此，太湖流域实施了湖西引排通道建设，通过疏浚整治九曲河、丹金溧漕河、南溪河、新孟河、德胜河、武宜运河、新越渎河、扁担河8条河道，配合沿江抽水泵站的运行，理顺了区域北向长江引排、南向太湖引排的水系格局。

武澄锡虞区德胜河、武宜公路、太滆运河一线以东、澄锡虞区白屈港以西的区域为太湖北部低片地区，并位于西部湖西区高片及东部澄锡虞区高片之间，排水条件较差。为解决该片区的排水问题，太湖流域拓浚白屈港等区域入江河道约71.9km，并在沿江鲥鱼港和新沟河口各建流量为100m³/s的抽水站1座，有效改善了区域的引排条件。

阳澄淀泖区在治太11项骨干工程陆续完工后，形成了太浦河、望虞河两条流域行洪河道和环太湖控制线。入侵阳澄淀泖区的太湖洪水得到有效控制的同时，也改变了阳澄淀泖区的排水格局。为解决阳澄区排江能力不足问题和理顺淀泖水系，区内先后实施了杨林塘拓宽、白茆塘改道整治工程，改善了区域通江条件；通过河道整治，形成吴淞江（九里湖）—屯浦塘—上急水港—白蚬湖—下急水港—淀山湖、澄湖—白蚬湖、吴淞江—长牵路—同里湖—南星湖—牛长泾—三白荡—八荡河—元荡三条连通线路。

杭嘉湖区南高北低，西部是山区，北面受太湖顶托，排水条件最为困难，尤其是运河以西连片洼地的排水问题突出。太湖流域通过在杭嘉湖北部实施北排通道工程、红旗塘工程和在杭州湾沿岸增辟南排通道，妥善安排了区域涝水，并畅通了水体流动。其中，杭嘉湖北排通道西起白米塘，南至澜溪塘、麻溪，东至王江泾—芦墟一线，拓浚河道长约44km；红旗塘从浙江境内的油车港延伸至上海境内的大蒸塘而后入园泄泾，全长约26km，是嘉兴北部洼地中心东排的主要河道；南排工程包括长山河续建工程、海盐南台头排水工程、盐官上河排水工程、盐官下河排水工程四个部分，共拓浚河道长约203.6km。

浙西区内苕溪尾闾河道，即环城河、老龙溪、旄儿港、机坊港和长兜港，承接东、西苕溪洪水入太湖，河势较为平坦，且互有交错，能力有限。1958年冬，为导引东苕溪洪水入太湖，减少东侵平原水量，兴建了东苕溪导流工程，东苕溪从德清城南改为向北，拓浚西山塘河，经洛舍、菁山至湖州城西大桥称为东苕溪导流港，再经环城河、长兜港入太湖。东苕溪线分两段，分别为东苕溪线杭州段和东苕溪线湖州段，目前已全线建闸控制，共布设13座口门建筑物，其中杭州段4座，湖州段9座。

2.5.2 规划工程体系

2.5.2.1 规划工程布局

20世纪90年代以来，太湖流域相继编制完成《太湖流域防洪规划》《太湖流域水环境综合治理总体方案》《太湖流域水资源综合规划》《太湖流域水功能区划》等流域性重大专项规划，并在此基础上编制完成《太湖流域综合规划》。《太湖流域综合规划》明确流域继续以保障防洪安全、供水安全和水生态安全为核心，加强江河湖连通，进一步完善利用太湖调蓄、北向长江引排、东出黄浦江供排、南排杭州湾的流域综合治理格局。

根据流域综合规划确定的流域综合治理格局，在现有水利工程体系的基础上，兼顾区域治理需求和规划工程实施进展，梳理提出了流域河湖连通工程规划布局如下。

（1）太湖调蓄。太湖作为流域河湖水系中的最大水体，是流域洪水和水资源的调蓄中心。太湖调蓄能力与环湖大堤工程紧密相关，环湖大堤是流域广大平原地区的重要防洪保障,是流域整体防洪安全的关键,也是流域水资源调蓄的重要基础。规划通过实施环湖大堤后续工程——巩固、提高环湖大堤安全度和防洪标准,提高太湖洪水蓄滞能力和水资源调蓄能力,遇 1999 年型洪水能保障环湖大堤安全,为太湖周边地区城市防洪提供外围安全屏障,为太湖雨洪资源利用和水资源调蓄提供可靠的安全保障。

(2)北向长江引排。长江是太湖流域的重要补给水源,也是流域排水的主要出路之一。现状通过望虞河、湖西引排、武澄锡虞引排工程等沟通太湖和长江。规划进一步完善北向长江引排工程——以提高望虞河排泄太湖洪水能力、引江入湖水资源配置能力和增加太湖水环境容量(纳污能力)为重点,兼顾两岸地区防洪除涝、供水、水环境改善需求,实施望虞河后续工程,拓宽望虞河并实行两岸有效控制,统筹安排西岸地区排水出路,延伸拓浚走马塘。以湖西区新孟河、武澄锡虞区新沟河为重点,延伸拓浚新孟河,增辟上游引江入湖通道,增加流域引江能力和入太湖水量,并提高区域北向长江排洪能力,减轻流域防洪压力。延伸拓浚新沟河,减少武澄锡虞区入太湖污染负荷,改善太湖水环境,并增加区域北排长江能力,减轻流域防洪压力。

(3)东出黄浦江供排。黄浦江是流域洪水外排的主要通道之一,其上游水源地是太湖向下游地区供水的主要对象之一。现状太浦河工程实施运用提高了太湖洪水外排和向黄浦江上游地区供水能力。规划继续推进东出黄浦江供排工程——以扩大太浦河排泄太湖洪水能力、提高太浦河向下游地区供水能力为重点,兼顾地区防洪除涝和用水需求,实施太浦河后续工程,对太浦河两岸口门有效控制,完善杭嘉湖北排地区防洪安全措施。恢复东太湖及吴淞江通道,实施东太湖综合整治及吴淞江工程,新增太湖洪水出路,扩大流域洪水东出黄浦江能力,改善下游地区排水条件;同时,提高东太湖向下游地区供水能力,改善下游地区水资源条件,并加快区域河网水体流动,改善水环境。

(4)南排杭州湾。杭嘉湖区是太湖流域下游地区,排水出路是流域规划布局的重点。现状通过长山闸、南台头闸、盐官上、下河枢纽等南排水利工程实现流域洪水和区域涝水外排杭州湾。规划继续完善南排杭州湾工程——扩大杭嘉湖南排能力,新辟出杭州湾口门,延伸拓浚平湖塘,延伸扩大长山河等骨干河道,增建南排杭州湾泵站,提高涝水南排杭州湾能力,减轻流域防洪压力;提高杭嘉湖区水资源配置能力,改善地区水资源条件;提高杭嘉湖区水环境承载能力,加快平原河网的水体循环和置换速度,改善河网水环境。实施太嘉河工程,沟通太湖与杭嘉湖区腹部地区,增强太湖向杭嘉湖地区的供水能力,改善杭嘉湖区水环境;同时,与平湖塘延伸拓浚等工程相结合,提高杭嘉湖区域涝水南排杭州湾能力,为减轻太湖防洪压力创造了一定条件。

流域河湖连通工程规划布局如图 2.7 所示。

2.5.2.2 重点工程规划规模

规划工程中,走马塘拓浚延伸工程已基本建成;新孟河延伸拓浚工程、新沟河延伸拓浚工程、望虞河西岸控制工程、太嘉河工程、杭嘉湖环湖溇港整治工程、扩大杭嘉湖南排、平湖塘延伸拓浚等工程可行性研究已通过水利部审查或批复;太浦河后续工程可行性研究尚未完成。

重点工程规划规模如下:

(1)望虞河后续工程。望虞河后续工程是完善洪水北排长江的工程之一,通过扩大望

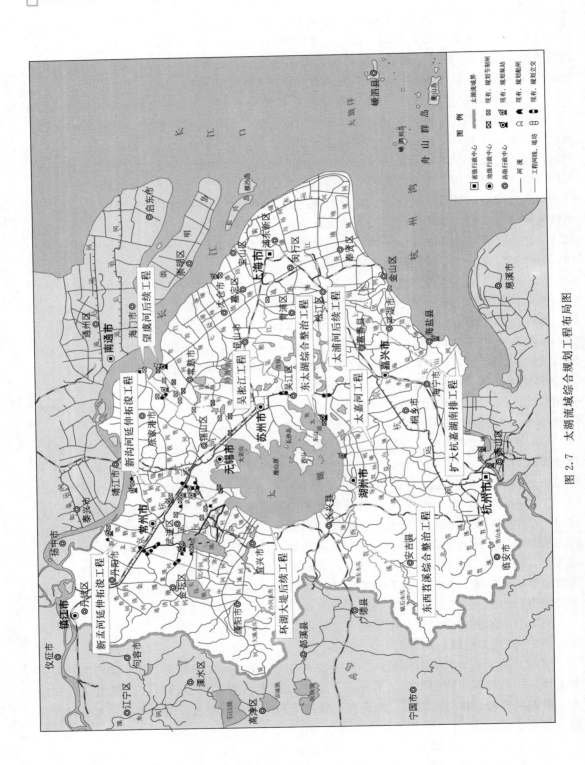

图 2.7　太湖流域综合规划工程布局图

虞河行洪能力，实行两岸有效控制，统筹安排西岸地区排水出路，"引排结合、量质并重"，为建成流域行洪"高速通道"和引江"清水走廊"创造条件。望虞河后续工程由望虞河拓宽、望虞河西岸控制、走马塘拓浚延伸工程三个部分组成。其中，望虞河拓宽工程实施难度较大，2020年规划工况下暂不考虑。其他两项工程规模如下：

1) 走马塘拓浚延伸工程规模。规划河线从沈渎港经走马塘，接锡北运河，立交过张家港河，新开河道至七干河入长江。走马塘（京杭运河—长江）河长66.3km，底宽15～40m，底高－1～0m，边坡1:2.5。七干河江边枢纽，闸门净度36m，底高－1.0m；张家港枢纽（立交），立交地涵过水面积64.8m²，配有节制闸、退水闸和泵站。2012年6月，走马塘全线通水，但张家港枢纽（立交）至今尚未建设。

2) 望虞河西岸控制工程规模。西岸沿线口门实行有效控制，节制闸闸宽同河道规模，节制闸补水口门为锡北运河，补水流量为3m³/s；泵站补水规模分配为：古市桥港、丰泾河、杨安港、黄塘河、羊尖塘5个支河口门均为1m³/s，卫浜口门为3m³/s。

(2) 新孟河延伸拓浚工程。新孟河延伸拓浚工程具有供水、防洪除涝、改善水环境等综合功能。规划延伸拓浚新孟河，在湖西区新增引江济太通道，提高流域引江及水资源配置能力，增加入太湖水资源量和水环境容量，改善太湖西北部湖湾及太湖西部沿岸水质，促进湖西区水资源保护和水污染防治。同时，进一步提高流域及湖西区北排长江能力，改善沿江地区排水条件，增加洪水入江量，减轻流域防洪压力。

新孟河延伸拓浚工程拓浚河道116.69km（其中，新开35.19km，拓浚81.50km），新筑堤防104.31km，主要任务为引长江水入太湖，排湖西区洪水入长江。工程内容包括河道工程，界牌水利枢纽工程、奔牛水利枢纽工程和沿线主要支河口门控制建筑物工程。工程规模如下：

1) 河道工程。主干河（长江—京杭运河）底宽40～80m，底高－3.0～－2.0m；北干河拓浚段底宽40m，底高－2.0m；入湖河道段太滆运河（滆湖—分水镇）底宽25m，底高－2.0m；入湖河道段漕桥河（滆湖—分水镇）底宽15m，底高－2.0m；分水镇—太湖段，底宽55m，底高－2.0m。

2) 控制性建筑物。界牌水利枢纽（新孟河江边枢纽）由一座闸孔总净宽80m的节制闸、一座总装机流量300m³/s的双向泵站、一座Ⅵ级航道船闸和一座闸孔总净宽18m节制闸组成；奔牛水利枢纽（跨京杭运河枢纽）由一座设计引水流量565m³/s、设计排涝流量498m³/s穿京杭运河地涵，一座闸孔总净宽12m的节制闸，一座Ⅵ级航道船闸和一座总净宽10m公路桥组成。

(3) 太浦河后续工程。太浦河作为流域重要泄洪排涝和供水河道，规划实施太浦河后续工程，有效控制两岸口门，结合太浦河两岸地区水环境综合治理和保护，适当控制并逐步调整太浦河的航运功能，减轻两岸地区对太浦河水质的影响，使其成为流域安全行洪的"高速通道"和水资源配置的"清水走廊"。

工程内容包括：实施局部河段疏浚，浚深太浦闸上游引河段及闸下至平望京杭新运河段，与上下游河道底高程相衔接，并对汾湖抽槽疏浚。为保护太浦河供水水质，兼顾京杭运河航运要求，规划采用立交方式建设京杭运河与太浦河交叉建筑物，南北岸相应修建船闸，沟通京杭运河与太浦河。结合杭嘉湖区域防洪除涝需求，完善区域防洪安全措施，对太浦河南岸敞开口门建闸控制，合理安排杭嘉湖北排太浦河泵站。工程规模如下：

1）河道工程。太浦河闸上引河段河道疏浚至底高程−2.0m。疏浚闸下河道至平望长约 12.6km，河道底高程至−3.0m；汾湖抽槽疏浚长 5.2km，底宽 50m，底高程−4.5m，边坡 1∶5。

2）平望立交枢纽。设立太浦河穿京杭运河立交涵洞，过水面积 1000m²，增建跨河桥梁，南北岸各修建 1 座船闸，沟通京杭运河与太浦河。京杭运河向西改道 5km，在原平望以北的京杭运河口处修建节制闸。

3）南岸芦墟以西控制工程。新建口门建筑物 7 座。初拟杭嘉湖北排泵站能力为 200m³/s。

（4）新沟河延伸拓浚工程。新沟河作为武澄锡虞区沟通太湖梅梁湖湾与长江的河道，控制直湖港、武进港地区（以下简称"直武地区"）入湖口门，使直武地区 5 年一遇以下涝水由南排太湖改为北排长江，减少梅梁湖湾外源污染入湖，改善太湖梅梁湖湾水环境。

工程内容为：从长江沿新沟河现有河道拓浚至石堰后分为东、西两支，东支接漕河—五牧河，立交穿过京杭运河、锡溧漕河与南直湖港相接，疏浚南直湖港与太湖相连；西支接三山港，平交穿越京杭运河，疏浚武进港至太湖。工程规模如下：

1）河道工程。新沟河段（长江—石堰）河长 11.41km，底宽 60m，底高−1m；西支（石堰—太湖）河长 44.23km，底宽 20～30m，底高 0m；东支（石堰—太湖）河长 41.6km，底宽 20～30m，底高−1m。

2）控制性建筑物。新沟河枢纽闸门宽 48m，泵站规模 180m³/s。西支建有遥观北枢纽、遥观南枢纽、采菱港闸，闸门总宽 48m，泵站总规模 140m³/s。东支建有西直湖港北枢纽、西直湖港闸站枢纽、西直湖港南枢纽，立交地涵总过水断面 142m²，闸门总宽 39m，泵站规模 90m³/s。

2.5.3　工程体系的水环境效应

2.5.3.1　现状工程体系的水环境效应

为满足流域经济社会发展对水资源、水环境的要求，按照 2001 年 9 月国务院太湖水污染防治第三次会议上所提出的"以动治静、以清释污、以丰补枯、改善水质"的指示和水利部党组治水新思路，从 2002 年起，太湖流域管理局会同江苏省、浙江省、上海市水利部门，依托现有水利工程，利用流域性骨干河道望虞河、太浦河及流域骨干工程常熟水利枢纽、望亭水利枢纽和太浦河闸泵，实施了引江济太调水试验工程，引长江水进入太湖及周边河网地区，增加水资源量，改善水环境。2004 年起，为进一步改善太湖流域河湖水质，提高流域水环境承载能力，树立流域水利治水新理念，在调水试验成功运行两年的基础上，太湖流域管理局与两省一市水利部门共同在流域水资源调度和区域调水试验等方面做了大量的工作，实施了扩大引江济太调水试验。2005 年，引江济太由扩大试验进一步转为长效运行。

在流域机构和两省一市的共同努力下，2002—2010 年，通过望虞河共调引长江水 172.22 亿 m³，其中入太湖 75.32 亿 m³，经望虞河进入两岸河网约 96.90 亿 m³；结合雨洪资源利用，通过科学调度，经太浦闸向下游的江苏、浙江、上海部分地区增加供水

141.38 亿 m^3。引江济太使太湖水体置换周期从原来的 309 天缩短至 250 天，加快了太湖水体的置换速度；太湖湖区大部分时间保持在 3.0～3.4m 的适宜水位，增加了湖区水环境容量；平原河网水位抬高 0.3～0.4m，太湖、望虞河、太浦河与下游河网的水位差控制在 0.2～0.3m，河网水体流速由调水前的 0～0.1m/s 增至 0.2m/s，受益地区河网水体流速明显加快，水体自净能力增强，有利于污染物的稀释和降解，有效改善了河网水环境。

实践证明，引江济太对促进太湖和河网水体有序流动、改善太湖及河网水质、提高流域和区域水资源和水环境承载能力、增加流域供水量，是行之有效的办法和途径。特别是在 2003 年黄浦江燃油事件应急处置、2006 年太浦河调水改善下游及黄浦江水质、2007 年应对无锡供水危机、抵御 2011 年和 2013 年等流域干旱、2010 年保障上海世博会供水安全以及青草沙原水系统通水切换工作中，引江济太工程都发挥了不可替代的重要作用，社会经济效益巨大。

与此同时，流域各地均因地制宜地开展了引清调水工作。江苏省开展了太湖地区调水改善水环境规划研究，湖西区、武澄锡虞区和阳澄淀泖区均先后开展过引江济太区域调水试验。浙江省在 2005 年和 2007 年两次开展杭嘉湖区域调水试验，通过杭嘉湖南排工程、东苕溪导流港东大堤沿线各闸的联合调度，达到置换杭嘉湖平原河网水体、改善河网水质的目的。上海市在嘉宝北片、蕴南片、淀北片、青松片及浦东 5 个片内，利用外河（主要指黄浦江、苏州河等）的潮汐动力和清水来源，通过群闸调度，促进各水利片内河水体有序流动，改善内河水体水质，也取得了较为明显的效果。

2.5.3.2 规划工程体系的水环境效应

规划提出实施走马塘拓浚延伸工程和望虞河西岸控制工程，拓宽望虞河，保证引江入湖水量水质；延伸拓浚新孟河，在湖西区增辟引江济太第二通道，调活太湖特别是西北部湖湾水体，改善太湖西部沿岸及西北部湖湾水流条件；延伸拓浚新沟河排江通道，整治苕溪清水入湖河道，减少入湖污染负荷，改善太湖水环境；实施太嘉河工程、整治杭嘉湖地区环湖河道，合理安排太湖排水通道，提高太湖出湖过水能力，加快水体置换速度，提高水资源和水环境承载能力。

（1）太湖湖区水质改善效果。流域综合治理工程实施后，若不考虑长江等外边界水质改善，遇枯水年太湖全湖平均 COD_{Cr} 全年期浓度可降低 11.1%～16.0%，$NH_3 - N$ 降低 16.7%～28.8%，TP 降低 12.5%～22.2%，TN 降低 14.8%～25.6%。规划多年平均条件下，太湖换水周期缩短至 140 天，有效改善了湖泊水体流态，增强水体自净能力。太湖北部的竺山湖、梅梁湖和贡湖三个湖湾及湖心区、西部沿岸带水质改善效果较为明显。东太湖、东部沿岸带和南部沿岸带主要以出太湖水量为主，受上游入湖河道水流影响较小，引排通道工程实施后，这些湖区水质改善幅度较小。

（2）望虞河后续工程沿线水质改善效果。望虞河西岸控制和望虞河后续工程实施后，可通过扩大望虞河引江规模，减少西岸污水入湖，保证望虞河引江入湖水量水质。平水年，常熟枢纽年引长江水 34.0 亿 m^3，较现状增加 13.7 亿 m^3，增幅 67.5%；望亭立交年入湖水量 21.6 亿 m^3，较现状增加 7.0 亿 m^3，增幅 47.9%。枯水年，常熟枢纽年引长江水 54.9 亿 m^3，较现状增加 19.7 亿 m^3，增幅 56.0%；望亭立交年入湖水量 38.8 亿 m^3，较现状增加 11.8 亿 m^3，增幅 43.7%。在 2005 年污染状况下，荡口桥以南全年期 COD_{Cr}、

NH$_3$-N、TP 和 TN 指标分别降低 30%、67.5%、33.4% 和 48.5%。其中，望亭立交闸下水质改善效果最为明显，不同污染治理水平下，望亭立交闸下定类指标 NH$_3$-N 全年期浓度下降 55%～69%，贡湖湾 COD$_{Cr}$、NH$_3$-N、TP 和 TN 全年期平均浓度分别降低 16.6%～24.2%、46.5%～61.9%、18.2%～25.0% 和 27.6%～46.0%。

走马塘拓浚延伸工程实施后，可将望虞河以西地区河网水体排入长江，加快该地区水体有序流动，改善区域水环境。枯水年，走马塘江边闸年排水量可达 8.7 亿 m^3，2005 年污染状况下，伯渎港等河流断面 COD$_{Cr}$ 全年期浓度下降 2.7%，NH$_3$-N 下降 18.1%，TP 下降 8.3%，TN 下降 8.6%；远期污染治理状况下，COD$_{Cr}$ 全年期浓度下降 7.2%，NH$_3$-N 下降 18.1%，TP 下降 8.0%，TN 下降 10.1%。

（3）新孟河延伸拓浚工程沿线水质改善效果。新孟河延伸拓浚工程实施后，在湖西区增辟了引江济太第二通道，可调活太湖特别是西北部湖湾水体，改善太湖西部沿岸及西北部湖湾水流条件。预测 2020 年，遇枯水年，新孟河引江量可达 40.1 亿 m^3，增加湖西区入太湖水量 22.5 亿 m^3，新孟河沿线北干河、漏湖、太滆运河、漕桥河、殷村港、分水河等沿线河流 COD$_{Cr}$ 全年期浓度降低 45.1%～59.4%，NH$_3$-N 降低 47.8%～69.5%，TP 降低 6.7%～58.6%，TN 降低 38.2%～49.7%。其中，湟里河、北干河、漏湖的 COD$_{Cr}$、NH$_3$-N 全年期浓度降低幅度超过 50%，入湖的太滆运河、漕桥河的 COD$_{Cr}$、NH$_3$-N 全年期浓度降低幅度也都在 45% 以上，工程入湖河道分水河定类指标 NH$_3$-N 全年期浓度可下降 54%。

不同污染治理水平下，竺山湖湾 COD$_{Cr}$ 全年期平均浓度降低 28.9%～36.9%、NH$_3$-N 降低 38.0%～44.7%，TP 和 TN 分别降低 25.0%～37.5%、24.5%～37.8%。

（4）新沟河延伸拓浚工程沿线水质改善效果。新沟河延伸拓浚工程实施后，可减少入太湖污染负荷，改善太湖北部湖湾水环境。预测 2020 年，遇枯水年，可减少直湖港、武进港入湖水量 8.18 亿 m^3，从而使 COD$_{Cr}$、NH$_3$-N、TP 和 TN 年入湖污染负荷分别减少 25484t、3174t、335t 和 6683t，太湖梅梁湖湾 COD$_{Cr}$、NH$_3$-N、TP 和 TN 全年期浓度相应降低 24.4%、36.0%、66.7% 和 51.3%。

通过新沟河江边枢纽和三山港、五牧河穿运河枢纽排水，可促进区域河网水体有序流动，新沟河沿线大部分河流水质浓度明显降低。在 2005 年污染状况下，武进港 COD$_{Cr}$、NH$_3$-N、TP、TN 指标浓度可分别降低 41.1%、50.6%、29.3% 和 15.9%；远期污染治理水平下，COD$_{Cr}$、NH$_3$-N 和 TP 分别降低 27.2%、22.3% 和 19.4%。

（5）太嘉河工程、杭嘉湖地区环湖河道整治工程等沿线水质改善效果。规划实施太嘉河工程、整治杭嘉湖地区环湖河道、延伸拓浚平湖塘等，合理安排太湖排水通道，提高太湖出湖过水能力，促进太湖与杭州湾的水力联系，改善水质。规划流域枯水年，杭嘉湖区出湖水量可增加 10 亿 m^3，在 2005 年污染状况下，COD$_{Cr}$、NH$_3$-N、TP 和 TN 全年期浓度分别平均降低 5.8%、13.8%、17.5% 和 8.2%。其中，嘉兴市供水水源新塍塘各水质指标均明显改善，各指标全年期浓度降幅基本在 6.5%～17.1%。

（6）通过骨干工程的有效调控及区域有序引排，整体改善流域、区域水环境。望虞河、新孟河、太浦河等流域骨干输供水工程两岸实施有效调控后，可减少望虞河引江水期间西岸汇入的 COD$_{Cr}$ 8883～8931t，NH$_3$-N 5917～6010t；降低平水年新孟河沿程 NH$_3$-N

浓度 4%，减少两岸流失水量 1.92 亿 m³；可减少太浦河两岸支流年汇入污染负荷 COD_{Cr} 30258t、NH_3-N 1759t。

湖西区利用沿江口门扩大引江水量，可增加入湖水量，促进区域河网与太湖北部湖湾水体有序流动，改善河网与太湖水质。区域通过加强新孟河两岸有效调控，同时与武澄锡西控制线联合调控，可有效减少武澄锡地区污水倒流入湖西，保护入太湖水质。在满足区域水资源配置基础上，通过加强沿江口门调度，区域枯水年引江水量可增加 5.0 亿 m³，入湖水量增加 3.5 亿 m³，区域河湖水位普遍抬高 3～6cm，入太湖河道 COD_{Cr}、NH_3-N、TP 和 TN 全年期浓度可降低 5%～7%，竺山湖水质出现好转。

武澄锡低片利用藻港、白屈港引水，新沟河和锡澄运河排水，可促进区域水体与长江水体的流动和交换。遇枯水年，在保障防洪与供水前提下，区域有序引排后，横林桥、查家桥、吴桥等水质站点的水质出现明显好转，COD_{Cr}、NH_3-N、TP 和 TN 全年期浓度分别降低 6.9%～11.3%、6.0%～17.4%、1.1%～10.3% 和 2.6%～13.7%。

澄锡虞高片利用张家港和锡十一圩引水，七干河排水，可促进区域水体流动。望虞河西岸张家港等河流断面全年期 COD_{Cr}、NH_3-N、TP 和 TN 浓度分别平均降低 33.0%、37.9%、33.5% 和 35.6%；九里河沿程 COD_{Cr}、NH_3-N、TP 和 TN 等水质指标的全年期浓度分别降低 6.6%～14.8%、7.3%～15.3%、6.2%～9.9% 和 7.9%～11.8%。

阳澄淀泖区利用沿江浏河、七浦、杨林塘等河道引水，在区域内形成"长江—阳澄区—淀泖区—拦路港"的引排通路。规划工程实施后，遇枯水年，区域若采取有序引排调度，阳澄湖、淀山湖、昆承湖、南湖荡（尚湖）等湖泊水质均可明显好转，阳澄湖全年期 NH_3-N、TP 和 TN 分别降低 8.9%、15.8% 和 13.7%；浏河闸加大引水后，苏沪省界珠砂港、吴淞江等河流断面水质状况出现好转，邻近浏河的黄渡、元和塘全年期 COD_{Cr}、NH_3-N、TP 和 TN 浓度分别降低 20.0%～38.2%、45.7%～52.6%、28.8%～43.3% 和 42.4%～39.7%；区域拦路港、斜塘等主要下泄河道水质也有所好转，全年期 COD_{Cr}、NH_3-N、TP 和 TN 浓度分别平均降低 4.4%、10.8%、7.8% 和 11.7%。另外，阳澄淀泖区还可利用许浦闸引水、白茆闸排水，形成"许浦—昆承湖、尚湖—白茆"的区域水体流动小循环；利用浏河闸引水，杨林、七浦闸排水，形成"浏河—阳澄湖—杨林、七浦"区域水体流动小循环，改善区域河湖及流域下游水环境。通过区域沿江、太浦河北岸口门等联合调控，保护太浦河供水水质。

杭嘉湖区通过环太湖、东苕溪导流东岸及太浦河沿线口门合理调控，促进区域水体"北引、中畅、南排"有序流动，合理增引优质水，择机实施区域南排，可改善区域河网及流域下游水环境。通过太浦闸及南岸口门有效调控，还可减小区域引水对太浦河向下游供水的影响。枯水年区域有序引排后，新塍塘、白米塘、永兴港等河道定类指标 NH_3-N 和 TP 全年期浓度分别平均降低 2.3% 和 2.2%。

3 河湖连通工程现状调控水动力变化及水环境效果分析

本章提出一定的河湖连通评价方法，对湖西区的河湖连通现状进行评价，分析现状河湖连通工程的影响因素及其存在的问题，进而通过一定的调水试验，建立相应的数学模型，评估湖西区现状连通工程的调控能力及其对湖西区乃至太湖的河湖水力连通性与水资源配置、水生态环境改善的影响，并提出湖西区相应的江河湖连通调控改善措施，为改善太湖地区水生态环境、提高地区水资源和水环境承载能力，以及太湖地区综合治理提供可靠的技术支撑。

3.1 河湖连通工程调控实践

太湖流域河网以太湖为中心，相互交汇连成一体的河湖水系。上游地区降水径流和沿江口门引江水经入湖河道汇入太湖，经太湖调蓄后，从东部流出。上游地区河道水面坡降大，水动力条件好，水流主导流向为西北—东南；下游地区河道水面坡降小，流速缓慢，水动力条件较差，水流主导流向为西—东。江苏省太湖流域水资源四级区分为湖西区、太湖区、武澄锡虞区、阳澄淀泖区、浦南区。

沿江引水时，以京杭运河为界，运河东北方的河道水流流向运河，运河西北方的河道水流流向东南，如图 3.1 所示。沿江排水时，以京杭运河为界，运河东北方的河道水流流向长江，运河西北方的河道水流流向仍以东南为主导流向，如图 3.2 所示。

3.1.1 望虞河调水引流实践

望虞河位于太湖流域的北部，界于武澄锡虞区和阳澄淀泖区之间。20 世纪 50 年代以来，武澄锡虞区排水除部分直接入长江外，主要是通过张家港、锡北运河、九里、伯渎等向东排入阳澄淀泖区。50 年代后期，为了缓解上下游地区排水矛盾、减轻阳澄淀泖区的防洪压力，开挖了望虞河，作为武澄锡虞区向长江排水河道；1991 年太湖流域洪水后，按照太湖流域综合治理规划，望虞河进行了拓浚，将其作为既排泄太湖洪水又兼顾排泄地区涝水的洪涝混排河道。

目前，望虞河是太湖与长江水量交换的主要出入河道之一，南起太湖滨沙墩口，向北穿过江南运河、漕湖、鹅真荡、嘉陵荡于常熟市耿泾口入长江，全长 60.8km，河道底宽 80～90m，河底高程为－3.0m。望虞河穿运河处建有 9 孔、单孔截面为 7.0m×6.5m 矩形地涵一座（简称"望亭立交"）；河口枢纽建有 6 孔、每孔净宽 8m 的节制闸和 9 台双向、单机 20m³/s 的抽水站一座。

2002 年以来，水利部门利用治太骨干工程，实施了引江济太调水引流工程，促进了水体有序流动，改善了湖泊水动力条件，提升了水体自净能力，特别是在应对 2007 年无

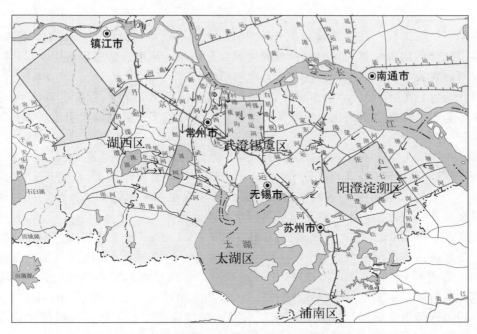

图 3.1 沿江口门引水期水流流向示意图

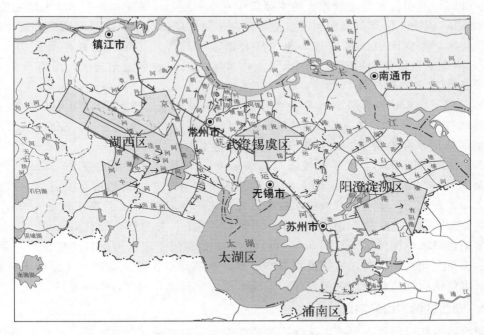

图 3.2 沿江口门排水期水流流向示意图

锡市供水危机中，调水引流发挥了重要作用，最大限度地改善并稳定了无锡市主要饮用水源地——太湖贡湖的水质，并且自 2007 年以来，调水引流为保证太湖"安全度夏""两个确保"（确保饮用水安全，确保不发生大面积水质黑臭）的顺利实现提供了坚实而可靠的保障。

望虞河沿线支河、浜口众多，其中东岸有 40 个，西岸有 81 个。1991 年治太以来，东岸口门已全部建闸控制，其中琳桥港和尚湖口分别是苏州市、常熟市的引水口门；西岸已建控制建筑物的口门有 41 个，尚有 40 个口门敞开。

引江济太自 2002 年启动调水试验，2005 年起进入长效运行，尤其是 2007 年应急调水以来，调水引流逐步常态化，只要条件适宜，就尽可能多地启动调水引流，做到频繁调水、常年引流。

2002 年调水引流以来，截至 2013 年年底，累计引长江水 234.4 亿 m³，其中 124.7 亿 m³ 进入望虞河两岸河网，109.7 亿 m³ 进入太湖，平均年引长江水 19.6 亿 m³，平均年入湖水量 9.1 亿 m³。多年来的入湖水量相当于太湖正常水位下水量的 2.6 倍，同时使受益区河网水体部分被置换，也改善了这些河网水体的水质。

引江济太自 2005 年进入长效运行以来，2005—2013 年多年平均望虞河引江水量与入湖水量各月所占的比例分别为 5.0%～12.1% 和 4.4%～13.4%，最大月分别是最小月水量的 2.4 倍和 3.4 倍。从 2005—2013 年平均来看，年内望虞河引江水量与入湖水量在 7 月形成一低值区，主要是与太湖水位较高、区域降雨相对较多及太湖防汛的要求有关。由于年际间地区降水量的不同、改善区域及太湖水环境需水量的不同、区域供水需求的不同，各年间相同月份望虞河引江水量与入湖水量所占年水量的比例差异较大，分别近 35%、60%，且引江水量差异较大的主要集中在 5—9 月、入湖水量差异较大的主要集中在 2—9 月，说明年际间望虞河引江水量与入湖水量的年内分布基本没有明确的规律可循。

多年来，望虞河引江水量与入湖水量有增加的趋势，且年均增长率分别为 6.8%、9.8%，入湖水量增加的幅度较引江水量大；多年的入湖效率变化起伏，均值为 45.1%，2007 年入湖效率最高，为 55.9%，2005 年入湖效率最低，为 21.3%。

2010 年下半年秋冬季到 2011 年上半年冬春季太湖地区遭遇大旱，2010 年 10 月—2011 年 6 月通过望虞河口闸共引长江水 31.5 亿 m³，望亭立交入湖水量 17.6 亿 m³，为保障太湖地区饮用水源地安全、改善太湖水环境起到了积极的作用。

2014 年汛期结束后，太湖流域降雨持续偏少，10 月流域降雨量仅 37.3mm，较常年同期偏少 40.4%，太湖水位由 10 月初的 3.55m 下降至月末的 3.27m。10 月 24 日启动引江济太，直至 12 月 31 日，区域降水较少，几乎未产生径流（12 月降水仅 6.8mm，较常年同期偏少 83%）。根据 2014 年 11 月 1 日至 12 月 31 日常熟枢纽逐日引水量、望虞河干流甘露站逐日水位测验结果（图 3.3）可以发现，望虞河干流水位逐日变化情势与常熟枢纽引水流量变化密切相关，变化过程基本一致，望虞河引江对望虞河水位影响十分显著，望虞河水位随引江流量响应关系良好，干流水位变化较逐日引江量略有滞后。

3.1.2 湖西区调水引流实践

湖西区沿江口门每年引入大量优质的长江原水，对湖西区乃至太湖地区的水动力情势和水生态环境产生重要影响。

湖西区具有天然的引长江水的地理条件。在正常工况下，沿江口门可趁长江高潮时开启闸门自引长江水，这种工况是沿江口门运行调度中较为普遍的工况，占全年各种工况的 85%～90%。另外，沿江口门亦可在长江低潮时开启泵站翻引长江水，满足内河航运、水

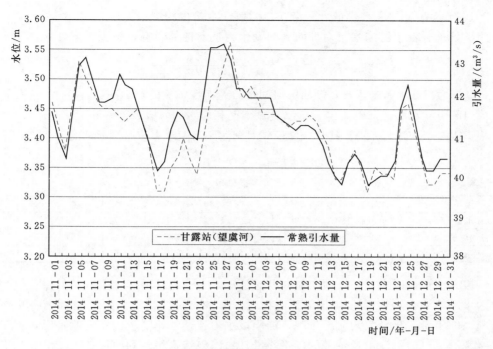

图 3.3　常熟枢纽引水量与望虞河干流水位变化过程图

生态环境改善、应急供水等需求，这种翻水工况占全年各种工况的 5%～10%。

　　长江是"引江济太"工程的供水源地。根据统计资料，长江上游多年平均径流量为 9051 亿 m³（折合 28700m³/s，长江干流大通站水文资料，下同），下游年平均入海水量为 9405 亿 m³。表 3.1 所列是长江上游来水量与沿江口门引江水量统计结果，其中 2003—2012 年长江上游多年平均来水量为 8372 亿 m³，而湖西区谏壁闸（含谏壁抽水站）多年平均引江水量为 48797 万 m³，九曲河枢纽多年平均引江水量为 42892 万 m³，小河水闸多年平均引江水量为 46836 万 m³，魏村枢纽多年平均引江水量为 55460 万 m³，湖西区引江水量占长江多年平均水量的 0.23%。

表 3.1　　　　　　　　　　　长江上游来水量与沿江口门引江水量统计　　　　　　　　　　单位：万 m³

年　份		2003	2004	2005	2006	2007	2008	2009	2010	2011	2012
长江来水量/亿 m³		9240	7874	9019	6875	7695	8291	7819	10220	6671	10020
引江水量	谏壁闸	23743	91499	79318	45100	56901	52422	31890	462	41912	64724
	九曲河	49897	30594	47165	40755	41264	40683	25720	76387	31868	44591
	新孟河	57210	49216	58574	42710	37800	47612	39174	66007	24746	45315
	德胜河	74753	53925	66976	54088	46620	49295	47588	76092	31764	53494
合　计		205603	225234	252033	182653	182585	190012	144372	218948	130290	208124

　　显然，长江上游来水量对沿江口门引江水量的大小影响较大：长江上游来水越大，沿江口门水位越高，加上潮汐作用，闸门自引时间相对较长，沿江口门引江水量也越多。例

如，2010 年长江上游来水量最大，沿江口门引江水量也相应最大。

为了评估长江上游来水量对湖西区河湖水力连通性的影响，采用以下公式：

$$C_{长江} = 100 \times \frac{W_{引江水量}}{W_{引江水量} + W_{地表径流量}} \tag{3.1}$$

式中：$C_{长江}$ 为长江上游来水量对湖西区河湖水力连通性影响的贡献率，%；$W_{引江水量}$ 为湖西区沿江口门的引江水量，万 m^3；$W_{地表径流量}$ 为湖西区相应时期的地表径流量，万 m^3。

根据表 3.1 和式（3.1），计算长江历年对湖西区河湖水力连通性影响的贡献率，结果见表 3.2。

表 3.2　　　　　　　　　　　　　**长江历年贡献率计算**

年　份	2003	2004	2005	2006	2007	2008	2009	2010	2011	2012
引江水量/万 m^3	205603	225234	252033	182653	182585	190012	144372	218948	130290	208124
地表径流量/万 m^3	340105	256123	245361	283189	268438	249537	319036	298154	331378	311513
$C_{长江}$/%	37.7	46.8	50.7	39.2	40.5	43.2	31.2	42.3	28.2	40.1

从表 3.2 可以看出，长江历年对湖西区河湖水力连通性的影响不一，但保持一个相对稳定的水平，综合贡献率约为 40%。而相对干旱的年份，长江的影响相对大一些。长江贡献率大的年份，丹金溧漕河王母观—溧阳段水力连通性相对较大；也就是说，长江上游来水量和沿江口门引江水量较多的年份，沿江口门引江水量对湖西区"引江济太"工程规模及相应的河湖水力连通性的影响也相对较大。

从河湖水力连通角度，沿江口门正常引水和开启泵站翻水运行是维持湖西区京杭运河等骨干河湖适当流量、流速（河湖水力连通性）、维持长江—太湖连通的重要支撑。因此，开展了湖西区沿江口门引排水试验。为了达到试验目的，调水试验综合考虑在正常工况与翻水工况下，分析和验证长江的供水能力、沿江口门调引水能力和引水水质、引水对湖西区河湖水力连通性的影响、对京杭运河等骨干河道水量分配、水质演变的影响以及对太湖的水资源补给和水生态环境改善的影响。另外，为了使试验更具代表性，试验选择在水情与多年平均接近的时期进行。

试验从 2013 年 9 月 4 日（农历七月二十九日）开始：4—5 日，沿江口门高潮期关闭，低潮期开闸排水；6—14 日，高潮期全力引水，低潮期关闸（正常工况）；15—16 日，泵站开启引水（翻水工况）；17 日，沿江口门按原调度方案正常调度。

试验期间，每天 9：00—10：00、15：00—16：00 在预设的水量水质同步监测断面处各取水样、测流一次（沿江口门在引水期间每 1h 1 次）。其中，第一次取样作为背景值，其中 9 月 6—13 日为正常引水期，14—16 日为泵站翻水期。

调水试验方案工况调度与测验安排情况详见表 3.3。

表 3.3　　　　　　　　　　　**调水试验调度工况及试验实施情况**

项　目	内　容	项　目	内　容
试验天数	14 天（9 月 4—17 日）	调度计划	自排（2 天）＋自引（9 天）＋翻引（2 天）
降水情况	—	监测频次	每天水量、水质 1～7 次（视断面而定）
潮汛情况	半月潮汛周期		

本次调水试验中，湖西区主要闸站的调度遵循以下原则：①沿江口门原则上按江苏省防汛抗旱指挥部、常州和镇江两市防汛抗旱指挥部批准的调度方案进行，流域控制性水利工程原则上按现有控制运用方式运行，这样确保一定的河湖连通性；调水试验必须确保防洪安全，且不明显影响京杭运河通航；②沿江口门调度应当考虑试验影响区域的供水安全和农业灌溉，当试验影响区域供水或农业灌溉受到明显影响时，应当力所能及地采取相关措施，避免或减轻区域用水受到负面影响，确保试验期间水情更具代表性；③沿江口门调度必须兼顾试验影响区域的水环境问题，当京杭运河水环境或太湖水环境受到明显不利影响时，或有可能超过水质考核控制指标时，应采取必要措施甚至停止试验以确保区域生态安全，由此确保试验数据的有效性。

试验期间，湖西区沿江口门总引江水量为13700万 m^3。其中，正常引水期间（9月6—13日），长江多日平均上游来水量为25260m^3/s，谏壁闸多日平均引水量为453.1万m^3，九曲河枢纽多日平均引水量为259.9万 m^3，小河水闸多日平均引水量为133.2万m^3，魏村枢纽多日平均引水量为171.2万 m^3。泵站翻水期间（9月14日10：00至16日10：00），泵站翻水量主要与泵站翻水能力、长江潮汐运动有关。

显然，试验期间，长江上游来水丰沛，完全满足沿江口门引水需求。其中，正常引水期间，沿江口门日引江水量与长江上游来水量的关系更为密切：长江上游来水越大，长江沿江口门江段潮位相应较高，沿江口门在不控制闸门开度的情况下，引江水量也相对较大。同样根据式（3.1），计算试验期间长江对湖西区河湖水力连通性影响的贡献率约为51.3%。

通过本次调水试验证实，在正常引水期间，沿江口门的水动力变化与长江下游的潮汐运动有关；相对而言，长江下游潮汐运动越强，沿江口门的水动力变化越明显；在泵站翻水期间，沿江口门的水动力变化则相对平稳。另外，沿江口门的引江水量不仅取决于工程的规模，也取决于口门的相对位置。正常情况下，越往长江上游的口门，引江能力越高；而沿江口门引江水量越大，京杭运河等骨干河流的水力连通性越高。

通过以上分析也可以看出，鉴于自然条件的限制，长江来水在湖西区水资源补给和水生态环境改善方面所起到的作用约占40%；也就是说，如果要更充分地利用优质的长江原水，必须加大"引江济太"工程的规模，完善水系连通性。另外，在经济技术可行的情况下，适当加大泵站翻水规模和历时。

3.2 调水引流工程运行对沿线河网及湖区水量时空分布的影响及其水环境效果

3.2.1 引江对望虞河西岸水位的影响

当望虞河引江济太运行时，望虞河干流水位升高，导致西岸地区水位明显抬升，西岸北部部分水流压向南部河网，地区水流东排受阻。图3.4给出了2002年望虞河干河水位与澄锡虞高片水位变化过程，反映出了上述水位变化特征。

2002年1月30日引水前，望虞河干流甘露水位为3.07m，京杭运河无锡南门水位为3.05m，陈墅水位为3.17m，望虞河干流甘露水位和南门水位基本持平，西岸北部陈墅水

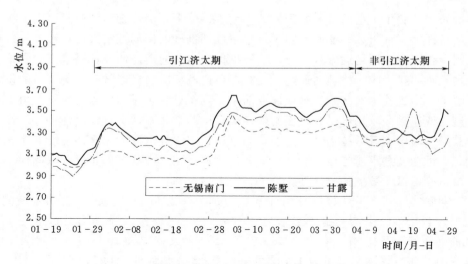

图 3.4　望虞河干河水位与澄锡虞高片水位变化过程图

位略高。引江水运行 1 天后，望虞河甘露水位上升至 3.25m，无锡南门运河水位上升至 3.09m，陈墅水位上升至 3.20m，望虞河甘露水位与运河南门水位差 0.16m，和陈墅水位基本持平。随着引水持续和引水量的增加，望虞河甘露水位逐步升高并稳定在 3.50m 左右，比引水前抬高 0.45m 左右，无锡南门水位和陈墅水位也随之升高 0.35m 左右，表明望虞河引水引起的干流河道水位上升，直接引起周边主要河道水位同步上升，说明该河网区域水系连通性强。

3.2.2　引江对望虞河西岸水流特征影响

通常情况下，望虞河西岸地区河网水流自西向东，主要经望虞河排入长江，少部分水体进入太湖或苏州河网地区。望虞河西岸支河 37 个敞开口门，西岸入望虞河多年平均流量 35.3m³/s，其中汛期、非汛期入望虞河的平均流量分别为 43.3m³/s 和 29.7m³/s 左右。

引江济太期间，望虞河水位抬高，打破了西岸地区水流东排入望虞河的格局，在望虞河不同引江工况下，不同河段支河水流情况有所差异。

根据近年来"引江济太"试验结果分析（表 3.4、图 3.5），当望虞河自引时，嘉菱荡以北的锡北运河、张家港等河道水流受长江潮汐的影响，水流出现两进两出的现象；嘉菱荡以南的伯渎港、九里河等河道流向较为稳定，以入望虞河为主。在望虞河启用江边枢纽泵站向太湖大、中流量送水时，嘉菱荡以北的西岸河道基本受望虞河高水的顶托，水流主要由望虞河入西岸河网；嘉菱荡以南的西岸河道受望亭立交入湖水量的影响，仍有部分水流入望虞河。

表 3.4　　　　　　　　　　　2010—2013 年区域部分主要河段流量特征值统计

序号	河　名	站（桥）名	最大流量/(m³/s)	出现日期	最小流量/(m³/s)	出现日期
1	顾市桥港	石家桥	0.487	2011 - 06 - 19		
2	坊桥港	大坊桥	12.7	2011 - 04 - 14		
3	伯渎港	荻泽桥	30.5	2013 - 10 - 08	−6.66	2010 - 06 - 07

续表

序号	河 名	站（桥）名	最大流量/(m³/s)	出现日期	最小流量/(m³/s)	出现日期
4	张塘河	立新桥	34.8	2013 - 10 - 08	-3.51	2010 - 06 - 07
5	黄塘河	曹家墩桥	5.59	2013 - 10 - 08		
6	九里河	钓渚大桥	132	2012 - 08 - 09	-81.8	2013 - 05 - 15
7	羊尖塘	界河桥	17.1	2013 - 10 - 08	-3.24	2010 - 07 - 01
8	锡北运河	北新桥	54.3	2010 - 07 - 14	-31.9	2013 - 12 - 28

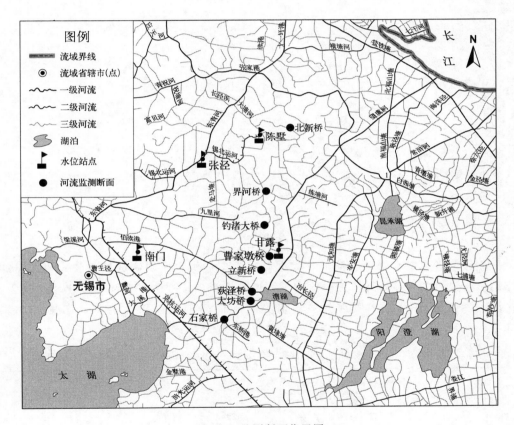

图 3.5 监测断面位置图

据监测资料分析，2002 年 1 月 30 日至 4 月 4 日的 64 天引水期内，有 60 天望虞河水向西倒灌，望虞河直接进入锡澄东部的水量为 1.35 亿 m³，大部分水汇入锡澄运河与京杭运河。引水期和非引水期各支河水流变化明显，以锡北运河张泾站为例，引水期和非引水期流量变化过程如图 3.6 所示。张泾站 2002 年引水期最小流量仅为 2.23m³/s，引水结束后流量出现明显的上升趋势，至 6 月 1 日流量最高达 14.6m³/s；2003—2005 年引江济太期张泾站流量较非引江济太期均出现下降趋势，流向也发生了改变，2003 年引江济太期该站最大逆流流量为 16.2m³/s，2004 年达 13.9m³/s，2005 年达 12.5m³/s。

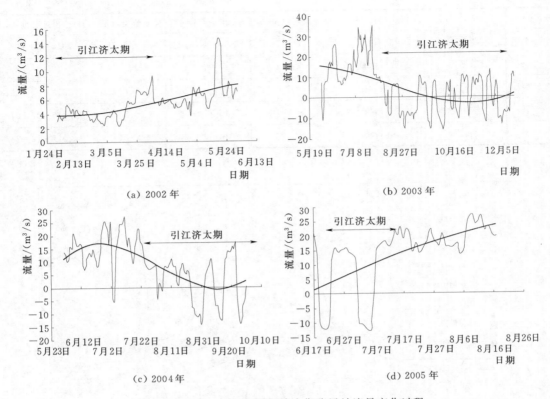

图 3.6　2002—2005 年引江济太期张泾站流量变化过程

　　根据江苏省水文水资源勘测局《太湖蓝藻生态危机水质监测分析报告》成果，2007年应急引水过程中，在统计监测时段内各河道水流流向主要为：九浙塘以出望虞河为主，张家港到锡北运河以入望虞河为主，羊尖塘到伯渎港均以滞流为主，详见表 3.5 和图 3.7。

表 3.5　　　　　　　　　　2007 年引江期间西岸支流流态统计表

河道名称	监测断面	统计天数	入望虞河		出望虞河		滞　流	
			天数	百分比 /%	天数	百分比 /%	天数	百分比 /%
九浙塘	九浙塘	47	9	19.1	25	53.2	13	27.7
张家港	大义桥	81	55	67.9	13	16.0	13	16.0
锡北运河	新师桥	81	49	60.5	15	18.5	17	21.0
羊尖塘	羊尖	83	19	22.9	1	1.2	63	75.9
九里河	鸟嘴渡桥	83	13	15.7	5	6.0	65	78.3
张塘桥河	荡口大桥	34	0	0.0	12	35.3	22	64.7
古市桥港	石家桥	33	1	3.0	6	18.2	26	78.8

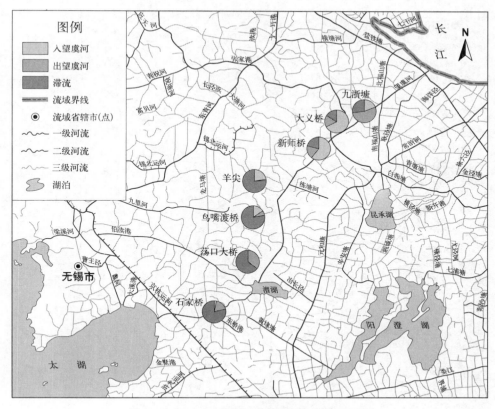

图 3.7 2007 年引江期间西岸支流流态示意图

3.3 现有河湖连通工程调控影响区域及流域河湖水系连通工程现状水环境改善调控能力评估

太湖水体流速缓慢，西面主要是入湖河道、东面主要是出湖河道、南北面主要是出入性河道，一般情况湖流是从东北向西南流动的。但太湖北部贡湖水体基本不流动，望虞河调水引流拉动了贡湖的水流，改变了原有的水体运动模式。调水引流实践证明，优质的调水水源能够改善贡湖饮用水源地的水质，因此也只有当望亭立交闸下水体水质优于地表水评价Ⅲ类水标准时，才开闸引长江水入湖。

3.3.1 调水引流对望虞河水环境影响分析

望虞河沿线从江边到入湖口共设有 7 个水质监测断面，分别是望虞闸内、大义（望）、张桥（望）、甘露大桥、北桥、大桥角新桥、望亭立交，位置如图 3.8 所示。根据江苏省水文水资源勘测局 2002—2012 年监测资料，统计分析这 7 个水质监测断面的水质变化情况，结果表明近年来望虞河干流水质明显好转，各断面主要水质指标调水期也比非调水期有所改善。

3.3.1.1 望虞河水质变化

将望虞河沿线 7 个水质监测站按年度进行均值评价，2012 年 DO 7.5mg/L（Ⅰ类）、

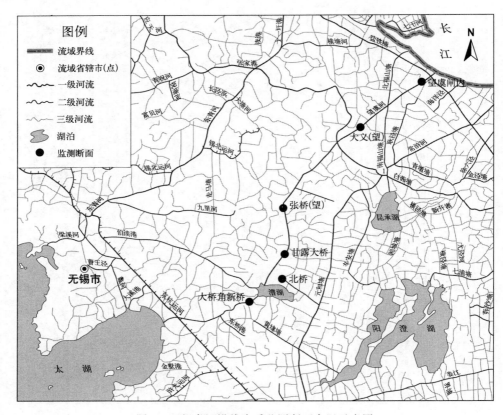

图 3.8　望虞河沿线水质监测断面布置示意图

COD_{Mn} 4.1mg/L（Ⅲ 类）、NH$_3$ - N 0.82mg/L（Ⅲ 类）、TP 0.134mg/L（Ⅲ 类）、TN
2.76mg/L（Ⅲ 类）。与 2002 年相比，2012 年 DO 含量同比升高 70.5%，COD$_{Mn}$、NH$_3$ - N、
TP、TN 分别同比降低 33.9%、81.9%、47.2% 和 59.4%。历年望虞河各项指标年均
值及评价结果见表 3.6。

表 3.6　　　　　　　　望虞河干流 2002—2012 年年均值评价结果

年份	年均值/(mg/L)					水质类别				
	DO	COD$_{Mn}$	NH$_3$ - N	TP	TN	DO	COD$_{Mn}$	NH$_3$ - N	TP	综合评价
2002	4.4	6.2	4.54	0.254	6.80	Ⅳ	Ⅳ	劣Ⅴ	Ⅳ	劣Ⅴ
2003	6.1	5.7	3.93	0.205	6.43	Ⅱ	Ⅲ	劣Ⅴ	Ⅳ	劣Ⅴ
2004	5.1	5.9	4.67	0.286	7.15	Ⅲ	Ⅲ	劣Ⅴ	Ⅳ	劣Ⅴ
2005	4.8	5.3	3.15	0.181	6.78	Ⅳ	Ⅲ	劣Ⅴ	Ⅲ	劣Ⅴ
2006	3.9	6.0	4.36	0.209	6.71	Ⅳ	Ⅲ	劣Ⅴ	Ⅳ	劣Ⅴ
2007	5.4	4.0	0.82	0.138	2.25	Ⅲ	Ⅱ	Ⅲ	Ⅲ	Ⅲ
2008	6.5	4.4	0.88	0.140	2.53	Ⅱ	Ⅲ	Ⅲ	Ⅲ	Ⅲ
2009	6.7	4.4	0.82	0.140	2.53	Ⅱ	Ⅲ	Ⅲ	Ⅲ	Ⅲ
2010	7.1	4.3	0.74	0.139	2.69	Ⅱ	Ⅲ	Ⅲ	Ⅲ	Ⅲ
2011	7.0	3.8	0.61	0.139	2.52	Ⅱ	Ⅱ	Ⅲ	Ⅲ	Ⅲ
2012	7.5	4.1	0.82	0.134	2.76	Ⅰ	Ⅲ	Ⅲ	Ⅲ	Ⅲ

对望虞河多年水质变化分析可知，2002—2007 年 DO 总体有上升趋势，COD_{Mn}、NH_3-N、TP 和 TN 总体有下降趋势，2008—2012 年 DO、COD_{Mn}、NH_3-N、TP 和 TN 基本保持稳定，分别维持在 7.0mg/L、4.0mg/L、0.80mg/L、0.140mg/L、2.60mg/L。与 2002 年相比，2002—2012 年 DO 多年均值同比升高 33.3%，COD_{Mn}、NH_3-N、TP 和 TN 多年均值分别同比降低 20.7%、49.3%、29.7%、34.3%。

从总体来看，2002—2006 年望虞河整体评价均为劣Ⅴ类，主要超标项目为 NH_3-N、TP，个别年份 DO、COD_{Mn} 也有Ⅳ类；2007—2012 年整体评价均为Ⅲ类，各项指标均有明显好转，尤其是 NH_3-N 含量下降明显。2002—2012 年望虞河干流 COD_{Mn}、NH_3-N、TP 和 TN 浓度值变化过程详见表 3.6 及图 3.9。

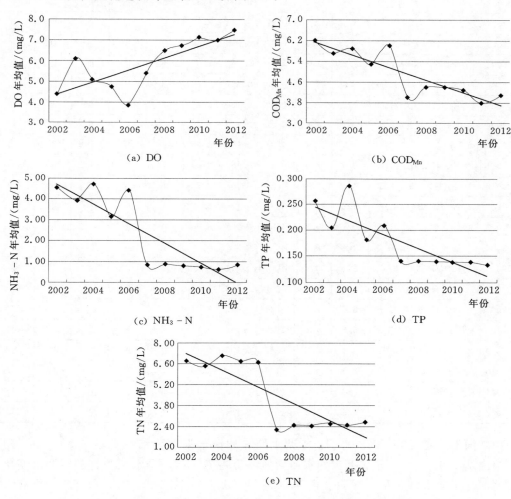

图 3.9　2002—2012 年望虞河干流主要水质参数浓度值变化过程

3.3.1.2　调水期与非调水期望虞河水质变化

将望虞河沿线各站点 2002—2012 年水质资料按调水期、非调水期进行均值评价，评价结果见表 3.7。可见，望虞河非调水期水质整体评价为Ⅳ～劣Ⅴ类，并以劣Ⅴ类为主，

主要超标项目为 NH_3-N，其次为 DO、COD_{Mn}、TP 也有所超标；调水期水质改善为Ⅲ类，且各水质参数浓度值明显优于非调水期。2002—2012 年调水期 DO 含量上升 61.1%（上升、下降指 2002—2012 年调水期均值较非调水期，下同），调水期 COD_{Mn}、NH_3-N、TP 和 TN 分别下降 52.2%、89.7%、34.6%和 61.6%。

表 3.7　　　　　望虞河沿线 2002—2012 年调水期与非调水期均值评价结果表

时期	年份	时段	均值/(mg/L)					水质类别				
			DO	COD_{Mn}	NH_3-N	TP	TN	DO	COD_{Mn}	NH_3-N	TP	综合评价
调水期	2002	2月4日—4月4日	9.1	2.9	0.63	0.190	3.09	Ⅰ	Ⅱ	Ⅲ	Ⅲ	Ⅲ
	2003	8月26日—11月1日	6.5	3.2	0.41	0.154	1.96	Ⅱ	Ⅱ	Ⅲ	Ⅲ	Ⅲ
	2004	8月20日—9月23日	6.8	2.4	0.17	0.154	2.67	Ⅱ	Ⅱ	Ⅱ	Ⅲ	Ⅲ
	2005	6月25日—7月12日	5.4	3.0	0.70	0.152	6.56	Ⅲ	Ⅱ	Ⅲ	Ⅲ	Ⅲ
	2006	8月24日—10月15日	5.5	2.8	0.88	0.162	1.68	Ⅲ	Ⅱ	Ⅲ	Ⅲ	Ⅲ
	2007	7月26日—9月18日	5.9	3.1	0.39	0.117	1.70	Ⅲ	Ⅱ	Ⅲ	Ⅲ	Ⅲ
	2008	4月7日—6月8日	7.7	3.0	0.49	0.133	2.26	Ⅰ	Ⅱ	Ⅲ	Ⅲ	Ⅲ
	2009	5月1日—6月28日	7.7	2.8	0.22	0.127	1.95	Ⅰ	Ⅱ	Ⅱ	Ⅲ	Ⅲ
	2010	10月14日—11月12日	7.5	3.4	0.36	0.145	1.85	Ⅱ	Ⅱ	Ⅲ	Ⅲ	Ⅲ
	2011	1月1日—6月9日	9.0	2.6	0.36	0.158	2.43	Ⅰ	Ⅱ	Ⅲ	Ⅲ	Ⅲ
	2012	1月1日—1月21日	10.1	2.8	0.50	0.158	2.38	Ⅰ	Ⅱ	Ⅲ	Ⅲ	Ⅲ
非调水期	2002	5月4日—8月4日	3.2	6.6	4.38	0.194	6.46	Ⅳ	Ⅳ	劣Ⅴ	Ⅲ	劣Ⅴ
	2003	4月26日—5月29日	6.1	6.7	4.67	0.257	6.30	Ⅱ	Ⅳ	劣Ⅴ	Ⅳ	劣Ⅴ
	2004	5月16日—6月19日	2.4	6.9	10.43	0.326	13.36	Ⅴ	Ⅳ	劣Ⅴ	Ⅴ	劣Ⅴ
	2005	2月24日—3月27日	2.0	9.4	10.55	0.316	14.38	Ⅴ	Ⅴ	劣Ⅴ	Ⅳ	劣Ⅴ
	2006	5月21日—6月18日	2.6	5.8	6.07	0.216	8.08	Ⅴ	Ⅲ	劣Ⅴ	Ⅳ	劣Ⅴ
	2007	3月13日—4月17日	3.6	6.9	5.36	0.342	7.37	Ⅳ	Ⅳ	劣Ⅴ	Ⅴ	劣Ⅴ
	2008	6月13日—7月15日	5.0	4.4	1.05	0.149	2.47	Ⅲ	Ⅲ	Ⅳ	Ⅲ	Ⅳ
	2009	1月1日—2月28日	6.4	6.2	3.47	0.296	5.87	Ⅱ	Ⅳ	劣Ⅴ	Ⅳ	劣Ⅴ
	2010	3月9日—4月13日	8.6	4.6	1.06	0.142	3.69	Ⅰ	Ⅲ	Ⅳ	Ⅲ	Ⅳ
	2011	6月15日—7月28日	5.2	4.4	1.01	0.142	3.18	Ⅲ	Ⅲ	Ⅳ	Ⅲ	Ⅳ
	2012	6月4日—7月24日	5.3	5.0	1.17	0.134	3.10	Ⅲ	Ⅲ	Ⅳ	Ⅲ	Ⅳ

　　望虞河沿线各站点 2002—2012 年调水期与非调水期评价结果见表 3.8。分析可见，望虞闸内站 2002—2012 年非调水期水质均值评价为劣Ⅴ类，调水期为Ⅲ类，调水期比非调水期河道水质 DO 含量上升明显达 95.0%，COD_{Mn}、NH_3-N、TP 和 TN 指标有大幅好转，浓度值分别下降 62.0%、95.1%、53.7%和 70.2%；大义（望）、张桥（望）各站 2002—2012 年非调水期水质均值评价为劣Ⅴ类，调水期均为Ⅲ类，调水期 DO 较非调水期均大幅度上升，分别为 135.5%、44.5%，COD_{Mn}、NH_3-N 和 TN 均有明显下降，调水期水质明显优于非调水期；甘露大桥、北桥、大桥角新桥各站 2002—2012 年调水期水质均值评价均为Ⅲ类，非调水期为Ⅲ～Ⅳ类，调水期 DO 含量有所上升，上升幅度均在

10%以内，而 COD_{Mn}、NH_3-N、TN 均有明显下降，调水期水质改善明显。就望虞河沿线调水期与非调水期水质改善情况来看，从望虞河引江入太湖口到望虞河引江口，水质改善明显，且距引江口越近水质改善程度越大。

表 3.8　　　望虞河沿线各站点 2002—2012 年调水期与非调水期均值评价结果表

时期	站名	均值/(mg/L)					水质类别				
		DO	COD_{Mn}	NH_3-N	TP	TN	DO	COD_{Mn}	NH_3-N	TP	综合评价
调水期	望虞闸内	7.9	2.6	0.28	0.138	2.44	Ⅰ	Ⅱ	Ⅱ	Ⅲ	Ⅲ
	大义（望）	7.7	2.7	0.31	0.159	2.26	Ⅰ	Ⅱ	Ⅱ	Ⅲ	Ⅲ
	张桥（望）	7.1	3.1	0.64	0.168	2.76	Ⅱ	Ⅱ	Ⅲ	Ⅲ	Ⅲ
	甘露大桥	7.6	3.1	0.51	0.137	2.28	Ⅰ	Ⅱ	Ⅲ	Ⅲ	Ⅲ
	北桥	7.6	3.1	0.48	0.126	2.33	Ⅰ	Ⅱ	Ⅱ	Ⅲ	Ⅲ
	大桥角新桥	7.8	3.1	0.46	0.122	2.27	Ⅰ	Ⅱ	Ⅱ	Ⅲ	Ⅲ
非调水期	望虞闸内	4.0	6.8	5.84	0.297	8.19	Ⅳ	Ⅳ	劣Ⅴ	Ⅳ	劣Ⅴ
	大义（望）	3.3	6.5	5.13	0.268	7.45	Ⅳ	Ⅳ	劣Ⅴ	Ⅳ	劣Ⅴ
	张桥（望）	4.9	5.5	3.11	0.177	5.12	Ⅳ	Ⅲ	劣Ⅴ	Ⅳ	劣Ⅴ
	甘露大桥	6.9	4.6	1.14	0.139	3.54	Ⅱ	Ⅲ	Ⅳ	Ⅳ	Ⅳ
	北桥	7.5	4.2	1.05	0.127	3.25	Ⅱ	Ⅲ	Ⅳ	Ⅲ	Ⅳ
	大桥角新桥	7.3	4.2	0.99	0.128	3.07	Ⅱ	Ⅲ	Ⅲ	Ⅲ	Ⅲ

3.3.2　调水引流对望虞河西岸河网水环境影响分析

由于望虞河由原来的以排水为主改变为现在的引排兼顾、以引为主，在调水引流期间，望虞河东岸口门在引江过程中控制排放流量不超过引水量的 30%或最大引水量不超过 40m³/s，常熟枢纽引江水量绝大部分输入太湖和西岸支流，因此，主要考虑调水引流对望虞河西岸河网水质的影响。据江苏省水文水资源勘测局监测资料，望虞河西岸主要支流共 20 个水质监测站点，分布在入望虞河主要支河九浈塘、张家港、锡北运河、羊尖塘、九里河、张塘河、伯渎港上。望虞河西岸水质监测站点示意详见图 3.10。

3.3.2.1　望虞河西岸河道水质变化

望虞河西岸主要支流除查桥外的 19 个水质监测站点 2002—2012 年监测总站次 155～2153 站次不等，望虞河西岸河网水质监测超Ⅲ类水测次占总测次的百分比如图 3.11 所示。19 个监测点 2002—2012 年分年度水质参数年均值评价结果表明，该区域水质很差，除九浈塘以及部分靠近望虞河交汇处的河段能达到Ⅲ～Ⅳ类外，其他河段基本以Ⅴ～劣Ⅴ类水为主。

从整个区域历年评价结果看，2002 年望虞河西岸各监测站点超Ⅲ类水测次占总测次的百分比最低为 73.2%，2003—2006 年望虞河西岸各站点年均值水质变化不大，各监测站点超Ⅲ类水测次占总测次的百分比在 95%～100%，2007—2012 年虽然随着引江强度增大，各水质指标出现明显好转，但各监测站点超Ⅲ类水测次占总测次的百分比仍高达 80%左右，说明调水引流对望虞河西岸河道水质有一定的改善作用，但改善效果有限，最

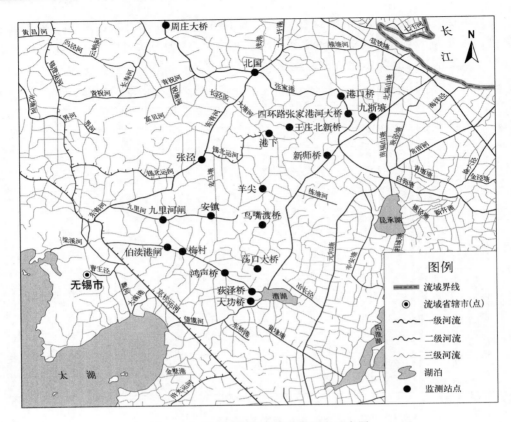

图 3.10 望虞河西岸水质监测站点示意图

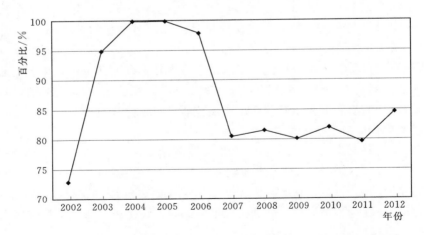

图 3.11 2002—2012 年望虞河西岸超Ⅲ类水测次占总测次的百分比示意图

主要问题是该河网区域面源污染严重，生产生活污水直排河道现象较多，因此最根本的措施还是应该控源截污、限制河道排污总量。

3.3.2.2 调水期与非调水期望虞河西岸河道水质变化

表 3.9 和表 3.10 给出了望虞河沿线各站点 2002—2012 年调水期与非调水期均值评价

结果，相应的水质指标变化如图 3.12 所示。在望虞河西岸 20 个监测站点中，除查桥外的 19 个站点在调水期、非调水期均有监测资料。将 19 个监测站点的 2002—2012 年水质资料按调水期、非调水期进行均值评价，其中 5 个站点（九浙塘站、张塘河荡口大桥站、伯渎港大坊桥和荻泽桥站均为Ⅲ类，九里河鸟嘴渡桥站为Ⅴ类）调水期综合评价水质类别较非调水期有所好转，其他 14 个站点调水期、非调水期综合评价水质类别相同，均为劣Ⅴ类。在这 14 个综合评价水质类别均为劣Ⅴ类的站点中，6 个站点（张家港四环路张家港桥站、北国站、港口桥站、伯渎港鸿声桥站、梅村站和伯渎港闸）大部分指标在调水期有

表 3.9　　　　望虞河西岸监测站点 2002—2012 年调水期均值评价结果表

监测站点	均值/（mg/L）					水 质 类 别				
	DO	COD$_{Mn}$	NH$_3$-N	TP	TN	DO	COD$_{Mn}$	NH$_3$-N	TP	综合评价
安镇	4.9	9.3	4.29	0.439	7.10	Ⅳ	Ⅳ	劣Ⅴ	劣Ⅴ	劣Ⅴ
北国	4.3	5.9	2.65	0.258	4.84	Ⅳ	Ⅲ	劣Ⅴ	Ⅳ	劣Ⅴ
伯渎港闸	7.5	8.4	2.27	0.204	4.94	Ⅰ	Ⅳ	劣Ⅴ	Ⅳ	劣Ⅴ
大坊桥	7.3	5.0	0.76	0.168	3.00	Ⅱ	Ⅲ	Ⅲ	Ⅲ	Ⅲ
荡口大桥	7.0	4.5	0.91	0.144	2.83	Ⅱ	Ⅲ	Ⅲ	Ⅲ	Ⅲ
荻泽桥	8.2	3.9	0.39	0.138	2.35	Ⅰ	Ⅱ	Ⅱ	Ⅲ	Ⅲ
港口桥	3.7	4.5	2.40	0.172	3.59	Ⅳ	Ⅲ	劣Ⅴ	Ⅲ	劣Ⅴ
港下	3.2	6.4	2.94	0.203	5.15	Ⅳ	Ⅳ	劣Ⅴ	Ⅳ	劣Ⅴ
鸿声桥	2.7	9.4	3.90	0.264	5.40	Ⅴ	Ⅳ	劣Ⅴ	Ⅳ	劣Ⅴ
九里河闸	2.8	8.4	7.91	0.425	10.15	Ⅴ	Ⅳ	劣Ⅴ	劣Ⅴ	劣Ⅴ
九浙塘	7.6	3.5	0.57	0.174	2.32	Ⅰ	Ⅱ	Ⅲ	Ⅲ	Ⅲ
梅村	6.5	8.5	4.31	0.348	7.88	Ⅱ	Ⅳ	劣Ⅴ	Ⅴ	劣Ⅴ
鸟嘴渡桥	6.3	6.1	1.67	0.217	3.84	Ⅱ	Ⅳ	Ⅴ	Ⅳ	Ⅴ
四环路张家港桥	2.9	7.0	4.32	0.248	6.44	Ⅳ	Ⅳ	劣Ⅴ	Ⅳ	劣Ⅴ
王庄北新桥	1.6	7.4	4.13	0.220	6.91	劣Ⅴ	Ⅳ	劣Ⅴ	Ⅳ	劣Ⅴ
新师桥	2.8	8.1	3.03	0.372	5.12	Ⅳ	Ⅳ	劣Ⅴ	Ⅴ	劣Ⅴ
羊尖	3.4	10.2	3.45	0.538	5.37	Ⅳ	Ⅴ	劣Ⅴ	劣Ⅴ	劣Ⅴ
张泾	4.9	7.1	2.83	0.354	5.15	Ⅳ	Ⅳ	劣Ⅴ	Ⅴ	劣Ⅴ
周庄大桥	3.9	7.7	2.04	0.314	4.41	Ⅳ	Ⅳ	劣Ⅴ	Ⅴ	劣Ⅴ

表 3.10　　　　望虞河西岸监测站点 2002—2012 年非调水期均值评价结果表

监测站点	均值/（mg/L）					水 质 类 别				
	DO	COD$_{Mn}$	NH$_3$-N	TP	TN	DO	COD$_{Mn}$	NH$_3$-N	TP	综合评价
安镇	6.0	7.1	2.64	0.254	5.45	Ⅲ	Ⅳ	劣Ⅴ	Ⅳ	劣Ⅴ
北国	4.1	7.6	3.21	0.301	6.27	Ⅳ	Ⅳ	劣Ⅴ	Ⅴ	劣Ⅴ
伯渎港闸	2.8	10.7	12.83	1.181	14.70	Ⅴ	Ⅴ	劣Ⅴ	劣Ⅴ	劣Ⅴ
大坊桥	6.4	5.1	1.83	0.215	4.49	Ⅱ	Ⅲ	Ⅴ	Ⅳ	Ⅴ

监测站点	均值/(mg/L)					水质类别				
	DO	COD$_{Mn}$	NH$_3$-N	TP	TN	DO	COD$_{Mn}$	NH$_3$-N	TP	综合评价
荡口大桥	5.8	6.7	2.81	0.162	5.47	Ⅲ	Ⅳ	劣Ⅴ	Ⅲ	劣Ⅴ
荻泽桥	7.3	5.3	1.39	0.168	4.20	Ⅱ	Ⅲ	Ⅳ	Ⅲ	Ⅳ
港口桥	2.5	7.0	3.63	0.228	5.81	Ⅴ	Ⅳ	劣Ⅴ	Ⅳ	劣Ⅴ
港下	4.2	5.9	2.90	0.343	6.58	Ⅳ	Ⅲ	劣Ⅴ	Ⅴ	劣Ⅴ
鸿声桥	1.7	17.9	7.88	0.405	10.19	劣Ⅴ	劣Ⅴ	劣Ⅴ	劣Ⅴ	劣Ⅴ
九里河闸	2.9	8.2	4.67	0.342	7.54	Ⅴ	Ⅳ	劣Ⅴ	Ⅴ	劣Ⅴ
九浙塘	3.9	7.3	3.23	0.327	5.65	Ⅳ	Ⅳ	劣Ⅴ	Ⅴ	劣Ⅴ
梅村	5.3	8.7	6.19	0.562	8.88	Ⅲ	Ⅳ	劣Ⅴ	劣Ⅴ	劣Ⅴ
鸟嘴渡桥	4.8	7.0	3.38	0.217	6.25	Ⅳ	Ⅳ	劣Ⅴ	Ⅳ	劣Ⅴ
四环路张家港桥	1.6	8.5	6.61	0.389	10.14	劣Ⅴ	Ⅳ	劣Ⅴ	Ⅳ	劣Ⅴ
王庄北新桥	1.6	6.8	3.68	0.345	6.39	劣Ⅴ	Ⅳ	劣Ⅴ	Ⅴ	劣Ⅴ
新师桥	2.5	7.0	3.37	0.280	6.23	Ⅴ	Ⅳ	劣Ⅴ	Ⅳ	劣Ⅴ
羊尖	3.8	7.2	2.96	0.685	5.72	Ⅳ	Ⅳ	劣Ⅴ	劣Ⅴ	劣Ⅴ
张泾	5.0	6.4	2.85	0.351	6.67	Ⅳ	Ⅳ	劣Ⅴ	Ⅴ	劣Ⅴ
周庄大桥	2.7	7.4	3.47	0.325	5.10	Ⅴ	Ⅳ	劣Ⅴ	Ⅴ	劣Ⅴ

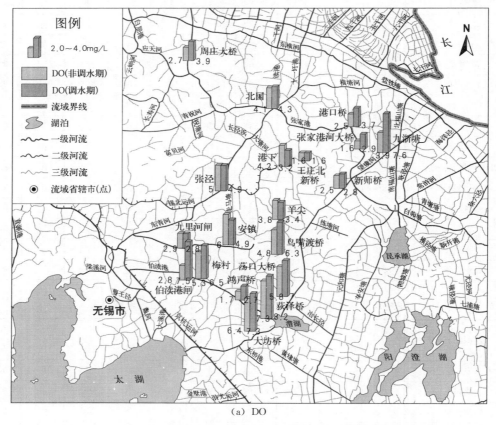

图 3.12（一）　望虞河西岸各监测站点调水期与非调水期均值评价结果比较

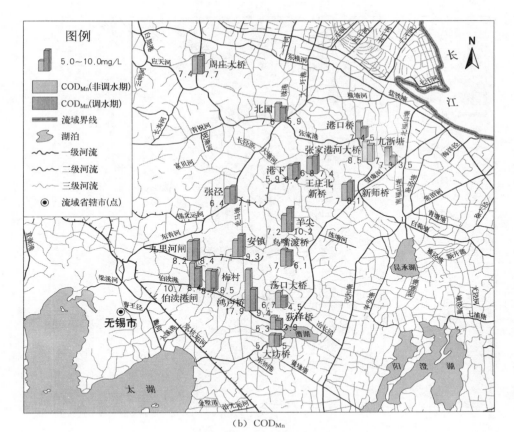

(b) COD$_{Mn}$

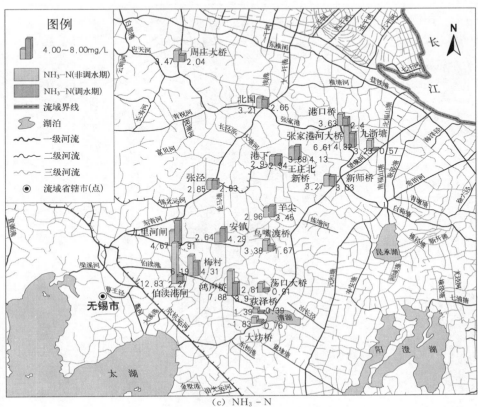

(c) NH$_3$-N

图 3.12（二）　望虞河西岸各监测站点调水期与非调水期均值评价结果比较

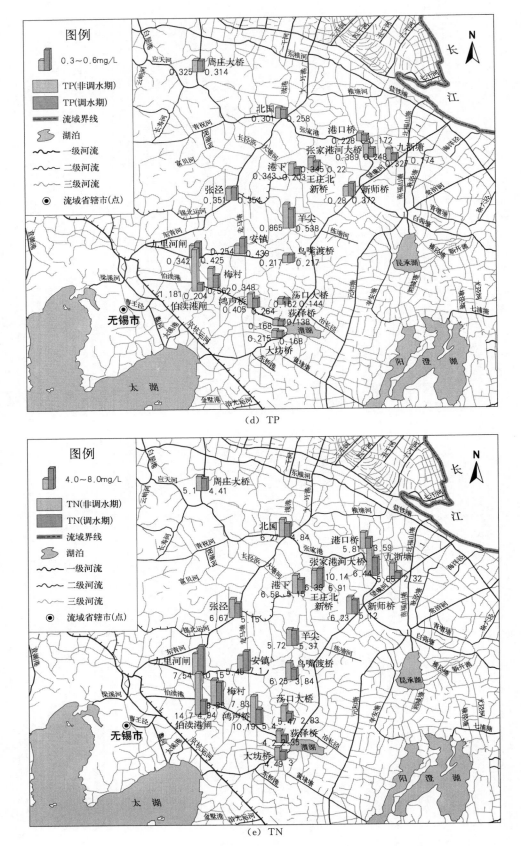

(d) TP

(e) TN

图 3.12（三）　望虞河西岸各监测站点调水期与非调水期均值评价结果比较

所改善；3 个站点（张家港周庄大桥站、锡北运河新师桥站及王庄北新桥站）各指标在不同调水期基本持平；5 个站点（锡北运河张泾站、羊尖塘羊尖站、港下站、九里河安镇站和九里河闸站）的多数指标在调水期有所恶化。

图 3.13（文后附彩插）所示为调水期望虞河西岸水质指标改善区域。根据监测结果分析，望虞河支流与望虞河沟通且距离较近的水体，调水期较非调水期水质改善明显，而距望虞河干流较远的水体，调水期与非调水期水质基本持平，甚至还略有恶化；调水期与非调水期比，望虞河西岸南部地区支流水体水质较北部地区支流水体水质改善明显，部分北部地区支流水体水质还略有恶化。分析原因，这与望虞河由建设时的以排水为主改为现行的以引为主、引排结合的调度模式的转变密不可分，由于望虞河西岸还有许多口门没有封闭，调水期间，为防止望虞河西岸的水体进入望虞河后流入太湖影响太湖水体水质，要抬高望虞河水位，长江水通过望虞河西岸各支流进入望虞河西岸地区。但由于望虞河西岸地区尾水没有出路，随着望虞河水位抬高，长江水并不能进入西岸地区多远，就与该地区尾水形成顶托，造成水流滞留、水质下降，该地区尾水在调水期无雨的情况下，一般每天有 $20\sim40\,\mathrm{m^3/s}$ 的流量从望虞河西岸北部支河入湖。

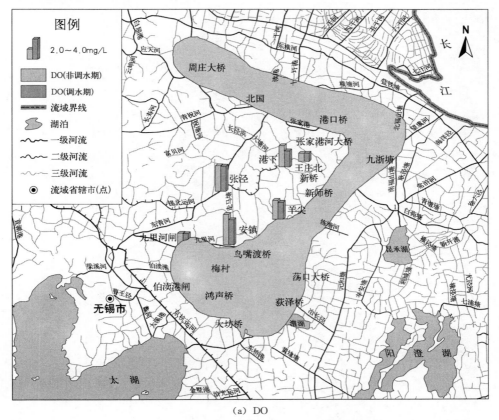

(a) DO

图 3.13（一）　调水期望虞河西岸水质指标改善区域示意图（绿色为水质指标改善区）

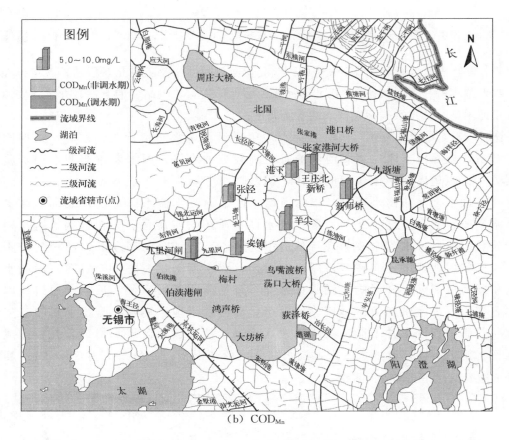

(b) COD~Mn~

(c) NH~3~-N

图 3.13（二） 调水期望虞河西岸水质指标改善区域示意图（绿色为水质指标改善区）

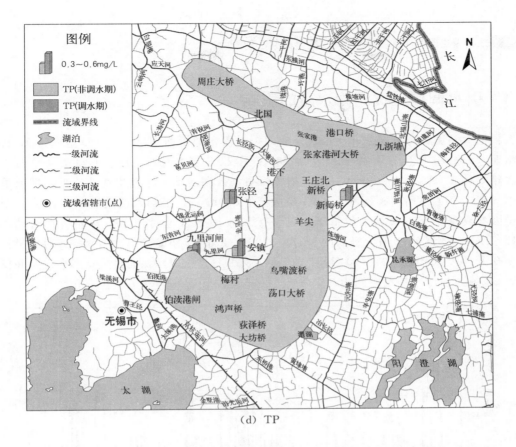

(d) TP

(e) TN

图 3.13（三）　调水期望虞河西岸水质指标改善区域示意图（绿色为水质指标改善区）

3.4 引水调控对贡湖湾水质的影响

根据太湖流域防汛规划，一年划分成四个时段，即汛前期（4月1日至6月15日）、主汛期（6月16日至7月20日）、汛后期（7月21日至9月30日）、非汛期（10月1日至次年3月31日）。从2007年开始，望虞河引水入湖活动主要发生在非汛期，即秋季和冬季（图3.14），最高流量253m³/s，最低流量6.9m³/s，平均入湖流量90.6m³/s。个别年份因春夏季干旱，太湖水位低于引江济太调水限制水位时，也会开展引水活动，如2013年7月22日至10月5日（图3.15）。2007—2014年望虞河单次引水持续时间最长超过200天，从2010年10月10日至2011年6月9日连续引水，而最短持续引水时间仅为3天。通常单次引水持续时间为2个月。

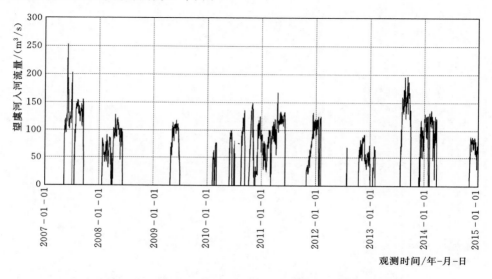

图 3.14　2007年1月至2014年12月望虞河引水入湖流量过程

2013年望虞河引水入湖分为三个阶段：第一阶段（1月1日至2月6日）、第二阶段（7月22日至10月5日）以及第三阶段（11月19日至12月31日）（图3.15），第二阶段单次引水持续时间最长，三个阶段单次引水持续时间均为1~3个月。第一阶段最高引水流量72m³/s，平均引水流量46m³/s；第二阶段引水时间跨度较大，最高引水流量197m³/s，平均引水流量141m³/s；第三阶段处于秋冬交接，最高引水流量119m³/s，平均引水流量76m³/s。从各引水阶段太湖水位的变化趋势可以看出，三个阶段引水期间并未使太湖水位有显著回升，这不仅与太浦闸下泄有关，引江济太引水流量较小也是重要原因。

2014年引江济太共分为两阶段引水入湖（图3.16）：第一阶段（1月1日至3月27日），最高引水流量136m³/s，平均引水流量104m³/s，引水过程中太湖水位有明显上升；第二阶段（10月24日至12月31日）引水处于秋冬季枯水期，最高引水流量90m³/s，平均引水流量71m³/s，引水过程中太湖水位总体呈下降趋势，两次引水持续时间均为2~3

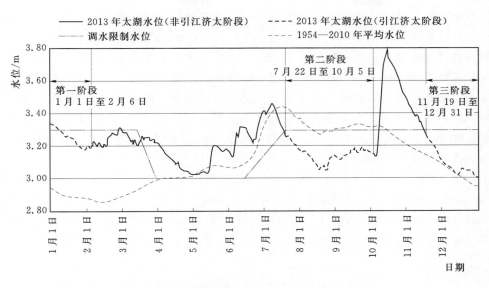

图 3.15　2013 年引江济太时段与太湖水位变化

个月。2014 年夏季（7—8 月）太湖水位高于引水限制水位 3.30m（图 3.16），故望虞河没有引水入湖活动。2013 年与 2014 年夏季与冬季太湖水位相差均较大，2013 年 7—8 月太湖水位均低于 3.40m，而 2014 年 7—8 月则全部高于该水位；2013 年冬季水位基本高于3.20m，而 2014 年同期则基本低于 3.10m。湖泊水位的高低对湖泊水质有重要影响，不考虑外源输入等因素，高水位会起到一定的稀释作用从而降低湖体水质指标的浓度。

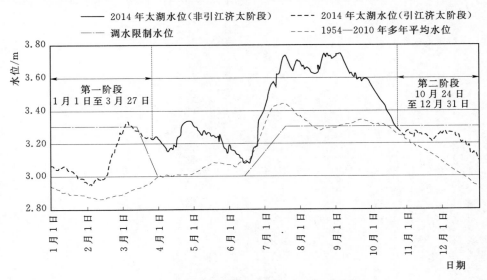

图 3.16　2014 年引江济太时段与太湖水位变化

3.4.1　监测点位布置

监测断面与点位的布设参照《地表水与污水监测技术规范》（HJ/T 91—2002）和《水环境监测规范》（SL 219—2013）中湖泊与河流监测断面与采样点位布设原则。各监测点位的具体位置总体上须能反映所在水域的生态环境特征，尽可能以最少的点位获取足够的有代表性的生态环境信息，同时还须考虑实际采样时的可行性和方便性。监测点位力求与水文测流断面一致，以便利用其水文参数，实现水生态监测与水量监测的结合。

河流监测点位布设原则以从上游至下游的梯度设置监测断面，每个监测断面的布设不少于1个点位。湖区可用网格法均匀设置监测断面，也应考虑进水区与岸边区。岸边区监测点位的布设参照河流岸边带点位布设方法。通常，在河流入湖口至湖心方向上设置至少3条监测轴线，分别是湖区中心和左右岸边轴线，每条轴线至少设置5个监测断面，每个监测断面至少布设1个监测点位。

依据上述河流与湖泊水生态监测点位的布设原则，在距望亭水利枢纽上游河段处布设3个采样点位（R1～R3），点位名称分别为望亭水利枢纽（R1）、大角桥新桥（R2）以及漕湖北口（R3），用以监测望虞河来水的理化性质（图3.17）。太湖地处亚热带季风区，夏秋季东南风盛行，贡湖湾西岸在盛行风向下易堆积水华，望虞河入湖口则更易受望虞河

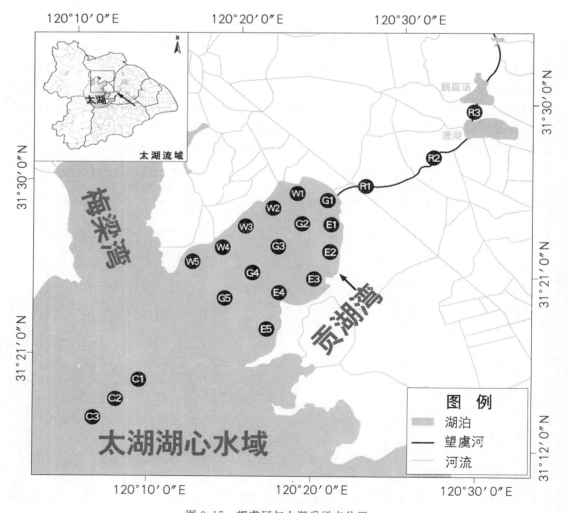

图3.17　望虞河与太湖采样点位置

来水影响。湖区采样点布设如图 3.17 所示，在贡湖湾西岸（W1～W5）、东岸（E1～E5）以及湾心轴线（G1～G5）分别等距离布设 5 个采样点，在湖心区布设 3 个监测点位（C1～C3），作为贡湖湾的参考点。

3.4.2 引水对贡湖湾水环境的影响

不同季节引水期贡湖湾西岸、湾心轴线以及东岸水域水体 TN 含量空间分布如图 3.18 所示。由于丰、平、枯三水期望虞河河水 TN 含量均显著高于湖心区，贡湖湾 TN 含量从望虞河入湖口至湾口水域呈现显著的递减梯度，夏季贡湖湾西岸湾口水域因东南风影响，易堆积水华，造成 TN 含量突然增高（图 3.19）。夏秋季贡湖湾西岸、湾心以及东岸水域均呈现显著的空间差异，夏季西岸带 TN 含量较高，湾心最低，而秋季则明显相反（单因素方差分析，$p < 0.05$）。

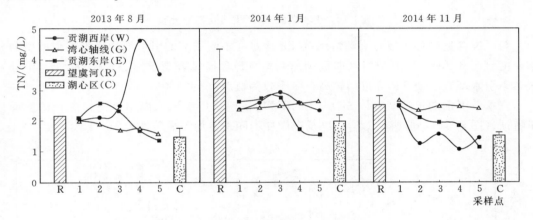

图 3.18　引水期监测区 TN 含量空间分布

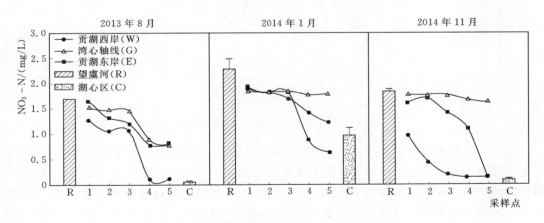

图 3.19　引水期监测区 NO_3-N 含量空间分布

引水期贡湖湾水体 NO_3-N 含量的空间分布特征也呈现从望虞河入湖口处向贡湖湾湾口递减的趋势（图 3.20），但与 TN 不同的是，夏季贡湖湾西岸带 NO_3-N 含量显著低于湾心轴线，这与 TN 含量主要受湖流引起的藻华堆积影响，而溶解性营养盐受湖流迁移影响较小有关。同样，秋、冬季引水期贡湖湾湾心轴线水域 NO_3-N 含量也最高。

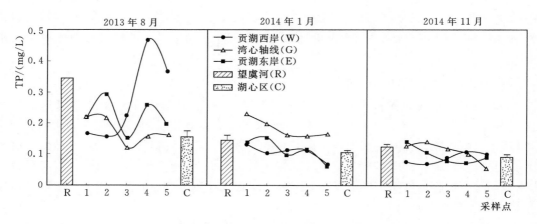

图 3.20 引水期监测区 TP 含量空间分布

与 TN 含量趋势相似，贡湖湾水域 TP 含量在不同季节的引水期均呈现类似的空间分布梯度（图 3.20）。除夏季引水期贡湖湾西岸 TP 含量显著高于湾心轴线外（$p < 0.05$），秋冬季引水湾心轴线 TP 含量均较高，冬季较为显著（$p < 0.05$）。

三季节引水期贡湖湾水体 $SiO_3 - Si$ 含量均呈现从望虞河入湖口至湾口递减的空间分布特征（图 3.21），但西岸、湾心以及东岸在不同季节均无显著性差异。

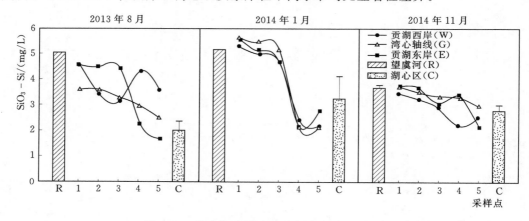

图 3.21 引水期监测区 $SiO_3 - Si$ 含量空间分布

丰、平、枯水期望虞河引水期间贡湖湾西岸、湾心轴线以及东岸水体的叶绿素 a 含量均呈现显著的空间梯度，叶绿素 a 浓度从望虞河入湖口至湾口逐渐升高（图 3.22）。夏季贡湖湾湾口的叶绿素 a 含量均值为 27.3μg/L，是望虞河入湖口叶绿素 a 含量的 2.3 倍，而冬季和秋季贡湖湾口叶绿素 a 含量分别是望虞河入湖口的 3.5 倍和 1.3 倍。望虞河水体叶绿素 a 含量均明显低于贡湖湾水体，与望虞河入湖口水域叶绿素 a 含量相近。随着外源客水的不断输入，贡湖湾水体叶绿素 a 含量显著降低，短期内可有效缓解贡湖湾水域的蓝藻水华灾害，消除"湖泛"危机。夏季引水期间，由于东南风盛行，贡湖湾湖流呈自东向西流向，西岸叶绿素 a 显著高于湾心以及东岸带，且不同季节引水期间西岸叶绿素 a 均显著高于湾心轴线水域。

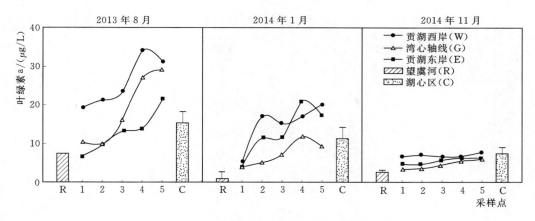

图 3.22　引水期监测区叶绿素 a 含量空间分布

不同季节引水期间，太湖贡湖湾 COD_{Mn} 含量也呈现出自望虞河入湖口向贡湖湾湾心递增的空间分布特征，望虞河 COD_{Mn} 含量与入湖口处含量相近（图 3.23）。夏季引水期西岸带 COD_{Mn} 含量均值显著高于湾心以及东岸，这与西岸湾口水域 COD_{Mn} 含量较高有关。除夏季外，秋、冬季引水期贡湖湾西岸、湾心以及东岸水域 COD_{Mn} 含量均无显著差异。

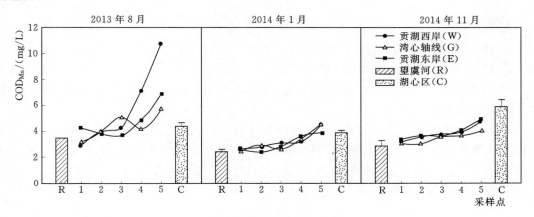

图 3.23　引水期监测区 COD_{Mn} 含量空间分布

与 COD_{Mn} 含量的空间分布特征相似，引水活动也使得贡湖湾水体 TOC 含量呈现梯度分布（图 3.24）。夏、秋、冬季引水期间，贡湖湾湾口水域 TOC 含量分别是望虞河入湖口水域的 2.8、1.5 和 1.9 倍。夏季引水期间，贡湖湾西岸带 TOC 含量低于湾心轴线，而秋、冬季节引水期间西岸、湾心以及东岸带 TOC 含量均无显著性差异。

2013—2014 年丰、平、枯水期引水活动对贡湖湾叶绿素 a、COD_{Mn} 以及 TOC 含量的去除效率表明，平水期引水对贡湖湾三种水质含量的去除效率均为最高，枯水期次之。夏季引水对贡湖湾叶绿素 a 浓度的去除效果也较为显著。总体而言，丰、平、枯水期引水均对水体 COD_{Mn} 的去除效果最为明显（表 3.11），引水能够有效改善贡湖湾水域有机污染，降低饮用水安全风险。

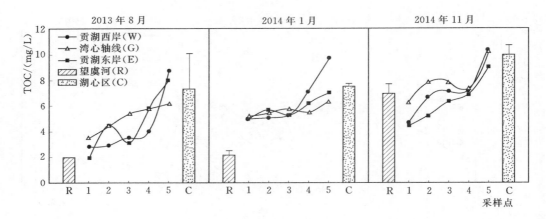

图 3.24　引水期监测区 TOC 含量空间分布

表 3.11　　　　　　　引水期贡湖湾有机污染指标含量的去除效率

监测季节	去除效率/%		
	叶绿素 a	COD_Mn	TOC
夏季（丰水期）	42.7	51.1	35.8
冬季（枯水期）	24.0	60.5	48.3
秋季（平水期）	51.4	83.4	57.9

　　从湖泊受引水活动影响后的结构完整性、适应性和效率角度出发，采用 Jørgensen 等在系统生态学能质概念基础上构建的生态缓冲容量（ecological buffer capacity，β，一般情况为浮游植物对 TP 的缓冲容量）、水质综合污染指数（P）以及生物多样性指数（diversity index，DI）多指标综合评价法，对太湖流域引水工程的湖泊水生态效应进行评估和分析。

　　生态缓冲容量 β 是生态系统状态变量的变化量与其所受外部胁迫的变化量之比。外部胁迫是指能影响湖泊生态系统状况的外部条件，比如污染物的排入和排出、引水工程外源物质的输入等。湖泊生态系统的状态变量是表征湖泊生态系统结构和功能的物理量，比如浮游植物生物量等。根据定义生态缓冲容量可表示为

$$b = \frac{1}{\delta(c)/\delta(f)} \tag{3.2}$$

式中：c 为状态变量；f 为外部胁迫；$\delta(c)$ 与 $\delta(f)$ 分别为生态系统遭受胁迫后状态变量与外部胁迫变量的变化量。生态缓冲容量反映湖泊生态系统的稳定性和弹性，负值为湖泊受外部胁迫向反方向演变。

　　水质综合污染指数 P 是全面评估水质污染程度的综合性指数，可弥补应用单因子水质指标评估水体水质时评估不一致等缺陷，该指数可根据对象水体水质污染的特征选取代表性水质指标进行综合计算。代表性水质指标选取 pH 值、DO、TN、TP、$NH_3 - N$、COD_{Mn} 共 6 个指标，各单项水质指标的污染指数的计算方法为

$$P_i = C_i / S_i \tag{3.3}$$

式中：C_i 为污染物实测浓度；S_i 为相应类别的标准值，水质污染指数按照《地表水环境质量评价办法（试行）》《地表水环境质量标准》（GB 3838—2002）中Ⅲ类标准值对水质

进行评价。

水质综合污染指数 P 的计算式为

$$P = \frac{1}{n} \sum_{i=1}^{n} P_i, \quad n = 6 \tag{3.4}$$

不同季节引水期与非引水期贡湖湾水质综合污染指数 P 的均值如图 3.25 所示,冬、夏、秋三季引水期 P 值均显著高于同季节非引水期(单因素方差分析,$p<0.05$)。望虞河来水水质综合污染指数均高于湖心区,且贡湖湾 P 值处于望虞河与湖心区 P 值之间,表明望虞河引水有加重贡湖湾水质污染风险的可能。由于望虞河引水对改善贡湖湾有机污染有显著作用,引水期贡湖湾水质综合污染指数的增加主要归因于望虞河入湖水体氮磷营养盐的输入,且主要影响区域为望虞河入湖口水域。

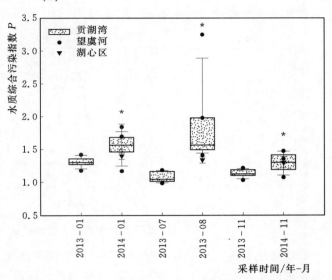

图 3.25 2013—2014 年同季节引水期与非引水期贡湖湾水质综合污染指数 P 均值比较

*代表差异显著($p<0.05$)

与 TN 趋势相似,不同季节引水期贡湖湾水质综合污染指数 P 呈现从望虞河入湖口至湾口递减的空间分布特征(图 3.26)。夏季引水期,贡湖湾西岸湾口 P 值呈现高值,这与该水域 TN 等营养盐浓度较高有关,这也造成了贡湖湾西岸 P 值显著高于湾心轴线。夏季东南风作用下望虞河引水会使贡湖湾湖流形成向西岸湾口的流场,这会造成湾内藻华等污染物随湖流汇聚该水域,从而造成该水域污染物浓度明显高于贡湖湾其他水域。秋冬季在非东南风的情况下,西岸带没有出现污染物聚集的现象,由于引水作用,湾心污染指数的值相对较高。

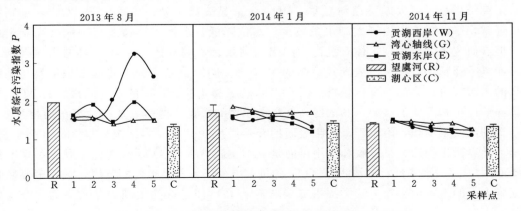

图 3.26 引水期监测区水质综合污染指数 P 的空间分布

引水期贡湖湾水体生态缓冲容量 β 的空间分布特征如图 3.27 所示，夏季引水期贡湖湾西岸生态缓冲容量都为正值，表明贡湖湾水生态系统在引水磷输入或输出胁迫下呈现向正方向演变的趋势，而贡湖湾湾心与东岸带均为负值，生态系统在引水胁迫下呈现负方向的演变，生态系统表现出不稳定的态势。秋冬季引水期贡湖湾生态缓冲容量值大多呈负值，秋冬季引水对贡湖湾生态系统影响较为明显。

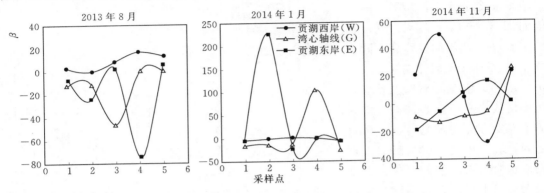

图 3.27　引水期贡湖湾生态缓冲容量 β 值的空间分布

贡湖湾是太湖东北部最大湖湾，湖湾内生态系统结构复杂，生态要素空间差异显著。夏季在东南季风影响下，西岸易堆积大量水华，属藻型生态系统。东岸和湾心部分水域夏、秋季有大量水生植物生长，如马来眼子菜，为草型生态结构[35]。研究发现，夏季贡湖湾西岸、湾心与东岸水域 TN、TP、叶绿素 a 等指标的含量差异显著，这往往与风力驱动有关，风生流通常被认为是太湖物质输移、扩散和转化的主要驱动力[36,37]。不仅如此，研究分析还发现，丰、平、枯水期贡湖湾西岸湾口 TN、TP、叶绿素 a 与 COD_{Mn} 含量均显著高于其他水域，夏季西岸湾口营养盐与有机污染浓度高可能与东南风影响有关，而秋、冬季引水期两次监测的湖流受风的影响较小，入湖水流是湖流的主要驱动力。此前研究表明，一定引水流量会改变贡湖湾湖流流场，形成向湖湾西岸方向的局部流场[38]。因此，引水期间在湖湾水质得到显著改善的同时，西岸饮用水取水口应尽量向贡湖湾湾心延伸，以降低饮用水源中藻毒素等有机污染物的含量。

研究结果显示，太湖贡湖湾夏季 COD_{Mn} 含量显著高于秋、冬季，而 TOC 含量则相反。通常，平、枯水期由于太湖水量减少，水位降低，水体污染物浓度一般会高于丰水期。但有研究表明，太湖水体有机污染的出入湖量是影响水体 COD_{Mn} 含量的主导因素之一，而夏季通常是有机污染入湖量最多的季节[39]。同时，夏季湖湾蓝藻水华暴发与堆积导致的内源有机污染的加重也是贡湖湾 COD_{Mn} 含量高于秋、冬季的重要因素。而 TOC 是水体异养微生物重要的碳源，其浓度高低与微生物的数量、群落以及活性都密切相关[40]。夏季贡湖湾藻华堆积，附着于藻细胞表面的异养微生物（如异养细菌）丰度也会高于夏、秋季，异养微生物的大量吸收和利用可能是夏季贡湖湾水域 TOC 显著低于秋、冬季节的重要原因[41]。引水降低贡湖湾水体 TOC 含量，减少了异养微生物的碳源，进而限制微囊藻细胞表面的附着微生物为藻类提供氮磷营养[42]，可能是调控太湖蓝藻水华的一个重要机制。

3.4.3 引水对贡湖湾藻类的影响

对夏季引水与非引水期总藻、蓝藻门、硅藻门以及绿藻门细胞密度与水体理化参数进行皮尔逊（Pearson）相关性和逐步线性回归分析（表 3.12），结果显示：夏季贡湖湾水域总藻密度与水体 DO、浊度、pH 值、$NO_3 - N$ 以及 COD_{Mn} 显著相关，逐步线性回归方程表明，pH 值、浊度与 COD_{Mn} 三种理化参数对水体总藻密度的拟合效果最优，pH 值与水体总藻密度的偏相关系数最大，对藻类密度的变化贡献最大。同样，蓝藻门细胞密度也与上述理化参数显著相关，且 pH 值对蓝藻密度的贡献最大。硅藻细胞密度与水体浊度、TN、$NO_3 - N$ 和 TP 的相关性均显著，其中 TP 和 TN 对硅藻细胞密度的线性拟合效果最优，TP 在该线性模型中的偏相关系数最大，该拟合模型也表明，减少夏季望虞河入湖水体 TN 含量对硅藻增殖有促进作用。此外，绿藻细胞密度与 pH 值和 $NO_3 - N$ 含量分别呈现出显著负相关和正相关。

表 3.12　　　　　夏季藻类细胞密度对数值与水体理化参数的 Pearson
相关性及逐步线性回归分析

理化参数	藻细胞密度对数值（$n = 30$）			
	总藻（TA）①	蓝藻（CA）②	硅藻（BA）③	绿藻（CHA）
DO	0.379*	0.378*		
浊度（Tur）	0.499*	0.491**	0.388*	
pH 值	0.563**	0.561**		−0.364*
TN			0.454*	
$NO_3 - N$	−0.467**	−0.473**	0.515**	0.426*
TP			0.636**	
COD_{Mn}	0.381*	0.384*		

注　①TA$= -5.882 + 1.154$pH 值$+ 0.015$Tur$- 0.165COD_{Mn}$，$R = 0.777$。
②CA$= -6.611 + 1.233$pH 值$+ 0.015$Tur$- 0.166COD_{Mn}$，$R = 0.764$。
③BA$= 1.542 + 13.506$TP$- 1.195$TN，$R = 0.736$。
* 代表显著相关（$p \leqslant 0.05$）；** 代表极显著相关（$p \leqslant 0.01$）。

冬季引水期与非引水期贡湖湾藻类细胞密度与水体理化参数的 Pearson 相关性与逐步线性回归分析结果见表 3.13。总藻细胞密度与水体 DO、pH 值、TN、$NO_3 - N$、TP、SRP、COD_{Mn} 以及 $SiO_3 - Si$ 均显著相关，其中 DO、pH 值、COD_{Mn} 与总藻密度呈显著正相关，而其余参数与总藻均呈显著负相关。逐步线性回归分析结果表明，仅 $SiO_3 - Si$ 浓度对总藻的线性拟合效果最优，且硅酸盐浓度越高，总藻密度越低。蓝藻细胞密度与水体 $NO_3 - N$、SRP、COD_{Mn} 以及 $SiO_3 - Si$ 浓度显著相关，其中仅与 COD_{Mn} 含量呈正相关关系，但逐步线性回归分析表明，仅 $NO_3 - N$ 浓度的单个因子对蓝藻密度的拟合效果最优，水体 $NO_3 - N$ 含量越高，蓝藻细胞密度越低。硅藻细胞密度仅与硅酸盐含量呈极显著正相关，但硅酸盐浓度并不能很好地拟合硅藻细胞密度的变化。

表 3.13　　　冬季藻类细胞密度对数值与水体理化参数的 Pearson
相关性以及逐步线性回归分析

理化参数	藻细胞密度对数值（$n=30$）			
	总藻（TA）①	蓝藻（CA）②	硅藻（BA）③	绿藻（CHA）
DO	0.564**			
pH 值	0.620**			
TN	−0.550**			
NO_3-N	−0.567**	−0.444*		
TP	−0.474**			
SRP	−0.511**	−0.403*		
COD_{Mn}	0.462*	0.429*		
SiO_3-Si	−0.632**	−0.475*	0.639**	

注　①TA=2.771−0.111SiO_3-Si，$R=0.632$。
　　②CA=3.061−0.917NO_3-N，$R=0.477$。
　　*代表显著相关（$p\leqslant0.05$）；**代表极显著相关（$p\leqslant0.01$）。

秋季贡湖湾水域总藻密度与水体 NO_3-N 以及 COD_{Mn} 含量显著相关，COD_{Mn} 含量对总藻密度的线性拟合效果最优，水体 COD_{Mn} 含量与总藻密度正相关。蓝藻密度与水体 DO、pH 值、TN、NO_3-N、SRP、COD_{Mn} 的含量均显著相关，其中与 TN、NO_3-N、SRP 含量显著负相关，水体 TN 与 COD_{Mn} 含量对蓝藻细胞密度的拟合效果最优，秋季 COD_{Mn} 含量的增加与蓝藻密度呈现显著的正相关关系。硅藻密度仅与 TN 和 NO_3-N 含量显著相关，且 TN 含量对硅藻的拟合效果最优，秋季贡湖湾水体 TN 含量的升高与硅藻细胞密度增加密切相关。此外，绿藻细胞密度与 SRP 以及 COD_{Mn} 含量显著相关，COD_{Mn} 含量能最优拟合绿藻细胞密度的变化，但绿藻细胞密度的变化趋势与 COD_{Mn} 呈负相关关系（表 3.14）。

表 3.14　　　秋季藻类细胞密度对数值与水体理化参数的 Pearson
相关性以及逐步线性回归分析

理化参数	藻细胞密度对数值（$n=30$）			
	总藻（TA）①	蓝藻（CA）②	硅藻（BA）③	绿藻（CHA）④
DO		0.374*		
pH 值		0.434*		
TN		−0.384*	0.532**	
NO_3-N	−0.386*	−0.483**	0.421*	
SRP		−0.374*		0.461*
COD_{Mn}	0.552**	0.512**		−0.475*

注　①TA=−0.424+0.861COD_{Mn}，$R=0.552$。
　　②CA=−0.019+0.955COD_{Mn}−0.618TN，$R=0.602$。
　　③BA=0.063+0.736TN，$R=0.532$。
　　④CHA=2.659−0.518COD_{Mn}，$R=0.475$。
　　*代表显著相关（$p\leqslant0.05$）；**代表极显著相关（$p\leqslant0.01$）。

冬、夏季引水期贡湖湾浮游藻类群落结构以及水体理化参数的特征均与非引水期差异显著，秋季水体理化参数特征差异显著，但藻类群落结构并无显著差异。同时，不同季节影响浮游藻类群落空间分布特征的主导环境因子也有所不同，这与不同季节望虞河入湖水体理化性质不同有关。夏季望虞河 NO_3-N 含量较高，夏季引水期浮游藻类群落中非微囊藻的蓝藻种群占据主导。此前研究表明，微囊藻与其他藻类相比对硝态氮的竞争能力较弱，硝态氮的添加会使湖泊中的藻类由固氮蓝藻演替为绿藻和隐藻[43]。同样，硅酸盐含量也是影响夏季贡湖湾引水期与非引水期藻类群落结构差异的主导环境因子，硅酸盐是硅藻和一些金藻生长过程中不可或缺的营养元素[44]。夏季望虞河入湖水体较高的硅酸盐浓度使得贡湖湾水体硅酸盐浓度显著升高，可促进硅藻等藻类生长，从而降低蓝藻的群落组成比重。

冬季贡湖湾 COD_{Mn} 与叶绿素 a 含量是影响引水期与非引水期藻类群落结构差异的主导环境因子，两者反映了贡湖湾水体有机污染的程度。冬季望虞河引水能显著降低贡湖湾水体的有机污染，而相较于冬季非引水期，引水期贡湖湾水体硅藻的相对比例也显著增加，其中主要优势硅藻种属为小环藻。根据 Reynolds 等关于浮游藻类功能群的划分，小环藻属于浮游藻类功能群 A，常见于清水、充分混合的湖泊，引水期贡湖湾有机污染的改善为小环藻的大量增殖提供了良好的生境条件[45]。

秋季贡湖湾水体叶绿素 a、SRP、TP 以及 TN 浓度是影响浮游藻类群落结构差异的主导因子。磷素作为水生生物赖以生存的最基本营养物质之一，也是浮游藻类生长繁殖必需的营养源。磷通常作为营养底物或调节物直接参与光合作用的各个环节，因此磷被认为是淡水水体中最主要的限制元素[46]。磷主要有正磷酸盐、聚合磷酸盐和有机磷三种化学形态，溶解的正磷酸盐 SRP 为浮游藻类吸收的最主要形式。由于藻类细胞体内不能直接合成磷酸盐，藻类须从外界环境中摄取一定的磷酸盐来满足生长需要[47]。秋季非引水期贡湖湾水域中 SRP 含量相对高于引水期，贡湖湾较高浓度的 SRP 为非引水期浮游藻类增殖和生长补充了磷营养盐。同时，引水期贡湖湾藻类群落结构与望虞河入湖水体中 TP 和 TN 含量较高也有重要关联，秋季引水期贡湖湾硅藻和绿藻相对比例高于非引水期。Pearsall 曾对英国九个大湖泊浮游植物的组成和溶解物质之间的关系进行了研究，发现当水体中硝酸盐、磷酸盐和氧化硅浓度高时，硅藻出现，较高浓度的 N、P 浓度更有利于硅藻等藻类的生长，进而取代蓝藻的优势地位[48]。

3.5　存在的问题及对策

3.5.1　存在的问题

调水引流涉及众多因素，如何充分发挥调水引流效益，更好地保障调水水质是一项重要任务。望虞河调水沿线，尤其是西岸河网区域水污染形势仍然严峻，河网水体呈交叉污染、重复污染，如何建设望虞河清水廊道、保护贡湖水源地水质，仍是一项长期且艰巨的任务。归纳起来，有以下几个问题。

3.5.1.1　望虞河西岸污染负荷大，降低了调水引流效益

虽然各级政府加大了治污力度，但由于区域入河污染物负荷仍然很大，远超河道水域

纳污能力，地表水污染状况仍未得到有效控制。上游来水水质较差，导致入河污染物总量控制指标难以落实，缺乏有效调控措施和手段；大规模、高强度的经济活动和日益增加的污染负荷，使部分水域水质恶化、富营养化不断加剧，水生态环境严重退化，恢复和治理非常困难。农村（乡镇）河道和中小河流治理滞后，农村水环境问题仍然比较严重。2012年区域重点水功能区水质达标率仅为38.7%，部分水域的富营养化程度虽然总体上呈下降趋势，但TP、TN仍居高不下。根据江苏省水利厅《关于地表水（环境）功能区纳污能力和限制排污总量意见的通知》要求，区域2020年主要污染物入河控制总量为COD 7.43万 t/a，NH_3-N 0.565万 t/a；而区域2010年污染物入河总量COD 12.78万 t，NH_3-N 9181t，要实现2020年入河控制量要求，需在污染物现状入河量的基础上COD、NH_3-N分别削减30%~40%，任务相当艰巨。

望虞河西岸支流主要有伯渎港（含坊桥港）、张塘河、九里河、羊尖塘、锡北运河、张家港和福山塘。根据近年水质监测成果，伯渎港大坊桥段、张塘河荡口大桥段水质综合评价为Ⅳ~劣Ⅴ类，羊尖塘羊尖段、锡北运河港下段、张家港北国段水质综合评价为Ⅴ~劣Ⅴ类。望虞河调水期间和太湖排涝期间，望虞河西岸支流入望虞河段基本能维持Ⅳ类，支流上游河段水质相对更差，与水质目标要求还存在一定差距，影响了引水效果和效益。

根据2012年锡澄地区79家入河排污企业监测成果（表3.15），2012年入河排放口年污废水总排放量5.5亿 t，其中各污染物排放量分别为：COD 20981.99t/a，NH_3-N 745.96t/a，TP 102.54t/a，TN 5343.4t/a。区域内直接或间接排入京杭运河的污废水量最大，有6个排污口，年排放量为2.37亿 t；其次是北兴塘，有3个排污口，年排放量为0.78亿 t；第三是白屈港河，有3个排污口，年排放量为0.53亿 t；排污口最多的是张家港河，有10个排污口，年排放量为0.50亿 t，排在第四位。

表 3.15　　　　　　　　　　　　锡澄地区入河排污口监测成果汇总

序号	区县	监测排污单位 /个	排放量 /（万 t/a）	COD /（t/a）	NH_3-N /（t/a）	TP /（t/a）	TN /（t/a）
1	江阴市	45	14928.34	6185.73	180.96	18.37	1097.02
2	无锡市区	34	40024.42	14796.26	565.00	84.17	4246.38
总计		79	54952.76	20981.99	745.96	102.54	5343.4

3.5.1.2 太湖控制水位偏低，不利于贡湖湾水源地安全保障

长期以来，由于盲目围垦湖泊（主要指20世纪90年代前）和圩区建设堵塞和控制了大量排水通道等原因，使太湖流域河湖调蓄能力衰减。1991年前太湖下游排水不畅，洪涝灾害频繁，1991年特大洪水后开展了全流域治理，20多年来，治太工程已有长足进展，太湖调蓄能力加强，下游洪水出路已打通，洪涝威胁在很大程度上得到缓解；但从1991年、1999年洪涝情况看，原定太湖流域抵御1954年型洪水的防洪标准仍然偏低。

太湖流域防洪标准偏低，也造成汛前和汛期太湖水位一般要保持较低状态（但流域高温干旱期也发生在汛期），影响流域水资源有效利用，不利于湖泊生态及供水安全。太湖流域农业用水期为每年4—10月，而水稻田灌溉高峰期为6—8月，此时正值高温季节，如流域遇到"空梅"与少雨天气，由于大量水稻用水和蒸发，会造成太湖水位较快下降。

如1997年6月太湖最低日水位为2.57m，造成太湖周围地区用水紧张，有些环湖河道干枯。适当抬高太湖警戒水位，是十分迫切且必要的。

据初步研究，水位的升高或降低对蓝藻水华具有明显的抑制或促进作用，太湖水位是影响水华暴发的重要因子。2007年蓝藻水华暴发前的1—4月太湖水位相对较低，4个月平均水位为2.94m（吴淞高程），较常年平均水位低5cm，又由于4月中旬到5月中旬各旬平均气温均比常年同期偏高0.4~2.5℃，促进了蓝藻生长，引发2007年的蓝藻大暴发，导致无锡供水危机。水位升高，一方面可适当增加太湖水体环境容量，稀释营养物质，抑制风浪对湖底的扰动，有利于抑制蓝藻暴发；另一方面还可降低太湖单位体积光强，降低太湖温度升高的速度，抑制藻类生长繁殖速度，降低蓝藻类水华发生强度；此外，水位升高还可扩大鱼类产卵和鱼类补充群体，从而增加对蓝藻的摄食压力，通过食物链及营养级联作用的下行影响，抑制藻类的繁殖和水华的形成。相反，水位降低时，水体极易吸收太阳光而增温，单位光柱水体光强增大，使水体温度极易达到有利于蓝藻个体生长发育的限值，使得单位水体中的蓝藻群体大量增加，进而导致蓝藻水华暴发。因而，适当提高太湖控制水位，有利于太湖水生态良性发展，有利于贡湖水源地安全保障。

3.5.1.3 蓝藻暴发和水草疯长，危及贡湖供水水质

太湖水质仍未全面满足用水要求，太湖富营养化状况还未从根本上得到改变。在一定的气温、水位、风向等条件作用下，太湖蓝藻水华暴发仍然不可避免，对贡湖水源地供水存在较大安全隐患。2008年以来，太湖蓝藻预警监测期间，蓝藻发生78~108次，最大发生面积273~780km²，平均发生面积52.7~134.0km²/次；其次，近年来蓝藻打捞量年均约88.7万t，且有逐年增加的趋势，一是由于打捞能力的提升，二是由于太湖是藻类生境，具备蓝藻大规模暴发的条件。2013年，太湖地区遭遇50多年来最长历时高温天气，高温日数、平均气温、最高气温均创历史新高，同时，降雨较常年减少一半，导致2013年太湖蓝藻暴发时间早，较往年提前了近一个月，蓝藻生物量也比往年有较大幅度的增加，全年累计打捞蓝藻145万t，创历史最高。经过几年的治理，太湖水质虽然已经明显趋好，但是蓝藻发生情况仍不容乐观，太湖治理工作依然任重而道远，当前和今后一段时间太湖蓝藻仍将对水源地供水安全构成威胁，制约太湖水生态根本好转。

除蓝藻困扰外，近年贡湖水质好转，水域水草生长旺盛，一般于5月中旬以后就开始死亡腐烂，恶化水质，影响贡湖水质，威胁供水安全。近年，贡湖水域的水草主要是菹草，还有少量的马来眼子菜、轮叶黑藻、十字萍等多个品种。菹草是越冬的水草，不耐高温，气温达30℃时就会死亡。菹草生长时湖水很清，死亡后水则变橙色乃至褐色。水草在生长过程中吸收了水中的氮、磷，一旦死亡腐烂又会将氮、磷释放回湖体，导致水质迅速下降，散发微臭气味，水色变成橙色乃至褐色。2012年5月，贡湖水源地附近因水草大量聚集腐烂，导致水色异常，引起了省、市政府的高度重视，迅速组织力量，突击打捞水草，数天内即打捞水草1万多t。2013年，太湖地区继续加大水草打捞力度，全年打捞水草14万t，创历史新高。太湖水草打捞与蓝藻打捞一样，也是一项长期且艰巨的任务。

3.5.1.4 水利工程发生较大变化，调水引流方案尚未完成修订

目前，走马塘工程已完工，结合望虞河调水，正在进行工程开工试验，制定工程运行调度方案；另外，太湖重点项目新沟河拓展延伸工程正在建设，新孟河拓展延伸工程项目

可行性研究已通过国家发展改革委员会的审批。鉴于以上情况，太湖地区调水引流工程及配套设施等工况已发生较大变化，工程体系将更加有利于调水引流实践的顺利实施。其次，通过多年太湖综合治理，太湖水情、蓝藻等发生情况也都有了一定的改变，但是调水引流方案尚未完全修订，结合现状工情、水情、藻情、水资源状况及时修订完善太湖地区调水引流整体方案势在必行。

3.5.1.5 底泥释放影响水质，生态清淤有待加强

太湖属于典型的浅水湖泊，受风浪搅动作用，底泥易于悬浮。根据有关实验数据，频繁的动力悬浮会使太湖沉积物表层的数厘米或数十厘米的底泥发生悬浮，底泥中的营养盐也因此会不断向水体释放，成为湖泊水体 TN、TP 的一部分，对水体富营养化发生作用。由于贡湖湾长期以来的污染积累，往往使沉积物中氮磷负荷较高，底泥存在向水体释放污染物质的条件。

底泥除形成二次污染外，污染底泥的长期淤积，还降低了湖泊的调蓄能力，造成水生态系统退化。有关研究表明，太湖污染底泥释放的氮和磷的贡献量约占全湖总负荷量的 1/4。据调查，太湖底泥主要以淤泥和流泥为主，全太湖 2349.0km² 湖区水面中，有底泥区水面面积为 1546.8km²，占太湖湖区面积的 66%；无底泥区面积为 802.2km²，约占太湖湖区面积的 34%。太湖底泥总蓄积量为 19.12 亿 m³，其中淤泥量 16.79 亿 m³，占 88%；流泥量 2.33 亿 m³，占 12%。调查发现，太湖流泥主要分布于太湖北部的梅梁湾、竺山湖和贡湖的中部，除个别测量点（如梅梁湖北段小箕山、南湖心区与东太湖交界处、贡湖金墅港附近）外，一般均在 0.5m 以下。另外，在梅梁湖、竺山湖、贡湖和东太湖等湖湾底泥分布也较多，底泥最厚的两处分别在梅梁湖和贡湖，均超过了 9m。近年来，江苏太湖湖区实施了大规模生态清淤工程，截至 2013 年年底，累计清淤面积 110km²，清淤量 3400 万 m³。

太湖生态清淤工程近五年的实践及相关实验研究表明，生态清淤削减了内源污染负荷，清除了部分藻源，促进了水体恢复自净功能，可以有效遏制湖泛发生，降低蓝藻暴发强度，对改善湖区水质和湖泊底栖环境有明显作用，有利于保持太湖的生命活力。由于受风浪及湖流作用、入湖河道挟带悬浮固体、古河道底泥淤积、近岸湖区取土、藻类死亡残体等因素影响，近期在重点加强西岸河道入湖口附近水域、湖泛易发区等水体生态清淤的基础上，还要考虑回淤影响，加大清淤力度，加强敏感区域的轮浚，不断改善湖区生态和湖体水质，保障贡湖水源地供水安全。

3.5.2 对策与措施

3.5.2.1 工程措施

（1）望虞河干流综合整治工程。尽快实施望虞河扩大工程，扩大望虞河河道底宽 60m，河底高程 3.0m，扩大穿京杭运河立交过水面积至 200m²。扩建常熟水利枢纽，其中泵站抽排水能力增加至 300m³/s。

在鹅真荡、嘉菱荡、漕湖建立三处缓冲净化湿地，构建挺水植物、沉水植物及底栖生物等为主的水生态系统，并建设前置库净化工程，利用仿生水草净化技术及生态修复技术进行生态治理，减少入湖水体氮磷污染物量，沉降悬浮物，降低入湖口悬浮物淤积。

建设望虞河入贡湖口处生态工程，在入湖口处建设生态湿地，提高入湖水质，恢复岸

边植物及沉水植物，改善河口水生态系统。

（2）望虞河西控制工程。由于望虞河西岸支河缺乏有效控制，受澄锡虞高片来水影响，望虞河引水期间，尤其是引水初期，引水受西岸来水污染，水质下降，影响望虞河引水效益，制约水环境改善效果有效发挥。因此，有必要对望虞河西岸实施有效控制。望虞河西岸控制工程与已实施的走马塘拓浚延伸工程相结合，是保障"引江济太"入湖水量和水质、改善西岸地区排涝条件和水环境的重要措施。实施该工程可有效缓解西岸支流污水对"引江济太"入湖水质的影响，增加入湖水量，提高引水效率。同时，望虞河西岸控制工程可提高望虞河行洪能力，对保障流域和地区防洪安全也具有重要作用。

望虞河西岸共有支河口门78个，目前已建闸控制41个口门，仍有37个口门敞开。除4条断头浜河道长度较短且无集中污染源暂不设控外，西岸控制工程拟对其余33个敞开口门全部实施控制。其次，加强入望虞河重污染河流水系（九里河、伯渎港、张家港、锡北运河等）的污染物控制及生态修复，在支流内进行水体生态修复，明显改善西部河网区域入望虞河水质，充分发挥望虞河引江济太效益；加大望虞河西控及后续拓宽工程中生态友好型护岸的设计，结合部分改造、加固工程建设，建设生态护岸等。另外，合理调度，加强水系连通度，增强与望虞河西岸河网、东岸河网、长江、贡湖的联系。

（3）蓝藻水草打捞处置工程。按照统一规划、合理布点、分步实施的原则，在贡湖及太湖其他蓝藻重点发生区域、水草广泛聚生区域，实施蓝藻及水生植物巡查—打捞—运输—处置—资源利用一体化工程。在太湖相关属地建立和完善蓝藻打捞专项机制，通过市场化运作和财政支持，组建专业打捞队伍。配置打捞及运输专用设备，建设水藻分离装置，将分离出的藻泥进行沼气发电、有机肥生产、水解氨基酸等资源化利用，逐步形成覆盖太湖岸线的蓝藻打捞、处理和利用能力。重点实施蓝藻及水草机械化打捞工程、移动式水藻分离站建设、蓝藻沼气发电项目、蓝藻有机肥生产等资源化利用工程。

在指定场所堆放打捞上岸的蓝藻，建立蓝藻储存、堆放集中地，进行无害化处理，避免二次污染。加大力度提高水草收割及利用能力建设，根据实际需要购置水草收割船只，建立定期收割制度，推进水草资源化利用。

（4）贡湖水生态治理与修复工程。在科学论证的基础上，对底泥沉积严重、有机污染物含量高、"湖泛"多发区实施底泥生态清淤，有效减少湖体内源污染物含量，减小"湖泛"发生概率，改善水生态环境，保障饮水水源安全。

对太湖大堤向内陆延伸一定范围内的河岸、道路、沟渠、重要湿地、村庄等实行带、网、片、点相结合的植被恢复和生态保护，建立贡湖生态保护带。实施贡湖湖滨湿地保护与恢复工程，在环湖湖滨适宜区域恢复约100m的湖滨湿地植物带，建立贡湖湾湿地自然保护区。湖湾沿岸水生植物带种植浮水、挺水、沉水植物，通过斑块混交、株间混交等模式，形成多样化群落结构，改善贡湖生态系统。针对环湖大堤建设对生态的影响，选用生态友好型材料建造护岸的结构，形成湿生植物带—挺水植物带—沉水植物带—水生生物完整的水生生态系统。利用坡面人工造滩，修复湖滨芦苇带。

3.5.2.2 非工程措施

（1）落实最严格水资源管理制度。明确水资源开发利用控制"红线"，严格实行用水总量控制。在已协调确认的2015年、2020年太湖流域用水总量分别控制目标基础上，分解落实到重点河湖（太湖、望虞河、太浦河及规划新孟河）、市、县行政区，完成水量分配，明确取水份额，严格重点河湖和区域取用水总量。实行最严格的水资源论证和取水许可管理，将建设项目水资源论证和取水许可审批作为控制取水总量、落实水资源开发利用控制红线的重要抓手。

落实用水效率控制"红线"，强化用水定额管理。在已确认的2015年用水效率控制目标基础上，落实市、县用水效率控制指标，修订完善用水定额标准。省水行政主管部门提出用水效率考核评估方案，推动企业水平衡测试工作，强化用水定额的指导。

明确水功能区限制纳污"红线"，严格控制入河污染物总量。省、市人民政府及有关部门应根据本地区现状水质与水功能区水质目标的差距，严格水功能区水质目标的考核管理，对不能满足水功能区水质目标要求的水体水域提出改善水质和促进水功能区水质达标的治理措施。水功能区水质未达到年度水质目标的，有管辖权的部门应当停止审批（核准、备案）影响水域使用功能和水功能区确定水质目标的建设项目和开发利用活动。

（2）进一步完善流域防洪和水资源统一调度方案。20世纪90年代以来，太湖环湖大堤的防洪能力有了显著提高，流域工情发生了明显变化，原有警戒水位已不能客观反映环湖大堤的实际防洪能力。根据环湖大堤实际防洪能力，综合考虑太湖水位变化规律，结合环湖大堤周边地市工程运行管理现状以及台风影响、气候变化等因素综合分析确定太湖控制水位，充分发挥太湖水生态自然修复能力。

对于望虞河及西岸河网区域，结合锡澄虞地区沿江引排工程、白屈港控制工程、无锡市城市防洪工程等调度运行，注重维持区域河网水体有序流通，增加流动性，提高区域河网水环境容量。望虞河引水初期，可以运用无锡城市防洪工程泵站通过伯渎港闸抽引走马塘南部河网水体向西流动，由城市防洪工程中的利民桥枢纽等泵站排入江南运河，从而减少进入望虞河污水的量，快速提高望虞河望亭立交段水质，达到入湖水质要求。望虞河引水期间，望虞河西岸支流出水受阻，及时启动走马塘工程张家港枢纽排水，引导望虞河西岸河网受阻水体向北入江，防止因污水受阻后滞流引起水质恶化，影响周边人民的生活、生产。望虞河停止引水期间，在防洪安全的前提下，结合锡澄虞地区沿江水利工程调引长江水，改善锡澄地区河网水体水质。

按照《水法》和《条例》等法律、法规的要求，结合太湖流域水资源配置与调度管理工作的实际需要，针对目前流域水资源调度实践中存在的主要问题，在《太湖流域洪水与水量调度方案》基础上，统筹流域与区域、区域与区域、上游与下游水资源与水环境需求，进一步研究流域近期工况条件下，流域骨干引供水河道和主要控制线的水资源调度方案，编制《太湖流域水资源调度方案》，作为流域水资源调度的基本依据。根据批复的《太湖防御洪水方案》，结合流域水情、工情、太湖警戒水位修订等情况，适时修订太湖洪水调度方案、流域遭遇超标准洪水和特大干旱灾害时的预案等。

（3）研究建立重要引排通道工程长效良性管护机制。太湖流域两省一市水行政主管部门要督促重要引排通道工程所在的市、县建立健全长效运行管理机制，明确管护责任、管护责任主体，完善管理制度、落实管护队伍和经费，确保工程长期效益；要切实做到有管理责任主体、有管护人员、有管护经费；建立河道轮疏机制。

（4）开展专题研究提升引江济太效益。引江济太调水试验关系到沿线各地市的切身利益，也关系到水利、环保、电力、航运等部门的利益，协调及管水的难度非常大，需强化引江济太专题研究，抓紧技术攻关，科学评价污染源治理、泥沙淤积、水生态变化、调水效果等，建立流域管理和区域管理相结合的管理体制，建立和完善流域水资源调控体系。在调查、分析与评价不同保证率下流域水资源供需状况及水环境状况的基础上，结合近几年流域与区域调水经验，设计全流域不同的引供水线路、多种区域与区域调水方案组合及流域与区域调水方案组合、不同工程运行方式；利用水量水质联合模拟模型，对不同典型年、不同引供水方案进行模拟计算，综合分析不同方案的改善效果（包括水质提高类别、引水水量、效果保持时间、清水到达时间、受益范围等）和负面效应，优选出不同典型年的流域与区域之间的联合最优调度方案，兼顾区域与区域之间的联合最优调度方案，进而形成流域统一的优化调度方案，逐步建立流域性良性循环、生态平衡的河湖关系。

4 河湖连通工程体系综合调控方法

调度是指运用水利工程的蓄、泄和挡水等功能，对江河水流在时间、空间上按需要进行重新分配或调节江河湖泊水位。调度方案是水利工程实施调度的重要依据。前述章节通过对比现状太湖流域河湖连通工程体系和规划的河湖连通工程布局，分析了流域河湖连通特性和演变趋势，本章以此为基础，梳理提出了现状及规划河湖连通工程调度方案，并结合河湖连通工程调控实践，探索分析了河湖连通工程对流域水环境改善的作用。

4.1 数学模型及参数率定

随着太湖水污染问题的日益突出，太湖流域水利工程的规划建设目标也由防洪排涝为主的单一目标，逐渐转向包括防洪、防污、供水等多目标规划。调控技术核心是建立太湖水环境仿真数学模型，模拟预测各种工程调度方案下重点湖区水环境状况变化趋势。

由于太湖湖区与环太湖河网及长江存在一定的水量交换，因此太湖湖区水流、水质变化与环太湖河网水系密不可分，需要将湖区与环太湖河网耦合计算，太湖湖区采用二维水动力数值模型，环太湖河网水系采用一维水量模型。太湖湖区水动力模拟以一维河网计算所得的主要入湖口流量为边界条件，而一维河网计算以入湖河口的太湖入湖口水位为边界条件，两者之间物质通量采用物质浓度与流量的乘积计算。

滆湖和太湖湖区均采用水位边界条件，长江口及钱塘江沿岸口门采用潮位边界条件，长江上游采用大通站流量边界条件，其他河道外节点均采用零流量边界条件。

考虑到流域降雨影响，采用了产汇流模型，为河网水动力模型提供两类边界条件：一类是山丘区流量边界条件；另一类是河网区河道的旁侧入流。产汇流建模的总体思想是将太湖流域划分成三种不同地貌特征的区域，即平原区、湖西山丘区和浙西山区，在此基础上进一步将流域细分为 36 个水利分区和 4 个自排区，其中平原区有 16 个分区，湖西山丘区有 10 个分区，浙西山区有 10 个分区。考虑不同土地利用类型（水域、水田、旱荒地、城市道路类）的下垫面对产汇流的影响，以水利分区作为计算单元，对分属平原区、湖西山丘区和浙西山区的水利分区分别采用相应的算法来计算确定其产水过程及汇集到流域出口断面或排入河网过程。产汇流模型的结构如图 4.1 所示。

由于太湖流域水系密布，河网纵横交错，受长江河口潮汐、区域水文情势、湖区风场等多种动力因素交互影响，加上流域内闸、泵等水利工程设施繁多，流域水系自然流动结构十分复杂，如河网内部水流流向往复不定，河网与湖湾、湖湾与湖体水流交换复杂多变。根据研究目的与研究内容，确定计算区域。现状工况研究时，模型共概化河段 1997

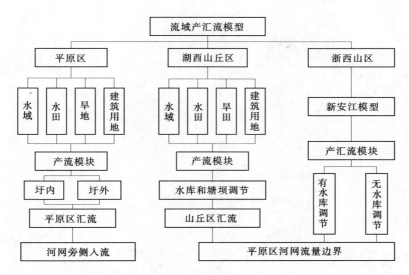

图 4.1 产汇流模型结构示意图

条，河网节点 1304 个，闸门 224 座；规划工况研究时，模型共概化河段 1964 条，河网节点 1269 个，闸门 242 座。

由于水质模型的验证需要反映流域下垫面的最新状况，宜选取较新的资料进行验证，并兼顾水文条件的典型性。经比较，2008 年为平水年，2009 年为丰水年，具有较好的代表性。故选取这两年进行水文、水质验证计算。

考虑到水文、水质资料的完整性，选择湖西区河网地区为验证区域。水位验证误差统计见表 4.1，典型站位的 2008 年日水位过程验证如图 4.2 所示，水位验证误差标准差为不超过 7cm，最大误差控制在 20cm 以内。这表明，模型基本反映了该河网区水流运动规律，能满足研究精度需要。

表 4.1   2008 年各主要站水位验证误差统计表   单位：cm

站　　名	最大误差	标准差	站　　名	最大误差	标准差
大浦口	−12	−1.7	望亭（大运河）	−8	−1.7
常州	−20	6.4	望亭（太湖）	10	−4.6
溧阳	−13	−1.8	宜兴南	−17	5.9
金坛	−11	−2.5	王母观	19	6.3
陈墅	13	3.8	南渡	−12	2.5
陈墓	−14	6.2	无锡	11	1.6

水质模型利用 2008 年水质资料进行模型率定，采用 2009 年水质资料对模型及其参数进行验证，TN、TP、DO 浓度计算值与实测值对比分别如图 4.3～图 4.5 所示，统计见表 4.2。结果分析显示，TN、TP 小于 20% 的验证误差约占 20%，小于 40% 的验证误差约 55%，DO 验证明显优于 TN、TP，小于 20% 的验证误差约占 34%，小于 40% 的验

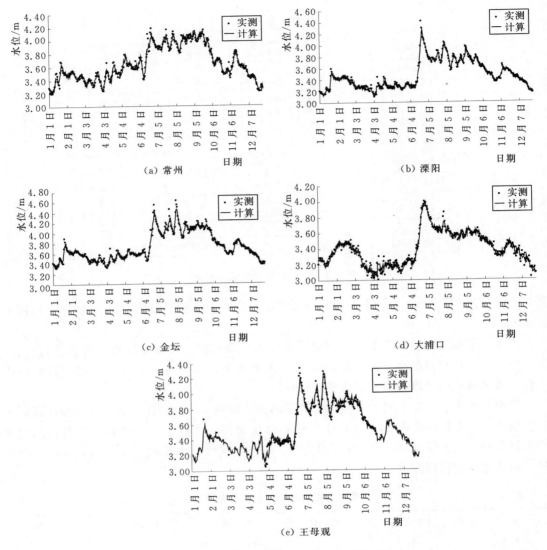

图 4.2 典型站 2008 年日水位过程验证

证误差约占 82%。考虑到监测仪器和计算模型都有误差，同时监测数据是某天的瞬时值，而计算值是某月的平均值，以上验证基本反映了流域水质指标浓度输运规律，表明选取的模型参数是合理的。

表 4.2 **2009 年各主要站水质计算统计表**

水 质 指 标	小于 20% 误差占比	小于 40% 误差占比
TN	17.5%	51.6%
TP	19.1%	58.0%
DO	33.9%	81.8%

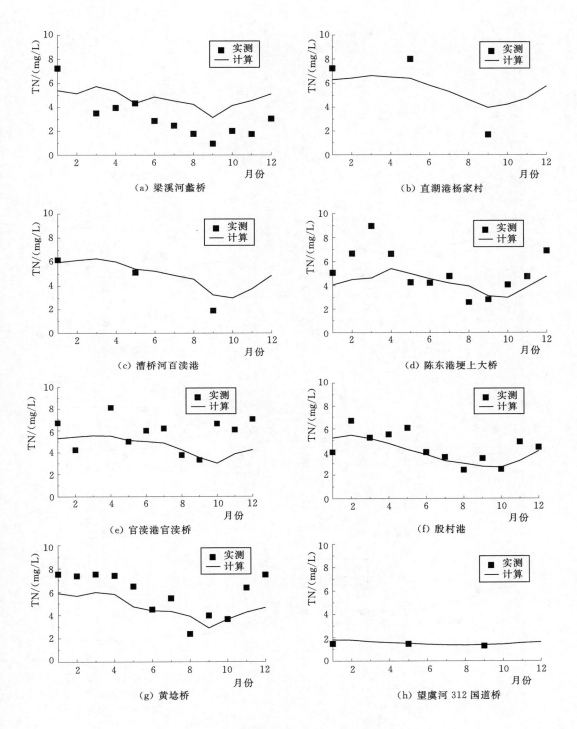

图 4.3　典型断面 2009 年 TN 浓度验证
（注：每月监测数据来源水利部门，三季度监测数据来源环保部门）

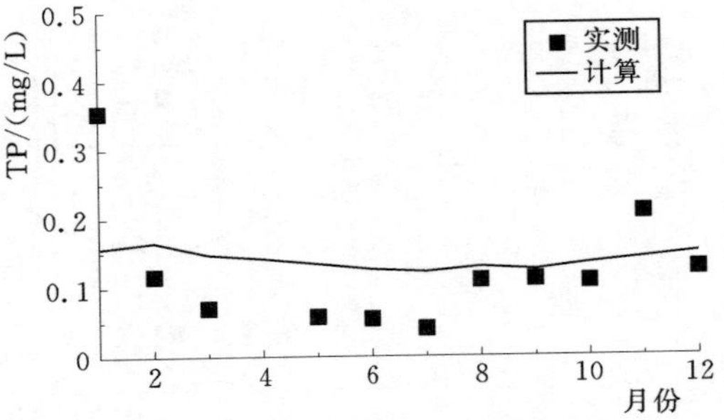

(a) 梁溪河蠡桥

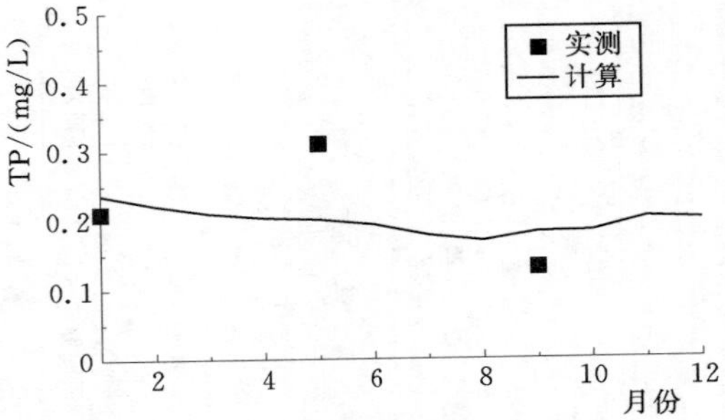

(b) 直湖港杨家村

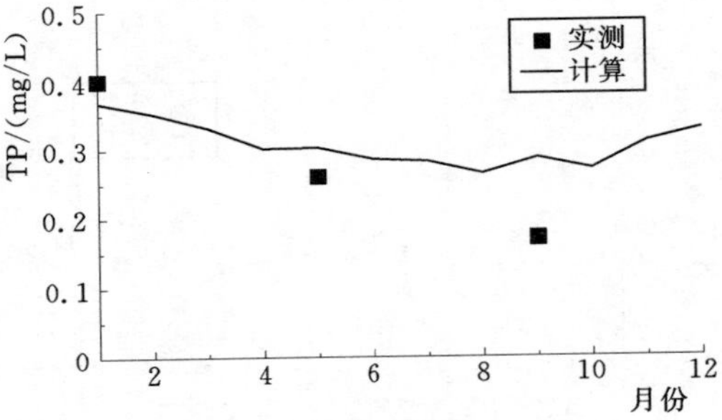

(c) 漕桥河百渎港

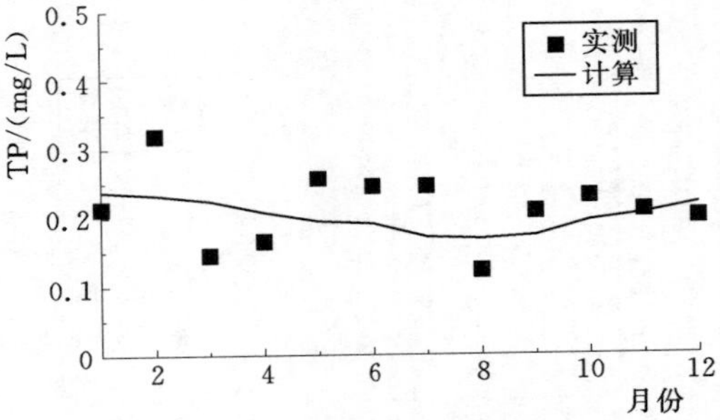

(d) 陈东港埂上大桥

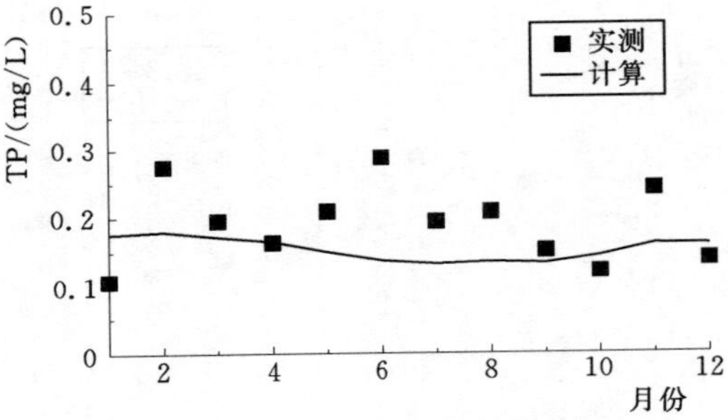

(e) 官渎港官渎桥

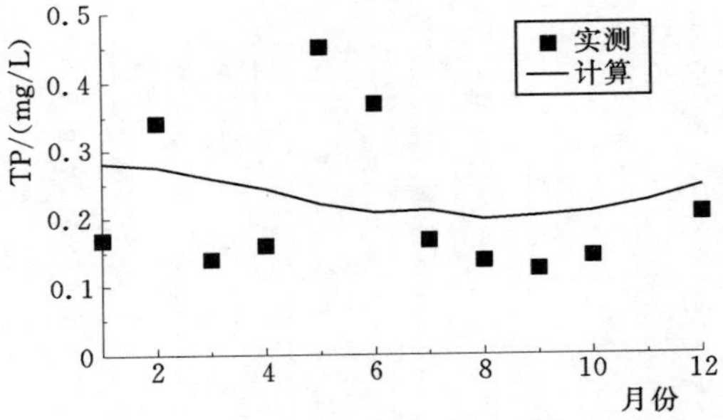

(f) 殷村港

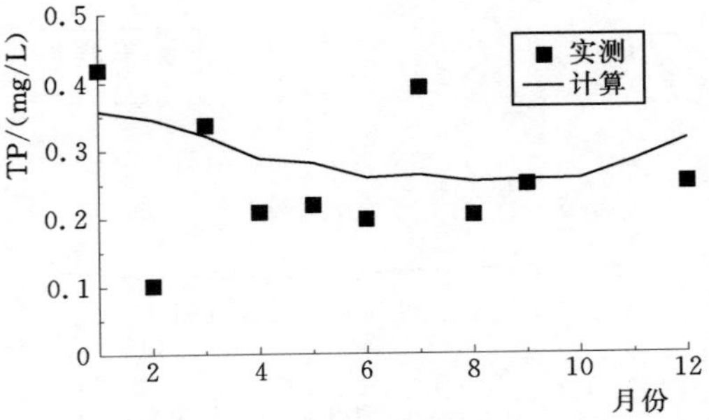

(g) 黄埝桥

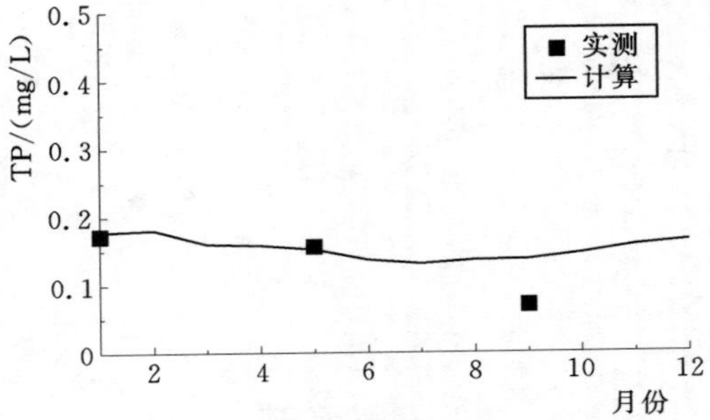

(h) 望虞河 312 国道桥

图 4.4　典型断面 2009 年 TP 浓度验证
(注：每月监测数据来源水利部门，三季度监测数据来源环保部门)

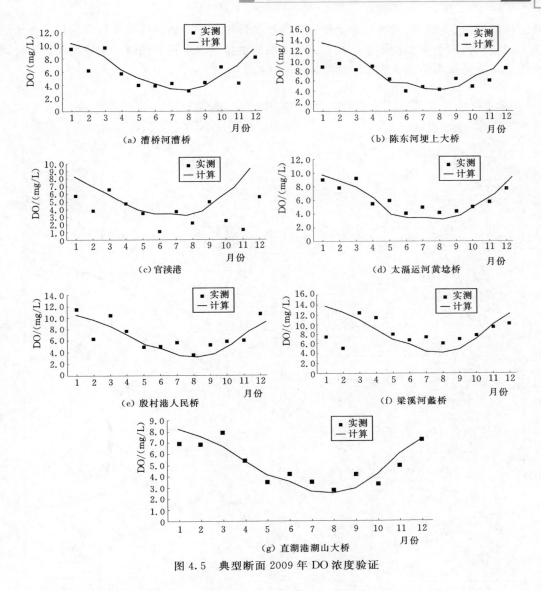

图 4.5　典型断面 2009 年 DO 浓度验证

4.2　太湖流域调水引流工程综合调控目标和原则

4.2.1　调控目标

　　1991 年江淮大水之后，流域实施了 11 项综合治理骨干工程，结合流域内的其他水利工程，太湖流域已初步形成北向长江引排、东出黄浦江供排、南排杭州湾，并且利用太湖调蓄的防洪与水资源调控工程体系，可有效抵御 1954 年型 50 年一遇洪水，同时也为提高流域和区域水资源、水环境承载能力创造了条件，对保障流域水安全发挥了重要的作用。

　　同时根据《太湖流域综合规划》，在已有工程基础上，规划建设走马塘拓浚延伸工程、新孟河延伸拓浚工程、新沟河延伸拓浚工程、望虞河西岸控制工程、太嘉河工程、杭嘉湖环湖溇港整治工程、扩大杭嘉湖南排、平湖塘延伸拓浚、太浦河后续工程等项目,逐步完善太湖流域调水引流工程体系,提升太湖流域防洪排涝、水资源保障、水环境改善综合调控能力,流域调水引流工程体系如图4.6～图4.8所示。

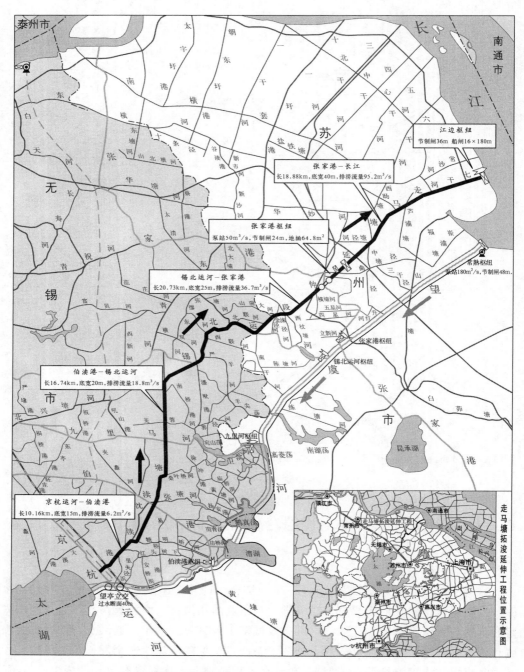

图4.6 望虞河西岸控制工程与走马塘拓浚延伸工程总体布置图

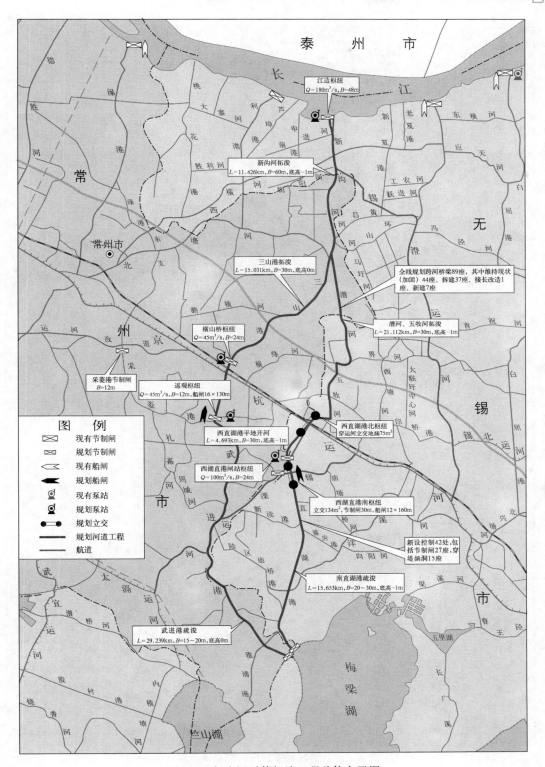

图 4.7　新沟河延伸拓浚工程总体布置图

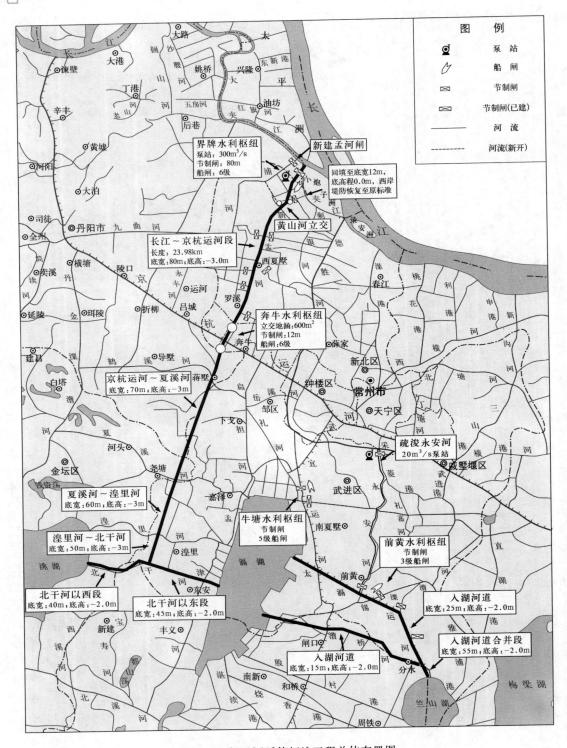

图 4.8 新孟河延伸拓浚工程总体布置图

4.2.2 调度原则

根据规划，确定流域调水引流工程体系调度原则如下。

4.2.2.1 太湖水位调度线

当太湖水位低于泵引控制水位时，为泵引区，通过流域骨干河道泵站将长江水引入太湖，提高入湖水量；当太湖水位处于引水控制水位和泵引控制水位之间时，为自引区，通过流域骨干河道节制闸将长江水引入太湖；当太湖水位处于引水控制水位和防洪控制水位之间时，为适时调度区，流域骨干河道视地区水位情况适时引排；当太湖水位高于防洪控制水位时，为防洪调度区，按防洪调度方案调度。太湖水位调度线如表 4.3 及图 4.9 所示。

表 4.3   **太 湖 水 位 调 度 线**   单位：m

时　段	防洪控制水位	引水控制水位	泵引控制水位
1 月 1 日至 3 月 31 日	3.5	3.2	2.9
4 月 1 日至 6 月 15 日	3.0	2.9	2.8
6 月 16 日至 7 月 20 日	3.0～3.8	2.9～3.3	2.8～3.1
7 月 21 日至 10 月 31 日	3.5	3.3	3.1
11 月 1 日至 12 月 31 日	3.5	3.2	2.9

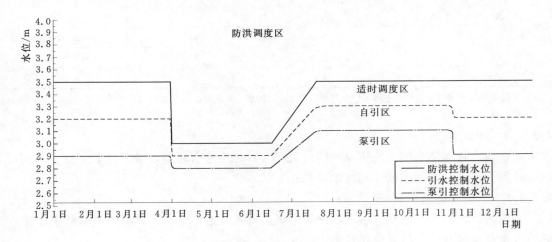

图 4.9　太湖水位调度线

4.2.2.2 望虞河工程调度原则

（1）常熟枢纽：当太湖水位处于泵引区时，开启常熟枢纽泵站抽引长江水；当太湖水位处于自引区时，常熟枢纽开闸引水；当太湖水位处于适时调度区时，视地区水资源需要，常熟枢纽开闸排水。

（2）望亭立交：当太湖水位低于引水控制水位，且琳桥水位高于无锡水位时，望亭立交开闸引水入湖；当太湖水位高于引水控制水位，且低于防洪控制水位时，望亭立交关闸，控制后调度可参考《太湖流域水资源综合规划》。

(3) 望虞河西岸口门：现状时无口门控制，保持敞开。西岸控制后，望虞河向西岸地区补水，当常熟枢纽引江并且琳桥水位比无锡水位高 5cm 时，向西岸供水；当不引江时，保持口门敞开。

(4) 望虞河东岸口门：东岸在西塘河和尚湖闸两个口门共保持 34m³/s 引水量，其余口门保持关闭。

4.2.2.3 沿江口门调度

湖西区、武澄锡虞区、洋澄区沿江口门的控制运用按表 4.4 进行。当其控制站水位超过上限水位时开闸排水，如控制站水位继续上涨至超过上限水位 0.40m 以上，则开启沿江泵站排水。

表 4.4　　　武澄锡虞区沿长江各闸控制运行水位　　　　单位：m

闸　名	代表站	上限水位	下限水位
谏壁、九曲河	丹阳	4.30	3.00
浦河、新孟河、德胜河	滆湖	4.20	3.00
藻港	常州	4.20	3.80
桃花利港、新沟	青阳	3.60	3.20
江阴、定波闸	无锡	3.60	3.20
白屈港	无锡	3.60	3.20
十一圩、张家港	北澳	3.60	3.20
浒浦	常熟	3.00	2.80
杨林	直塘	3.00	2.80
浏河	太仓	3.00	2.80

注　上限水位指开闸排水水位，下限水位为开闸引水水位。谏壁、九曲河、白屈港枢纽，当代表站水位低于2.80m时，开泵抽引。

4.2.2.4 环太湖口门

无锡地区环太湖口门一般情况下闸门关闭，以防止污水入湖，当无锡水位高于3.60m时才开闸。梅梁湖泵站控制年外排水量约 6.0 亿 m³。

4.2.2.5 太浦河调度

太浦河及黄浦江上游是流域下游地区主要供水水源地，太浦河工程的科学调度，对下游地区水源地供水安全具有重要作用。

(1) 太浦闸：当太湖水位低于防洪控制水位时，根据下游水资源需要，按一定的流量向下游地区供水。

(2) 太浦河泵站：暂按以下调度原则，7—10 月，当太湖水位高于 2.50m 且黄浦江松浦大桥断面日均净泄流量小于 160m³/s 时，启用太浦河泵站；当太湖水位处于 2.50～2.65m 时，太浦河泵站按 276m³/s 向下游地区供水；当太湖水位高于 2.65m 时，太浦河泵站按 300m³/s 向下游地区供水。

(3) 太浦河两岸口门：当太浦闸向下游供水时，考虑两岸地区水资源需求，当地区水位低于一定程度时，太浦河可适当给两岸地区供水。当太浦河泵站向下游供水时，太浦河两岸口门需关闭。

4.2.2.6 走马塘沿线主要建筑物

（1）张家港枢纽：望虞河引江期间，当地区水位高于常水位 3.06m 时排水，无法自排时关闸开启泵站；其他时段各闸敞开。排张家港以南地区水体时退水闸关闭。

（2）江边枢纽：张家港枢纽排水时，能排则排，无法自排则关闸。

（3）两岸口门控制建筑物：排张家港以南地区水体时关闭。

4.2.2.7 新沟河规划

为满足直武地区排水改向需要，改善梅梁湖湖体水动力条件及水环境状况，发挥应急引水功能和满足防洪排涝需要，新沟河延伸拓浚工程外排流量为 $150m^3/s$，当可发挥应急引水功能时，设计流量为 $100m^3/s$。

4.2.2.8 新孟河控制建筑物

新孟河是流域骨干引水河道，具有流域水资源配置、水环境改善等作用，也承担区域防洪、供水等任务。

依据太湖引水控制水位，统筹地区防洪排涝、供水和水环境改善要求，新孟河引水实施分级调度。

新孟河引水入湖期间，两岸口门应控制运用，可根据地区水资源需求，适当补充区域用水，同时应避免两岸支流汇水对新孟河水质的影响，确保入湖水质，提高引水入湖效率。

洪水期，根据地区防洪排涝要求和太湖水位情况，将洪水北排长江，减轻太湖防洪压力。

4.2.2.9 东导流东岸口门控制建筑物

综合太湖及杭嘉湖地区水情实施调度，并与流域防洪、供水和改善水环境的要求相协调。

洪水期，统筹太湖与杭嘉湖地区防洪安全，根据太湖水位及杭嘉湖东部平原地区水位，实行分级、分时段调度。

平枯水期，按照太湖水资源配置安排，结合通航及地区用水需求，适时开闸引水。

4.2.2.10 沿杭州湾口门控制建筑物

洪水期，以增加外排水量为目标，为太浦河等流域骨干河道排洪创造条件。

平枯水期，根据太湖水资源状况，统筹杭嘉湖水资源合理利用，与杭嘉湖地区环湖口门、东导流控制口门联合调度，补充区域水资源，改善区域水环境。

4.3 流域调控情景设置及综合调控分析工况设计

调控情景设置涉及计算分析的工况、水文条件、边界条件、污染源等内容。计算分析情景设置的调控目标为满足排涝、引水、水环境调度的综合调度技术，同时兼顾风险事故的应急调度。

（1）工程情景：现状工程体系与规划工程体系。

1）现状工程体系包括：望虞河引水工程、走马塘拓浚延伸工程，但望虞河西岸控制工程未实施或工程未起到工程作用；新沟河延伸拓浚工程未实施或工程未起到工程作用；

其他流域骨干工程。

2）规划工程体系包括：望虞河引水工程、走马塘拓浚延伸工程，望虞河西岸控制工程实施并起到工程作用；新沟河延伸拓浚工程实施完毕；新孟河延伸拓浚工程已实施；其他流域骨干工程。

（2）综合调控分析情景：研究设置引水、排涝、水环境调度及风险事故应急调度四种情景。分析方法采用数值模拟及统计分析的方法。

（3）水文条件：水动力水质效益分析采用平水年（1990 年型）。

（4）边界条件：长江口门边界条件采用典型年潮位、流量过程，水质条件采用水功能区划水质标准。

（5）污染源：以 2012 年水利普查成果中污水处理厂排放量作为依据。

（6）水质分析指标：拟选取对湖泊、河网水体水质评价常用的指标，包括 TP、TN、NH_3-N、COD_{Mn} 等指标。

综合以上分析，组合成计算分析的调度情景工况见表 4.5。

表 4.5   调 度 情 景 工 况 表

调度目的	工况编号	工程情景	情 景
排涝	P1	现状工程体系	5 年一遇雨型（1975 年型）
	P2	规划工程体系	5 年一遇雨型（1975 年型）
	P3	现状工程体系	50 年一遇雨型（1990 年型）
	P4	规划工程体系	50 年一遇雨型（1990 年型）
引水	Y1	现状工程体系	望虞河 100m³/s 引水，50%入湖
	Y2	现状工程体系	望虞河 200m³/s 引水，50%入湖
	Y3	规划工程体系	望虞河 100m³/s 引水，50%入湖 走马塘排水，西控
	Y4	规划工程体系	望虞河 200m³/s 引水，50%入湖 走马塘排水，西控
	Y5	规划工程体系	望虞河 100m³/s 引水，50%入湖 走马塘排水，西控，新沟河排水
	Y6	规划工程体系	望虞河 200m³/s 引水，50%入湖 走马塘排水，西控，新沟河排水
	Y7	规划工程体系	望虞河 100m³/s 引水，50%入湖 走马塘排水，西控，新孟河 100m³/s 引水，50%入湖
	Y8	规划工程体系	望虞河 200m³/s 引水，50%入湖 走马塘排水，西控，新孟河 180m³/s 引水，50%入湖
	Y9	规划工程体系	望虞河 100m³/s 引水，50%入湖 走马塘排水，西控，新沟河排水，新孟河 100m³/s 引水，50%入湖
	Y10	规划工程体系	望虞河 200m³/s 引水，50%入湖 走马塘排水，西控，新沟河排水，50m³/s 出湖，新孟河 180m³/s 引水，50%入湖

调度目的	工况编号	工程情景	情　景
水环境应急调度	H1	现状工程体系	梅梁湖藻华暴发，望虞河 200m³/s 引水，100%入湖，梅梁湖泵站排水 50m³/s，太浦河排水 150m³/s
	H2	规划工程体系	梅梁湖藻华暴发，望虞河 200m³/s 引水，100%入湖，新沟河 180m³/s 引水，100%入湖，梅梁湖泵站排水 50m³/s，太浦河排水 330m³/s
	H3	规划工程体系	梅梁湖藻华暴发，望虞河 200m³/s 引水，100%入湖，梅梁湖泵站排水 50m³/s，太浦河排水 350m³/s，新孟河 300m³/s 引水，50%入湖
	H4	规划工程体系	竺山湖藻华暴发，新沟河 180m³/s 引水，100%入湖，梅梁湖泵站排水 50m³/s，太浦河排水 220m³/s，新孟河 300m³/s 引水，50%入湖

4.4　河湖连通多目标综合调控问题探讨

　　太湖流域现行调度方案主要包括洪水与水量调度方案和引江济太调度方案。其中，流域防洪和水资源调度主要以 2011 年国家防总批复的《太湖流域洪水与水量调度方案》（国汛〔2011〕17 号文）为依据，引江济太期间相关口门调度以水利部批复的《太湖流域引江济太调度方案》（水利部水资源〔2009〕212 号文）为参考，结合流域水资源情况及用水实际组织调度，并遵循以下基本原则：

　　（1）当太湖发生洪水时，确保环湖大堤安全。当太湖发生超标准洪水时，采取必要措施，重点保护上海、苏州、无锡、常州、镇江、杭州、嘉兴、湖州等城市以及其他重要城镇和重要设施的安全，降低灾害损失。

　　（2）当流域发生干旱或水污染事件时，努力保障流域城乡居民供水安全。

　　（3）坚持流域调度与区域调度相结合、洪水调度与水量调度相结合、汛期调度与非汛期调度相结合，强化水利工程的联合运用，充分发挥现有河道、湖泊、水库、闸泵等工程作用，保障流域防洪与供水安全。

　　区域现行调度方案目前仍以防洪调度为主，水资源调度方面尚未制定统一的调度方案，由各地区根据当地水资源、水环境状况实行相机调度。

　　目前，流域调度主要参照的水文（水位）站点如图 4.10 所示。

　　近年来，太湖流域治理全面加快，流域水利规划体系基本形成，提出了流域河网水体有序流动格局的设想，正在加快推进新一轮流域治理工程建设，流域综合管理取得明显成效，初步开展了以保障防洪与供水安全、兼顾水环境改善为目标的流域综合调度，先后批复实施了《太湖洪水调度方案》《太湖流域引江济太调度方案》和《太湖流域洪水与水量调度方案》，初步实现了流域调度的"四大转变"，即从洪水调度向洪水调度和水资源调度结合的转变，从汛期调度向全年调度的转变，从水量调度向水量水质统一调度的转变，从区域调度向流域和区域结合调度的转变，有效保障了流域经济社会的可持续发展。尤其是 2002 年以来，太湖局会同流域各省市开展"引江济太"水资源调度，在确保流域防洪安全的前提下，增加流域水资源总量，成功缓解了 2003 年、2004 年和 2011 年流域严重旱情，并在应对 2003 年黄浦江上游油污染事故、2007 年无锡市供水危机，以及保障上海世博会供水安全等方面发挥了重要作用。同时，流域各地也因地制宜地开展了区域水利工程建设和引清调水工作。

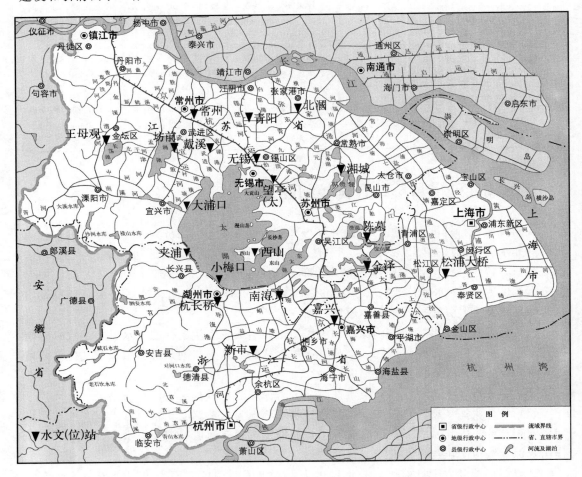

图 4.10　太湖流域主要水文（水位）站点位置示意图❶

但随着流域经济社会的快速发展和人民群众生活水平的不断提升，人民群众对环境质量、生存健康的关注度越来越高，对流域水利提出了更高、更全面的要求。从进一步保障流域防洪、供水、生态安全的需求出发，需要在完善流域工程体系的同时，进一步提升流域综合调度管理水平，充分论证河湖有序流动安排的合理性，实现流域工程体系效益最大化。按照"科学调度、精细调度"的要求，流域现有调度还存在不少薄弱环节：一是对流域生态调度目标及控制要求的认识不足，流域现行综合调度难以充分考虑水生态环境改善的需求；二是由于水文气象中长期预报准确性有待进一步提高，流域调度统筹兼顾防洪、

---

❶　太湖水位选用望亭（太）、大浦口、西山、小梅口和夹浦 5 站平均水位。

供水、生态三个安全难度较大；流域与区域、区域与区域之间往往需求不同，同一时期各对象调度目标存在差异，统筹协调难度大；三是流域水利工程缺乏流域性统一管理、运行体制，流域与区域工程体系尚未实现联合调度。

此外，与经济社会快速发展的需求相比，太湖流域仍面临防洪标准偏低、水资源调控能力不足等问题，特别是水污染防治严重滞后，河网水质普遍超标，湖泊富营养化严重，水生态环境保护形势严峻。太湖流域是典型平原河网地区，河湖水体有序流动对于合理调控洪涝水，改善水资源、水环境条件意义重大。太湖流域虽已开展了多项引排通道工程建设和调水实践，流域河网水体有序流动及其对水量水质的响应关系缺乏系统性研究。太湖流域上下游、左右岸关系复杂，太湖作为流域防洪及水资源调蓄的核心，既受湖西区、浙西区等上游来水的影响，也是下游地区供水和水环境改善的重要保障，是流域水体有序流动的关键节点；望虞河、太浦河、江南运河等流域骨干河道，是流域水体有序流动的重要通道；区域部分水利工程，如梅梁湖泵站、走马塘拓浚延伸工程、西塘河引水工程，城市大包围工程等，都位于太湖及流域骨干引水河道周边，其建设与运用可影响流域与部分区域的水体流动格局，对流域防洪、供水和区域下游水环境均产生一定影响。河湖有序流动关键技术的深入研究，将有利于流域综合调度的需求分析、目标制定及方案研究。

为此，需从流域层面进一步统筹多目标、多对象的不同要求，以现有工程体系为基础，适当考虑近期可能实施的流域骨干工程，开展太湖流域河湖连通工程体系综合调度关键问题研究，为下阶段流域综合调度方案的优化与完善提供重要的技术支撑，以进一步提升流域综合调度管理水平，促进流域经济社会可持续发展。

5　河湖连通工程调水引流改善
水环境综合效应评价

5.1　河湖连通工程体系对长江与太湖流域之间水量交换的驱动作用

近年来，随着太湖流域经济社会发展对流域水资源、水环境要求的不断提高，以及流域调度工作思路由汛期调度向全年调度、由水量调度向水量水质联合调度、由洪水调度向水资源调度、由区域调度向流域调度四个转变的需要，结合有关工作，流域及相关区域开展了引江济太、杭嘉湖南排调水试验等水资源调度实践，为补充流域及地区水资源、改善水环境积累了一定的经验。

5.1.1　引江济太调度

按照 2001 年 9 月国务院太湖水污染防治第三次会议上提出的"以动治静、以清释污、以丰补枯、改善水质"的指示和水利部党组治水新思路，从 2002 年起，太湖流域管理局会同江苏省、浙江省、上海市水利部门，依托现有水利工程，利用流域性骨干河道望虞河、太浦河及流域骨干工程常熟水利枢纽、望亭水利枢纽和太浦河闸泵，实施了引江济太调水试验工程，引长江水进入太湖及河网地区，增加水资源量，改善水环境。2005 年，引江济太由扩大试验进一步转为常年运行。

截至 2013 年年底，望虞河已依托现有水利工程引调长江水 242.6 亿 m^3 入太湖流域，其中入太湖 109.7 亿 m^3；结合雨洪资源利用，通过科学调度，经太浦闸向下游的江苏、浙江、上海部分地区增加供水 170.4 亿 m^3。引江济太使太湖水体置换周期从原来的 309 天缩短至 250 天，加快了太湖水体的置换速度；太湖湖区大部分时间保持在 3.00～3.40m 的适宜水位，增加了水环境容量；平原河网水位抬高 0.30～0.40m，太湖、望虞河、太浦河与下游河网的水位差控制在 0.20～0.30m，河网水体流速由调水前的 0.0～0.1m/s 增至 0.2m/s，受益地区河网水体流速明显加快，水体自净能力增强。

实践证明，引江济太对促进太湖和河网水体流动、改善水质、提高流域（区域）水资源和水环境承载能力、增加流域供水量，是行之有效的办法和途径。特别是在 2003 年黄浦江燃油事件应急处置、2006 年太浦河调水改善下游及黄浦江水质、2007 年应对无锡供水危机、2010 年保障上海世博会供水安全以及青草沙原水系统通水切换工作中发挥了重要作用。

5.1.2　太浦河大流量供水试验性调度

2006 年 3 月 22 日至 4 月 7 日，太湖流域管理局组织开展了太浦河调水改善下游及黄浦江水质的试验。试验采取太浦闸和太浦河泵站相结合的调度方式，部署水量水质同步监测，以研究不同供水流量条件下太浦河沿线水量分配规律、太浦河沿程水质变化规律、太浦河流量与黄浦江上游取水口水质改善关系、黄浦江上游来水比例及水质变化情况等相关内容，进一步探索利用太湖通过太浦河向下游供水改善下游水体水环境的能力，为完善引江济太长效运行机制提供依据。

通过本次流域与区域相结合的调水试验，从太浦河不同下泄流量对下游水源地水质影响的效果看，对受潮汐影响的太浦河下游地区，在枯水期通过太浦河下泄水量，增大太浦河下游地区水环境容量，可以明显改善整个下游区域的水质状况，缓解地区水资源矛盾。

通过太浦河闸泵联合调度，太浦河可以持续大流量向下游供水，并明显改善下游水源地水体水质。

在太浦河加大供水水量的条件下，对黄浦江上游水源地水质改善虽起到重要作用，且效果明显，但是黄浦江上游水源地三支来水，特别是斜塘上游拦路港来水水质较差，水污染问题依然严重，因此，要加强水污染治理。同时，今后需进一步加强对淀泖地区水量水质的监测，分析对黄浦江上游地区淀山湖水源地水质变化的影响。

从太浦河不同下泄流量对下游水源地水质影响关系的调水试验效果看，引江济太调度可以尝试按照不同的潮型、潮时进行实时调度、精细调度，以进一步提高引江济太效益。

5.1.3 区域引排调度实践

5.1.3.1 镇江市古运河改善水质实践

为加强古运河调控运行管理，切实保证闸站工程在改善古运河水环境运用中安全、高效运行，结合现有工程的实际运用功能以及河道现状，镇江市城市水利管理处于 2006 年 1 月制定《镇江市古运河调控水实施细则》。该实施细则明确：丰水期长江水位超过古运河控制水位 5.80m，及时开闸引水冲污；枯水期及平水期长江水位低于 5.80m，视水质状况适时开泵引水入古运河置换劣化水体，并根据季节、水位、天气等情况科学调度，合理确定开泵时间和时长。

由于充分利用现有的工程设施，科学合理地按照制定的相应水位控制工程运行，且积极地发挥镇江市周边水质较好的可换水源的作用，水质得到改善，达到了工程运行的总体控制要求和目标：丰、平水期古运河水位控制范围（6：00—18：00）5.30～6.00m（指京口闸闸下水位）的水质标准不劣于Ⅳ类；枯水期古运河水位控制范围（6：00—18：00）5.20～6.00m 的水质标准近期不劣于Ⅴ类，远期不劣于Ⅳ类。

5.1.3.2 湖西区（镇江市）水量调度与水环境改善试验

2010 年 8 月，镇江市开展了太湖流域湖西区（镇江市）水量调度与水环境改善试验。湖西区镇江市调水试验选用本地基本无雨的四个时段，分别是 2010 年 9 月 8—12 日、11 月 5—7 日、11 月 28 日至 12 月 8 日、12 月 24—27 日，利用谏壁枢纽和九曲河枢纽的不同调度控制完成。调水试验期间，京杭运河丹阳城区段的日平均换水率在 100%～200%；京杭运河吕城段的日平均换水率在 15%～65%；丹金溧漕河的日平均换水率在 80%～130%；通济河下段的日平均换水率在 5%～20%。

通过沿江两大水利枢纽调水，不仅改善了丹阳市城区水环境，同时对湖西区镇江市其他受水区域（如京杭运河吕城段、香草河、丹金溧漕河、通济河下段等）水质也起到了稀释作用，三个市际边界断面水质也在一定程度上得到改善；但如果谏壁闸、九曲河闸持续关闭，京杭运河、香草河、通济河下段水体水质将明显恶化。

5.1.3.3 江阴市局部调水试验

江阴市作为全国经济发达、发展最快的县市之一，现代化、工业化、城市化的进程越来越快，与经济社会快速发展的要求相比，水资源利用保护存在明显的不协调，水多、水少、水脏、水生态恶化四大水问题并存。为了以水资源可持续利用保障和支撑社会经济可持续发展，在"治污为本"的前提下，江阴市先后进行过三次调水试验。

根据三次调水试验监测成果分析，一个涨落潮期间，闸门启闭运行一次充分引潮情况下，同时从黄山港、白屈港以及黄田港引水的入城水量明显高于同时从黄山港和黄田港引水时的入城水量。另外，白屈港引水将提高区域东部水位，整个调水区域内水流由东向西流动。白屈港引水对于控制水流方向、提高调水试验引水效率、增加城区水资源量至关重要。

此外，三次调水试验均使得江阴市城区各主要河道水质有所改善。对比水质监测结果发现，增加白屈港引水有利于城区河道水质改善，并且对张家港河以西水质改善非常明显。

5.1.4 连通调控促进河网与长江水量交换

长江是中国水量最丰富的河流，望虞河河口下游 15km 处长江徐六泾断面多年平均径流量 9335 亿 m^3。根据徐六泾水量、潮位及大通站实测流量计算分析，长江（徐六泾断面）的径流量以 5—11 月较为丰沛；冬春枯季径流量虽然较小，在 95% 的设计保证率下，其月径流量均在 200 亿 m^3 以上，实施引江济太对长江径流量的影响微不足道。

太湖地区相应的长江河段受东海潮汐影响，江阴以上为潮区界河段，江阴以下为潮流界河段。江苏省太湖地区沿江通江河道口门的分布，从镇江市京口闸至苏沪交界处浏河闸止，主要的口门有 17 个，其中湖西区为 5 个，武澄锡虞区为 7 个，阳澄淀泖区为 5 个，见表 5.1。沿江通江河道的闸底高程一般在 -0.5~0m，十分有利于太湖地区沿江引水补充地区水资源的不足和改善水环境。

表 5.1 沿江各片通江口门设计引水能力统计表

区 名	闸 名	闸 宽 /m	闸底高程 /m	闸引流量 /(m^3/s)	泵站流量 /(m^3/s)
湖西区	谏壁闸	57	-0.4	500	160
	九曲河闸	24	0	250	80
	孟城闸	18	0.5	100	
	小河闸	19	-1	340	
	魏村闸	24	0	300	60
	小计			1490	300
武澄锡虞区	澡港闸	16	0	100	40
	新沟闸	26	0.5	180	
	新夏港闸	10	-0.5	45	80
	白屈港闸	20	1	140	100
	张家港闸	32	-0.5	455	
	十一圩闸	14	0.5	120	
	江边枢纽	36	-1	108	
	小计			1148	220

续表

区 名	闸 名	闸 宽 /m	闸底高程 /m	闸引流量 /(m³/s)	泵站流量 /(m³/s)
阳澄淀泖区	浒浦闸	20.9	−1	484	
	白茆闸	37.5	−2	505	
	七浦闸	15	−0.5	282	
	杨林闸	16	0	261	
	浏河闸	75	−1	750	
	小计			2282	

沿江口门的自流引水能力，受口门建筑物的规模、长江潮位变化和设计引水条件限制。经统计，湖西区、武澄锡虞区和阳澄淀泖区沿江口门主要水闸设计引水规模分别为1490m³/s、1148m³/s 和2282m³/s。治太工程完成后，增加了6处泵站，设计引水流量共计520m³/s。

湖西区处于太湖上游，引水条件较好，是引水为主的区域；武澄锡虞区引排相当；阳澄淀泖区是太湖的下游，应该以排为主。

湖西区主要通江河道包括京杭运河（谏壁）、九曲河、新孟河和德胜港等，1980年以来，湖西区通江河道尽管是以引水为主，但受引江能力的限制，引江水量增加并不明显；武澄锡虞区面积不大，通江口门规模不大但数量较多，各口门引排水服务范围不大，历史上引排水量大致平衡，近几年来引江水量有上升趋势，排水量有下降趋势；阳澄淀泖区面积大，沿江口门服务范围广，且有一定引排水能力。历史上阳澄淀泖区沿江口门是以排为主的，1990年以来，由于水资源、水环境的需要，引江水量急剧上升，排江水量急剧下降。

根据各区域地形地貌、水系及沿江潮位特征，综合各区域引排关系变化过程，湖西区在一轮治太时实施了湖西引排工程（谏壁枢纽增容、九曲河及枢纽、德胜河枢纽等），但其引排能力特别是引水能力主要服务于湖西区灌溉引水，需要进一步加强引水能力建设；武澄锡虞区处于湖西下游，京杭运河穿过常州、无锡主城区，为实现河网有序流动，特别是目前运河以南水环境容量特低、其正常退水不能入太湖的情况下，需加强排水工程的建设；阳澄淀泖区主要通江口门包括白茆、七浦、杨林、浏河、浒浦等，为了区域水网水流有序流动，阳澄淀泖区可考虑部分口门以排为主，为弥补水资源量不足，需增强引水能力。

太湖入湖水量主要取决于上游湖西区、浙西区的自然径流，同时与望虞河、湖西引江水量有一定关系，随着始于1991年的一轮治太望虞河工程（引江济太）、湖西引排工程效益的发挥，太湖入湖水量呈稳步上升态势；太湖出湖口已全面控制，除洪水按有关调度规定泄洪外，下游用水（出湖水量）需受到太湖生态用水的限制，根据1986—2006年巡测资料统计，太湖出湖水量呈稳中下降趋势，这并不表明下游地区对太湖水资源需求的降低，而是太湖本身可供水能力的不足；从净入湖水量来看，20世纪80年代、90年代太湖湖面产流基本能满足太湖周边地区的用水需求，随着太湖周边地区用水量的增加和太湖取水口越来越多，净入湖水量已由负变正，也就是需要入湖水量大于出湖水量了。

因此，从太湖出入湖水量变化趋势分析，太湖首要的问题是增加入湖水量，在确保太湖生态安全的前提下，增加向下游地区的供水。

近年来，随着引江水量的增加，对改善太湖流域水环境是有益的，然而绝大部分口门引水而不排水，导致各区域河网不能形成有序流动，尤其是在枯水年，河网水位偏低，虽然大量引水，但是排江水量过少容易造成部分河网污染物滞留（如望虞河引江济太加上武澄锡虞区引水后导致望虞河西岸地区水环境恶化），无法形成有序的循环体系，引江水量再多也不能有效改善水环境。因此，沿江引排水量年际变化趋势表明，目前沿江口门引排关系不够合理，必须在加大引江水量的同时，更进一步加大排江水量。

5.2 典型调控方案下河网水系及湖泊水流驱动作用及其水循环系统水动力特性

5.2.1 走马塘工程

5.2.1.1 望虞河与西岸河网的水量交换

泄洪排涝期望虞河的主要任务为外泄太湖洪水北入长江，同时兼排澄锡虞高片地区的涝水。

为有利于西岸地区支河排水，并保护西岸半高地，目前望虞河泄洪时以琳桥站最高水位不超过 4.20m 作为望亭立交的控泄条件。因此，泄洪排涝期以西岸支河向望虞河排水为主，其中伯渎港、九里河、锡北运河、张家港四大主要支流是澄锡虞高片向望虞河排水的主要通道，其排入望虞河的涝水量约占整个西岸支流排入望虞河涝水量的 76%。根据望虞河及西岸地区代表站水位分析，在望虞河泄洪排涝期，青阳水位高出陈墅水位约 0.12m，无锡水位高出琳桥水位约 0.06m。

引水期望虞河的主要任务是将长江水引入太湖，但由于西岸部分支流口门敞开，尤其是伯渎港、九里河、锡北运河、张家港四大主要支流仍为敞开状态，因此，望虞河引水期与西岸敞开支流的水量交换十分频繁。

根据望虞河及西岸地区代表站水位分析，在望虞河引水期间，陈墅水位高出青阳水位约 0.03m，明显高于望虞河甘露水位、琳桥水位和无锡水位。水位分析表明，望虞河引水期，多数情况下白屈港控制线以西地区的水不会进入澄锡虞高片地区，进入望虞河的主要为澄锡虞高片地区产水。

在望虞河自引期间，受长江潮汐的影响，望虞河的水位、流量一天内出现两高两低的现象，而嘉菱荡以北的锡北运河、张家港等支流也受长江潮汐的影响，与望虞河的水量交换也出现两进两出的现象，总体上出望虞河的时间多、入望虞河的时间少，其中张家港较为明显。嘉菱荡以南的伯渎港、九里河等支流流向较为稳定，以入望虞河为主。在望虞河常熟枢纽通过泵站大流量引水时，嘉菱荡以北的西岸支流受望虞河高水位顶托，基本上不出现入望虞河的现象，水流主要由望虞河入西岸河网。嘉菱荡以南的西岸支流受望亭立交入湖水量的影响，仍有部分水流入望虞河。

5.2.1.2 排水影响

在 1975 年型 5 年一遇雨型条件下，望虞河西岸控制工程实施前，由京杭运河—伯渎港地区涝水入沈渎港后进入望虞河西岸控制后走马塘的洪水约有 $4m^3/s$，而入望虞河的流量约有 $2m^3/s$。实施西岸控制工程后，约 $6m^3/s$ 的区间洪水均进入走马塘工程而不入望虞河。伯渎港—锡北运河段涝水在西岸控制工程实施前，排涝主要通过九里河、锡北运河东排进入望虞河后排江，流量约有 $25m^3/s$，而通过走马塘工程北排的流量仅约 $10m^3/s$。而当望虞河西岸控制工程实施后，九里河、锡北运河东排望虞河的通道被控制，区间洪水通过走马塘北排长江的流量约 $16m^3/s$，而其余流量将通过走马塘西侧河网北排，从而抬高了期间望虞河西岸河网的水位约 3cm，而降低了望虞河张桥水位约 2cm。锡北运河—张家港段洪水考虑到上游沈渎港、伯渎港、九里河地区汇入的流量和该地区及其上游地区区间洪水流量合计约 $70m^3/s$。在望虞河西岸控制工程实施前，通过锡北运河和张家港河东排望虞河的流量约 $30m^3/s$，通过走马塘工程北排的流量约 $25m^3/s$，而通过东青河经十一圩港北排长江的流量约 $15m^3/s$。西岸控制工程实施后，通过张家港河东排望虞河的流量约 $15m^3/s$，通过东青河经十一圩港北排长江的流量约 $18m^3/s$，其余约 $38m^3/s$ 经走马塘北排长江。张家港—长江段走马塘洪水主要有张家港河退水闸下泄的洪水和走马塘上游来水及七干河来水，其中七干河来水可达 $70m^3/s$，张家港枢纽退水闸下泄的流量约 $15m^3/s$。望虞河西岸控制工程实施前，走马塘上游来水约 $25m^3/s$，而实施后上游来水约 $38m^3/s$。故西岸控制工程实施前，走马塘外排长江流量约 $110m^3/s$，而西岸控制工程实施后外排长江流量约 $123m^3/s$。综合以上分析可知：望虞河西岸控制工程实施后，在 1975 年型 5 年一遇雨型条件下，将改变锡北运河（包含锡北运河）以北区域洪水东排望虞河并通过望虞河外排长江的局面，而改走马塘北排长江，望虞河以西河网因此水位有所抬升，南部河网水位抬升 3cm，而望虞河南段水位降低 2cm。两种工况流量分配情况对比如图 5.1（文后附彩插）和图 5.2（文后附彩插）所示。

在 1990 年型 50 年一遇雨型条件下，即使望虞河西岸控制工程完成后，由于超过了走马塘下泄洪水能力和标准，故望虞河西岸控制工程闸门全线打开，与西岸控制工程未实施前一致。望虞河西部河网地区的洪水经走马塘下泄后多余的洪水全经望虞河外排长江，防洪排涝格局未变。但与走马塘工程实施前相比，增加了区域洪水北排长江的能力，减轻了望虞河下泄洪水的压力，也减轻了流域防洪压力。

5.2.1.3 引水影响

望虞河引水流量 $100m^3/s$ 时，现状工况条件下，望虞河西岸控制工程未实施前，此时为防止望虞河引水经锡北运河、走马塘北排长江，引水期间张家港枢纽节制闸、泵站必须关闭。故此时望虞河以西河网上片来水由于望虞河引水而无法通过走马塘北排，从而使得望虞河以西、走马塘张家港枢纽以南的河网水位有所升高。水位升高值与上游片区的来水情况有关，在平水年非排涝期间，水位抬升一般在 18cm 以内，水位抬升情况如图 5.3（文后附彩插）所示。当望虞河引水流量 $200m^3/s$ 时，现状工况条件下，水位抬升进一步加剧，一般抬升在 21cm 以内，水位抬升情况如图 5.4（文后附彩插）所示。

规划工况条件下，望虞河西岸控制工程运行后，由于走马塘工程排水能力强，望虞河西岸河网在望虞河引水期间水位抬升现象将有所减弱，基本不会产生排水不畅而水位抬升

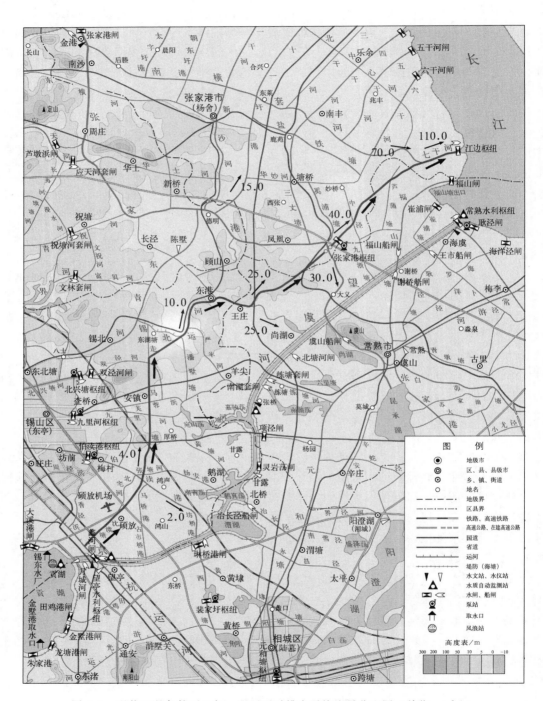

图 5.1　现状工况条件下 5 年一遇雨型时排水平均流量分配图（单位：m³/s）

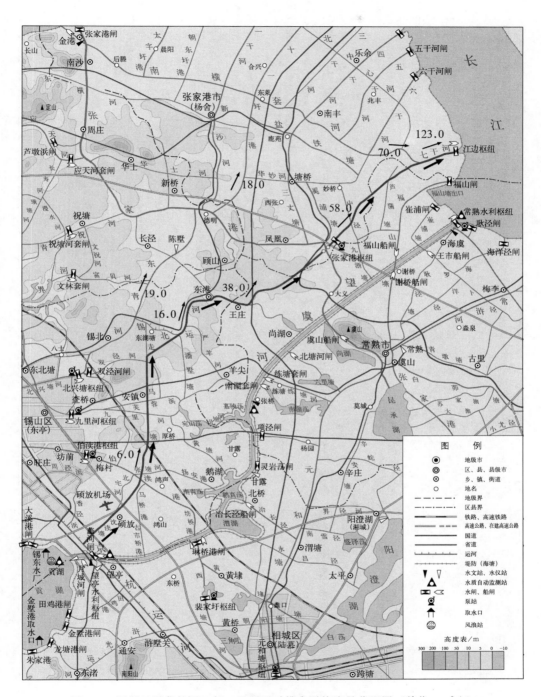

图 5.2　规划工况条件下 5 年一遇雨型时排水平均流量分配图（单位：m³/s）

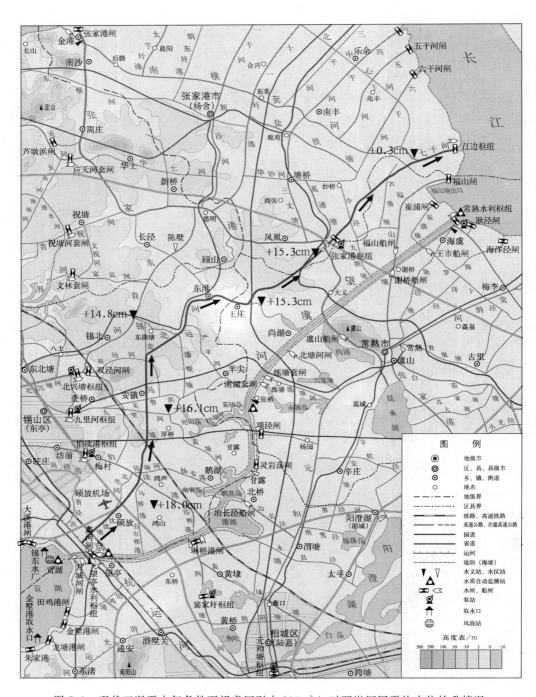

图 5.3　现状工况平水年条件下望虞河引水 100m³/s 时西岸河网平均水位抬升情况

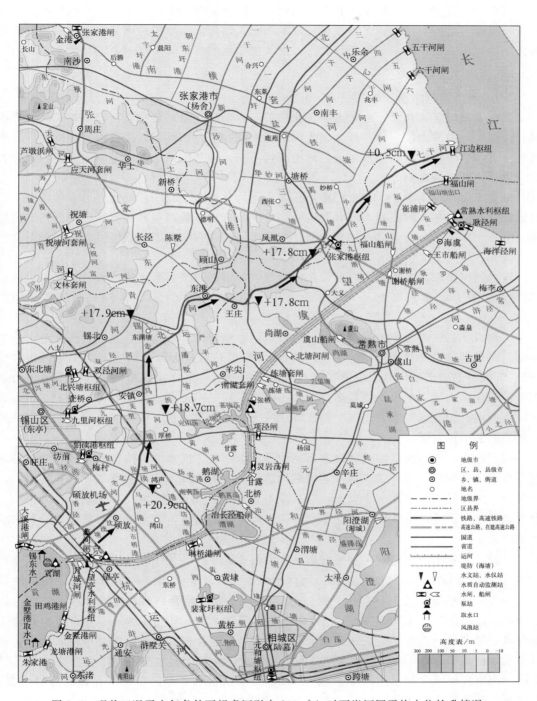

图 5.4　现状工况平水年条件下望虞河引水 200m³/s 时西岸河网平均水位抬升情况

的现象。但同时也造成了走马塘与望虞河之间河网水体流动性变差的问题。

与现状工况相比，在望虞河非引水期间，即使望虞河西岸控制工程处于敞开状态，走马塘与望虞河之间河网水体流动性将较现状工况大幅降低。原锡北运河、九里河、伯渎港有大量的过境水被导向走马塘工程北排，进入望虞河的流量分别削减70%、61%和39%。

5.2.2 新沟河延伸拓浚工程

5.2.2.1 现状河网水量交换

武澄锡虞地区是长江下游太湖流域北部的一片低洼平原，北临长江，依赖长江大堤抵御长江洪水，南滨太湖，依靠环太湖大堤阻挡太湖高水，西部以武澄锡西控制线为界，东部至望虞河东岸。区域内地形复杂，地面高程不一，内部以白屈港东控制线为界，又分为武澄锡低片及澄锡虞高片。

澄锡虞高片总面积1431km²，地势总体走向为北高南低，一般高程在6.0m以上。武澄锡低片则是夹在湖西高亢平原和澄锡虞高片间的低地，地势呈现四周高腹部低，地面高程一般在4.0～5.0m，尤以西部北塘河、中部漕河两侧和南端无锡城区及其附近地面高程最为低洼，仅为2.8～3.5m。

区内河网密布，苏南运河自西向东经常州、无锡两市区贯穿本区，可分为运河以北片（简称运北片）和运河以南片（简称运南片），大体可分为入江、入湖和内部调节河道三类。

运河以北通江骨干河道有白屈港、锡澄运河、新夏港、新沟河、澡港、张家港、十一圩港、走马塘（走马塘拓浚延伸工程现已建成），走马塘是为解决望虞河西岸地区排水受"引江济太"期间望虞河高水位顶托致涝而延伸拓浚的一条排水通道，延伸拓浚河道自京杭运河沿沈渎港接老的走马塘段通过锡北运河东段后，沿澄虞边界新开河道接七干河入长江；东西向有锡北运河、九里河、伯渎港、应天河等调节河道，以及北塘河、三山港和采菱港等内部引排河道。

运河以南、梁溪河以西地区，沿运河地形高，水流方向由北向南流动，较大的入湖河道有直湖港和武进港等；梁溪河及其以东地区，较大的入湖河道还有曹王泾、蠡河等，这些河道，由于运河及本地区水质差，为减少对梅梁湖、贡湖的影响，一般不向太湖排水。由于地形北高西低的特殊性，加之本地区污染严重，武进港、直湖港是水质最难改善的少数地区之一。

汛期，当锡澄地区河网水位（青阳站）超过3.5m时，充分利用长江低潮时开启沿江13座节制闸向长江排水，以降低内部河网水位；当长江潮位高于内河水位时，则关闸挡潮。当青阳站水位超过4.5m时，沿江白屈港套闸、新夏港套闸服从排涝，在长江潮位低于4.5m时，有控制地开闸排水。当青阳站水位超过4.5m而沿江水闸不能自排时，启动新夏港泵站和白屈港泵站向长江排涝水。非汛期，干旱期间和农业灌溉集中用水期间，当青阳站水位低于3.2m时，沿江水闸开闸引长江水，补充内河水量。澡港枢纽泵站在抗旱阶段，当京杭运河常州水位低于3.0m时，在节制闸引水不足的情况下，做好开机准备，由常州市防汛防旱指挥部确定开机时间和引水流量，当常州站水位稳定在3.2m时停机；在汛期排涝阶段，当京杭运河常州水位超过5.0m，又遇长江潮水顶托，节制闸自排不足时，做好开机准备，由常州市防汛防旱指挥部确定开机时间和排水流量，当常州站水位降低到 4.8m 时停机；遇特大洪涝或特大干旱年时，由江苏省、常州市两级防汛防旱指挥部视流域防洪、供水需要下达调度指令。

经统计，青阳站日水位低于 3.2m 的概率约 10％，高于 4.5m 的概率约 13％。该站日水位高于 3.5m 而低于 4.5m 的概率约为 50％，此时沿江口门处于挡潮排水状态。该站日水位低于 3.5m 而高于 3.2m 的概率为 27％，此时沿江口门处于关闸保持水资源状态。运北片大部分时间处于排水挡潮状态，引水概率约 10％。但据统计，2000 年以后，包括白屈港枢纽在内，该区年引江水量约 6 亿 m^3，而排江水量仅约 2 亿 m^3。

根据《太湖流域综合治理总体规划方案》调度原则，武澄锡虞区沿江口门引水后，西部澡港的引江水汇入运河、沿运河下泄；锡澄运河及以西河道，包括桃花港、利港、申港的引水汇入西横河和北塘河后，分别经西横河、北塘河和三山港等汇入运河，包括经锡澄运河引入的长江水，通过运河望亭立交与伯渎港和九里河分别向东排入淀泖区和望虞河；新沟河与锡澄运河间的西横河、黄昌河等流量较小。白屈港引江水后，则通过东横河、应天河、冯泾河等东流入张家港等，汇入望虞河，向无锡城区方向输送的水极少。

现状工况条件下，引水流量分配如图 5.5（文后附彩插）所示。引水主要通过澡港、新沟河、白屈港等河流实现，总引水流量达到约 200m^3/s。引水进入河网后向运河、三山港、漕河、张家港、锡北运河等河流汇集，汇集后向东流。现状引水对运南片直武地区河流基本没有作用。

运河以南地区由于运河水位略高，武进港、直湖港的水基本上是由北向南流入太湖；无锡城区的梁溪河及以东河道水流则随太湖与运河水位的不同状态而变化。

武澄锡低片常州境内的环太湖口门主要有武进港枢纽和雅浦港枢纽，调度方式是：当常州雪堰水位高于 4.0m 开雅浦港闸排水，当水位高于 4.2m 开武进港闸排水。近几年，由于内河水质差，为防止内河水对太湖水源地造成污染，武进港和雅浦港枢纽闸门一直处于关闭状态，对武进区运南片排水影响较大。正因为此，目前直武地区 5 年一遇以下涝水既不能北排长江，又不能由武进港、直湖港直接排入太湖，造成该区域部分涝水迂回太滆运河入湖。太滆运河大部分为湖西区径流和引江水的过境水。

5.2.2.2 排水影响

在 1975 年型 5 年一遇雨型条件下，排水格局如图 5.6（文后附彩插）和图 5.7（文后附彩插）所示。现状工况下（新沟河延伸拓浚工程未实施），由武澄锡区运北片排水均向北排入长江。新沟河延伸拓浚工程实施后，排涝期间运北片新沟河两岸口门均处于敞开状态，排水路径的总体格局未改变。新沟河排水流量受到直武地区排水的影响而增大。由原来的约 60m^3/s 增加到约 130m^3/s，造成对各个口门的西侧河网向东排水的水流受到顶托，流量减小，增加了澡港、桃花港、利港、申港北排长江的流量，其中申港流量增加最多，由原来的约 15m^3/s 增加到约 30m^3/s，增加了约 1 倍。新沟河西侧武澄锡区运北片排水量最大的是澡港，其次是利港，现状工况下排水分别约 70m^3/s、50m^3/s，受新沟河排水流量增大顶托的影响，在规划工况条件下，排水分别可增加到约 75m^3/s、60m^3/s。与新沟河较近的新夏港枢纽排水流量也有所增加，由原来的约 80m^3/s 增加到约 95m^3/s。沿江口门共计增加排水流量约 115m^3/s。运北片 5 年一遇雨型条件下，内河水位也略有增加，西横河、北塘河水位增加相对较大，分别增加 4cm、2cm，对整体防洪压力无明显影响。

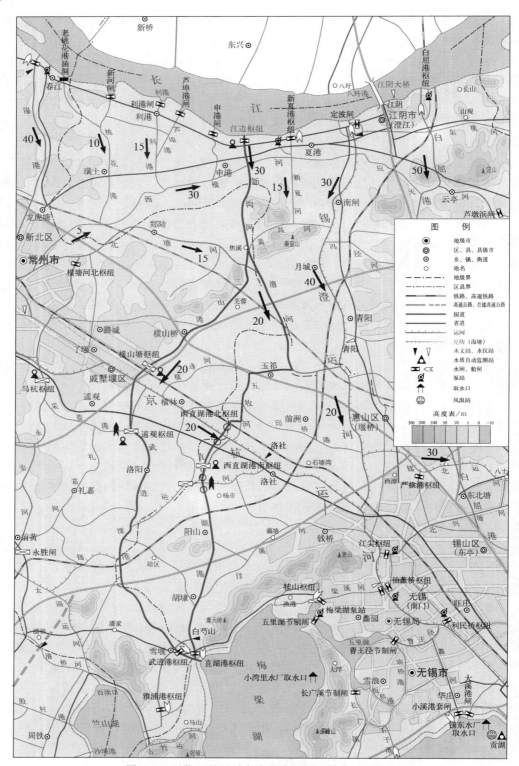

图 5.5　现状工况下引水流量分配图（单位：m³/s）

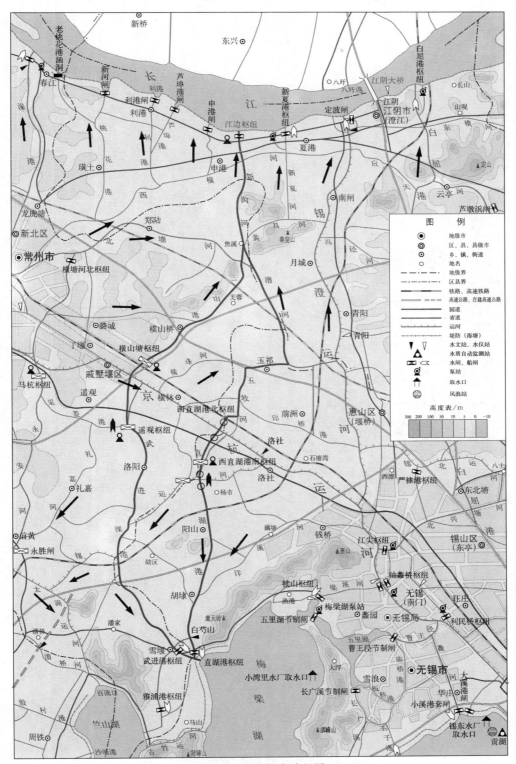

图 5.6　现状排水路径图

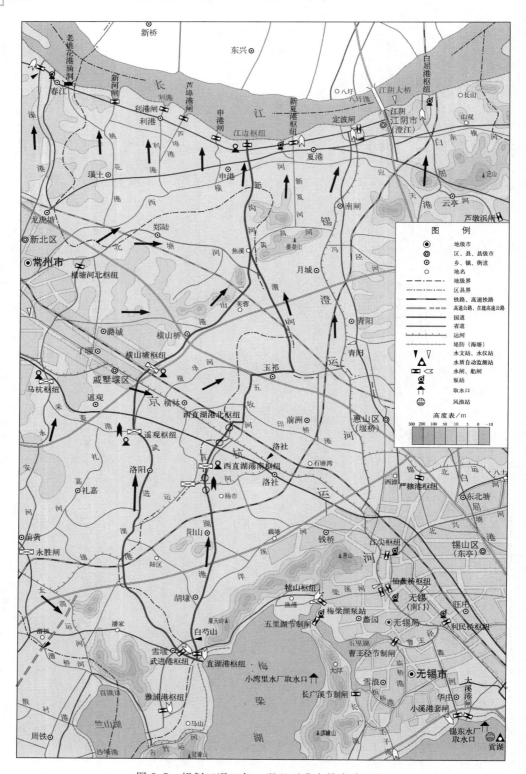

图 5.7 规划工况 5 年一遇以下涝水排水路径图

在 1975 年型 5 年一遇雨型条件下，现状工况下直武地区涝水大部分经直湖港、武进港排入太湖梅梁湖水域，流量分别约 $60 m^3/s$ 和 $40 m^3/s$，而迂回太滆运河排入太湖的涝水流量约 $15 m^3/s$。新沟河延伸拓浚工程实施后，直武地区涝水改为北排长江，且通过武澄锡西控制线和新建的永胜闸控制区间涝水迂回太滆运河进入太湖竺山湖，水质条件较差的水流被限制入太湖，改为北排长江，对改善太湖水环境具有非常重要的意义。

5.2.2.3　引水影响

为满足新沟河向梅梁湖应急供水的要求，减少沿程水量损失和防止两岸支流水质影响入湖水质要求，根据工程布局对新沟河、漕河—五牧河、直湖港沿线两岸敞开的支河口门进行控制，确保优质长江水进入太湖的量与质。

新沟河引水时，现新沟河、漕河—五牧河、直湖港沿线口门实行控制，造成引水沿线两岸运北片河网和直武地区河网水体流动性降低。引水线路西岸运北片河网水位有所抬升，水位抬升最多的是西横河，水位抬升 7cm，水体流动性大幅降低，流速由原来的 0.2m/s 降低到滞流。直武地区本来非汛期水体流动性较差，引水封闭口门的影响较小，两岸河网水位抬升不明显。

由于新沟河引水仅在应急条件下运行，故引水时间不会过长，考虑不超过 15 天，对区域水环境而言，这种影响主要是短暂的，不会对区域水环境造成重大不利影响。

5.2.3　新孟河延伸拓浚工程

5.2.3.1　现状河网水量交换

湖西区地形复杂，西、南部分别为茅山山区、宜溧山区，北倚长江，东以武澄锡西控制线与武澄锡低片相邻。本区 10m 等高线以上的面积占区域总面积的 40%，其余均为平原和圩区。地势总的呈西北高、东南低，周边高、腹部低，逐渐向太湖倾斜的趋势。腹部低洼中又有高地，高低交错，圩区间隔其间，总面积为 $7791 km^2$。

湖西区有洮湖、滆湖、钱资荡和东氿、西氿等大中型天然湖泊，通江、入湖及内部调节主要河道几十条，这些湖泊和河道组成了湖西区河湖相连、纵横交错的河网水系。根据地形及水流情况，可分为三大水系：

（1）北部运河水系，以京杭运河为骨干河道，经京杭运河、九曲河、新孟河、德胜河入江。

（2）中部洮滆水系，主要由胜利河、通济河等山区河道承接西部茅山及丹阳、金坛一带高地来水，经由湟里河、北干河、中干部等河道入洮湖、滆湖调节，经太滆运河、殷村港、烧香港及湛渎港等河道入太湖。洮湖、滆湖面积分别约为 $89 km^2$ 和 $147 km^2$。

（3）南部南河水系，古称荆溪，发源于宜溧山区和茅山山区，以南河为干流，包括南河、中河、北河及其支流，经溧阳、宜兴汇集两岸来水经西氿、东氿，由城东港及附近诸港入太湖。

三大水系间有南北向河道丹金溧漕河、越渎河、扁担河、武宜运河等连接，形成南北东西相通的平原水网。

湖西区处于太湖流域的上游，过境水量大，但是可利用水量很少，水资源量不足，水环境状况相对较好，水质基本处于Ⅲ～Ⅳ类，因此，该区水资源量短缺是急需解决的问题。此外，湖西区具有较强的引江能力，沿江的抽水站总的引排能力达 300m³/s，引江水量除补充本区域用水外，最主要的是补充太湖水，以供流域用水。

湖西沿江地形高、东南与太湖结合部位地面低，在现状工况下，湖西区引长江水改善水环境的调水线路比较单一，由谏壁枢纽、九曲河枢纽、新孟河闸、魏村枢纽和澡港枢纽按照丹阳、常州站水位进行引江。谏壁闸引进的长江水（包括泵站抽引水）经运河至丹阳城区，与九曲河引水汇合后，分成两股：一股沿运河继续东泄，直往常州城区，沿线与新孟河、德胜河引水汇合后，分别经扁担河、武宜运河（考虑上段改道）进入滆湖或太滆运河；另一股经丹金漕河向南，到金坛后又分成两股，一股通过清水溪（白石港）入洮湖，另一股经过别桥进入北河、中河、南河地区。从丹金漕河、扁担河、武宜河进入南河、洮湖和滆湖的水，最终仍归流太湖。现状工况条件下引水线路如图 5.8（文后附彩插）所示。

现状工况下，湖西区防洪排涝路径如图 5.9（文后附彩插）所示。防洪排涝期间，沿江口门挡潮排涝，运河以北水系主要向北排江，运河主要将西部茅山及丹阳、金坛一带高地来水向东输送，一面北排长江，一面南排洮滆水系，剩余水量继续向东进入武澄锡虞区。发源于宜溧山区和茅山山区南部南河水系，以南河为干流，包括南河、中河、北河及其支流，经溧阳、宜兴汇集两岸来水经西汆、东汆，由城东港及附近诸港入太湖，部分多余水量经丹金溧漕河北排经洮湖、滆湖入太湖。

5.2.3.2 引水影响

新孟河延伸拓浚工程建成后，增加引江济太入湖水量，预计平水年引江入湖水量25.2 亿 m³。通过促进湖西区河网水体循环和整体河网的有序流动，提高水环境容量，改善湖西区河网水质条件，从而达到改善太湖竺山湖水质的目的。

根据规划，新孟河引水时，运河以北两岸支河口门有效控制，但可适当向两岸区域供水。运河以北区域原来与新孟河相连的主要有浦河、十里横河、永丰河，其中浦河汇入新孟河处建有节制闸控制。平时，这些河流与新孟河的水量交换非常小。引水期间，采取全封闭形式，且允许适当补充区域水量，这样新孟河引水工程实施后，新孟河水位将抬高20cm 左右，甚至可增加向两岸补充的长江水量。运河以南区域，由于新孟河引水工程的实施，新孟河延伸段在批复的规划中暂且不对两岸封闭，水位从北向南增幅降低。北部新鹤西河以北至京杭运河之间的新孟河延伸段水位将比工程前相近河网水位增加约24cm。与新孟河延伸河段相交的河道比较大的依次有夏溪河、湟里河、新鹤西河和皇塘河。其中新鹤西河和皇塘河是运河水流通过越渎河向扁担河、孟津河汇流的通道，经扁担河、孟津河后入滆湖。夏溪河流量较大，是沟通丹金溧漕河和孟津河的主要通道，是仅次于扁担河从京杭运河汇入滆湖的通道。新鹤西河、夏溪河受到新孟河水位抬升的影响较大，这两河在新孟河以东入扁担河、孟的流量将大幅增加，分别达到 21m³/s 和 37m³/s。新孟河部分引水量将沿新鹤西河绕道丹金溧漕河进入洮湖，也有部分引水量沿夏溪河经钱资荡进入洮湖，并经由北干河进入滆湖。湟里河是沟通洮湖和滆湖的重要通道，引水期间新孟河延长段以东湟里河流量将增加到48m³/s。北干河拓浚后，水量也将大幅增加，约以 50m³/s入滆湖。规划工况条件下引水线路如图 5.10（文后附彩插）所示。

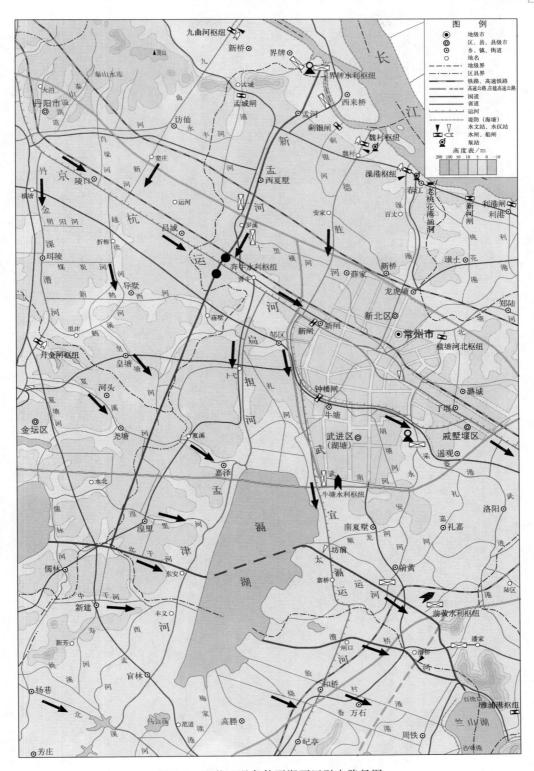

图 5.8　现状工况条件下湖西区引水路径图

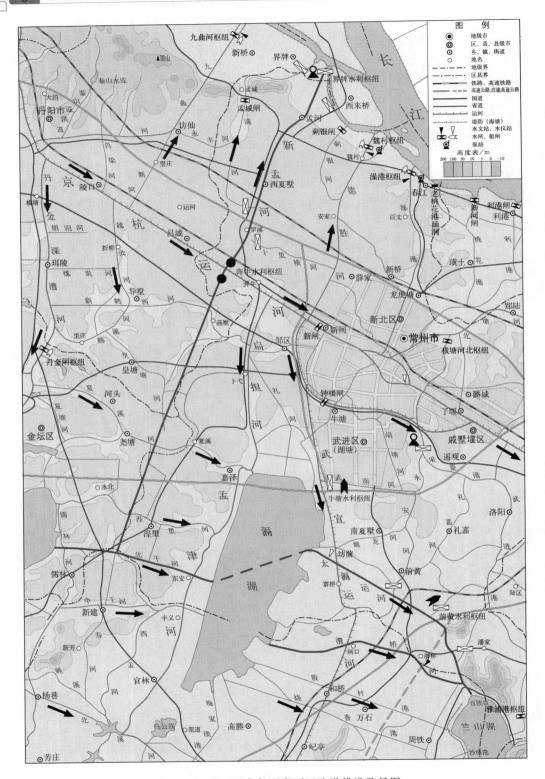

图 5.9　现状工况条件下湖西区防洪排涝路径图

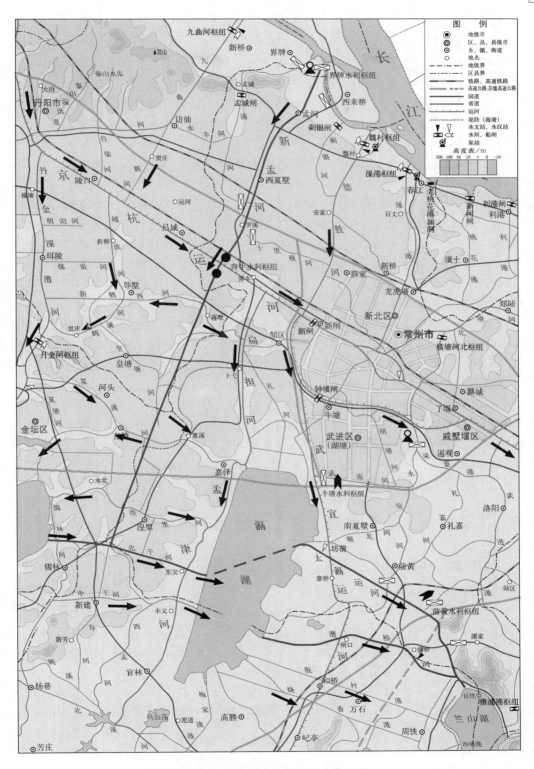

图 5.10　规划工况条件下引水路径图

5.2.3.3 排水影响

湖西区地势低洼,如遇太湖较高水位顶托,北排长江基本没有通道,排涝压力非常大。新孟河延伸拓浚工程为湖西区防洪压力的缓解提供了重要工程措施和能力,可为运河以南的湖西区涝水北排长江提供一条北排能力达到 300m³/s 的通道。

经河网数学模型模拟计算,由于排涝期间运河以北新孟河两岸支河口门不控制,新孟河两岸的涝水均往新孟河汇流,但由于新孟河两岸支河断面均较小,汇流流量不大。在 5 年一遇雨型条件下运河以北区域河网新孟河两岸汇流流量约 40m³/s,而运河以南河网通过奔牛水利枢纽的流量约 150m³/s,江边枢纽外排流量达到 190m³/s 就可以满足北排长江的能力。在 50 年一遇雨型条件下,运河以北区域河网新孟河两岸汇流流量约 70m³/s,而运河以南河网通过奔牛水利枢纽的流量约 230m³/s,江边枢纽外排流量须达到最大泄流能力 300m³/s,以便缓解南部河网防洪排涝压力。这 230m³/s 水流流量大部分来自洮湖,也就是说入滆湖的流量将大幅减少,但由于丹金溧漕河、扁担河在新孟河延伸工程实施后入洮湖和滆湖的流量有所增加,入滆湖的流量将减少约 140m³/s。同样的,京杭运河通过武宜运河南排的流量增加约 20m³/s,入太湖的河道流量将减少 120m³/s。在 50 年一遇雨型条件下,丹阳水位下降 0.04m,金坛水位下降 0.23m,坊前水位下降 0.11m,宜兴水位下降 0.05m,常州水位下降 0.09m。可见,新孟河延伸拓浚工程实施后,不仅降低了湖西区运河以南河网洪涝灾害的风险,也降低了运河排涝的压力,降低了常州、无锡等地的防洪压力,还在一定程度上降低了南部南河水系的防洪压力。减少了湖西区洪水入滆湖和太湖的水量,减少了洪水期间入太湖污染物的量。

规划工况下,湖西区防洪排涝路径如图 5.11(文后附彩插)所示。从排水格局看,原来京杭运河来水,西部茅山及丹阳、金坛一带高地来水,宜溧山区和南部茅山山区高地来水均通过湖西区往太湖汇流的大格局有所改变,以新孟河延伸拓浚工程为界,西部茅山及丹阳、金坛一带高地来水,京杭运河来水可经新孟河延伸拓浚工程外排长江,为湖西区洪涝水量增添了一条新出路。

5.3 江湖水系连通工程对流域水环境的改善效应

5.3.1 走马塘工程

现状望虞河西岸区域河网水体污染严重,基本常年为劣 V 类,不能达到水体功能要求,主要污染因子为 NH_3-N、TP 和 COD_{Mn},属有机类污染。区域河网超标严重现象主要出现在 10 月—次年 4 月的非汛期,汛期水质一般优于非汛期。

近年来贡湖水体水质基本处在 IV～劣 V 类水平,不能满足其 III 类功能区要求,主要超标因子为 TP 和 TN,富营养水平维持在轻～中营养水平。

长江望虞河入江段上下游水体近年来基本维持在 III 类水平,不能满足该江段 II 类水功能区要求,主要超标因子是 TP。根据补充监测结果,该长江段水体水质随潮汐变化不大。

5.3.1.1 望虞河西岸河网水体污染特点

望虞河西岸是典型的平原河网区,水系交错相连。伴随着工农业的高速发展,各类废

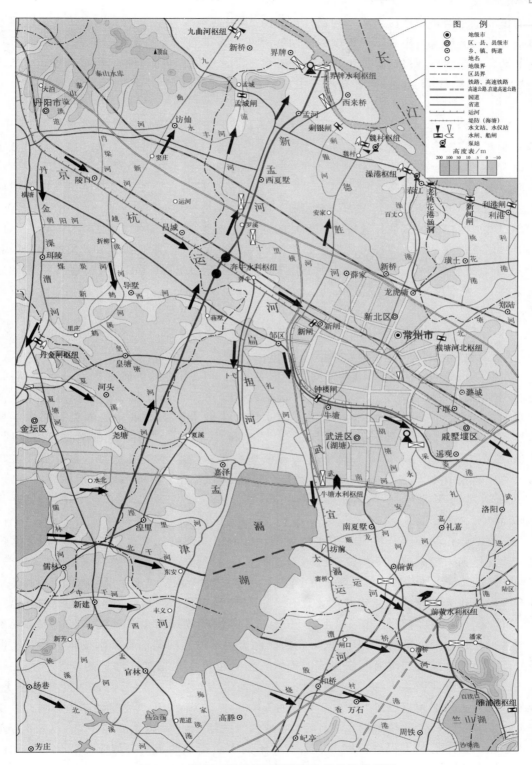

图 5.11 规划工况条件下湖西区防洪排涝路径图

水的排放量剧增，该地区水环境问题日益突出。"引江济太"工程的实施也使得望虞河水位抬升，该区域水流出现不同程度的流动性降低，甚至滞流。西岸张家港河、锡北运河、九浙塘、伯渎港、九里河等支流水质均处于劣Ⅴ类，以氮磷超标为主。根据调查，生活污染是西岸河网水体污染的主要来源，占氮磷来源的50%以上；其次是工业污染和农业污染。

望虞河西岸含城镇人口276万人，农村人口251万人，人口密度达到2235人/km²，是江苏省人口密度的3倍，比江苏省太湖流域平均人口密度高出约23%。据统计，截至2012年，该区域内生活污水处理率不足40%，城镇生活污水集中处理率不足60%，大量生活污水未经处理直接排入周围河网水体。现有的54座污水处理厂多数不具备脱氮脱磷工艺，处理标准普遍不高，无法达到太湖流域一级A类标准。

望虞河西岸地区工业比较发达，区域内共有工业企业2万多家，以纺织印染、冶金、化工、化纤、电子为主；经济开发区和工业集中区有52个，其中国家级开发区4个，省级11个，市级6个，县（区）级31个。工业废水处理以去除COD为主，缺少配套的脱氮除磷工艺，TN等污染指标还未纳入污染治理和控制指标。区内工业废水集中处理率较低，仅为45%。

从区域排放来看，张家港市和江阴市是氮磷的主要贡献地，其次是锡山区。

5.3.1.2　对望虞河引水水质的影响

现状工况条件下，望虞河大流量引水时，嘉菱荡以南河网仍然有水流进入望虞河。每次引水初期，大量西岸来水与望虞河引水混合。由于西岸支流水体水质差，望虞河引水时沿程汇入的西岸支河水流对望虞河水质产生较大影响。水质监测资料和数学模型模拟均表明，除TP外，TN、NH_3-N、TP和COD_{Mn}等水质指标在望虞河引水时，各断面水质自江边向太湖方向总体呈现逐渐恶化趋势，常熟枢纽闸内—嘉菱荡段各项污染物指标均比长江水流引入时有所上升；穿过嘉菱荡后，各项污染物指标有所下降，其中对望虞河引水水质影响最大的是NH_3-N和TN，NH_3-N浓度沿程上升可达50%。

根据数学模型模拟分析，以平水年为例，常熟望虞闸引江流量为200m³/s时，张家港、锡北运河入望虞河的平均流量约占引江流量的10%，且水质较差，张家港、锡北运河两支河汇入的水体是造成望虞河干流望虞闸断面至甘露大桥沿线水质指标特别是NH_3-N和TN发生较大变化的主要影响因素之一。西岸控制工程实施后，引水期间望虞河沿线TN、NH_3-N浓度将降低30%以上。TP经过嘉菱荡等湖荡后由于随泥沙吸附沉降而致浓度降低较快。经降解后，TP进入太湖的浓度仍然难以达到湖泊Ⅲ类水要求。现状工况条件下，COD_{Mn}随着望虞河西岸支流的汇入，沿程浓度明显增加，增加约50%。而在规划工况下，望虞河西岸COD_{Mn}污染仅从张家港河进入望虞河，而后沿程浓度变化不大。规划工况对引水期间望虞河DO浓度变化的影响较小，沿程变化主要受湖荡的影响，湖荡中DO浓度较高，经过嘉菱荡等湖荡后DO浓度能达到8mg/L以上。表5.2～表5.6分别为引水期间西岸控制工程对望虞河沿线水体不同水质指数的影响，相应的变化趋势如图5.12～图5.16所示。

表 5.2　　　　　　引水期间西岸控制工程对望虞河沿线水体 NH₃ - N 浓度影响　　　单位：mg/L

引水流量/(m³/s)	100		200	
工况	现状	规划	现状	规划
望虞闸内	1.00	1.00	1.00	1.00
大义（望）	1.18	1.00	1.08	1.00
张桥（望）	1.47	1.21	1.21	1.05
甘露大桥	1.56	1.17	1.14	1.03
北桥	1.49	1.05	1.11	1.02
大桥角新桥	1.45	1.03	1.07	1.00

表 5.3　　　　　　引水期间西岸控制工程对望虞河沿线水体 TN 浓度影响　　　单位：mg/L

引水流量/(m³/s)	100		200	
工况	现状	规划	现状	规划
望虞闸内	1.00	1.00	1.00	1.00
大义（望）	1.25	1.00	1.18	1.00
张桥（望）	1.87	1.38	1.42	1.17
甘露大桥	1.89	1.24	1.45	1.15
北桥	1.87	1.19	1.41	1.14
大桥角新桥	1.84	1.18	1.40	1.12

表 5.4　　　　　　引水期间西岸控制工程对望虞河沿线水体 TP 浓度影响　　　单位：mg/L

引水流量/(m³/s)	100		200	
工况	现状	规划	现状	规划
望虞闸内	0.20	0.20	0.20	0.20
大义（望）	0.21	0.19	0.21	0.19
张桥（望）	0.28	0.23	0.23	0.21
甘露大桥	0.20	0.18	0.18	0.18
北桥	0.17	0.14	0.15	0.16
大桥角新桥	0.15	0.12	0.13	0.15

表 5.5　　　　　　引水期间西岸控制工程对望虞河沿线水体 COD_Mn 浓度影响　　　单位：mg/L

引水流量/(m³/s)	100		200	
工况	现状	规划	现状	规划
望虞闸内	3.0	3.0	3.0	3.0
大义（望）	3.4	3.0	3.2	3.0
张桥（望）	4.8	3.9	3.8	3.4
甘露大桥	5.1	3.9	3.9	3.4
北桥	5.2	3.9	4.1	3.4
大桥角新桥	5.3	3.8	4.1	3.4

表 5.6 　　　　　　　引水期间西岸控制工程对望虞河沿线水体 DO 浓度影响　　　　单位：mg/L

引水流量/(m³/s)	100		200	
工况	现状	规划	现状	规划
望虞闸内	5.0	5.0	5.0	5.0
大义（望）	5.0	5.0	5.0	5.0
张桥（望）	4.7	4.9	4.8	4.9
甘露大桥	6.2	6.3	6.3	6.4
北桥	8.4	8.7	8.8	9.0
大桥角新桥	8.2	8.2	8.7	8.8

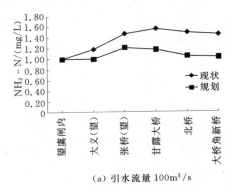

（a）引水流量 100m³/s　　　　　　（b）引水流量 200m³/s

图 5.12　引水期间西岸控制工程对望虞河沿线水体 NH₃ - N 浓度影响

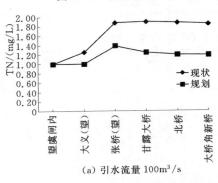
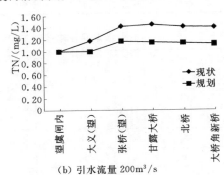

（a）引水流量 100m³/s　　　　　　（b）引水流量 200m³/s

图 5.13　引水期间西岸控制工程对望虞河沿线水体 TN 浓度影响

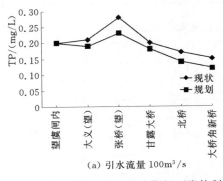
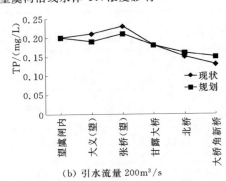

（a）引水流量 100m³/s　　　　　　（b）引水流量 200m³/s

图 5.14　引水期间西岸控制工程对望虞河沿线水体 TP 浓度影响

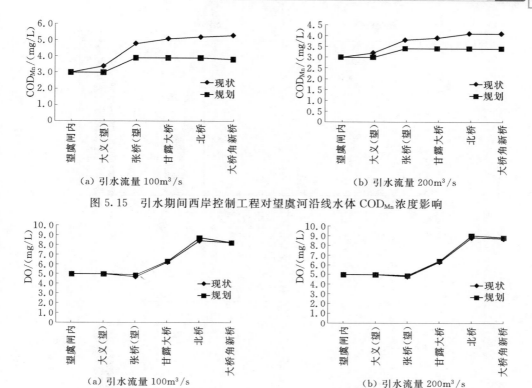

图 5.15　引水期间西岸控制工程对望虞河沿线水体 COD_{Mn} 浓度影响

图 5.16　引水期间西岸控制工程对望虞河沿线水体 DO 浓度影响

5.3.1.3　对入贡湖湾水体水质的影响

望虞河引江期间，规划工况条件下，除张家港外，西岸各口门均处于控制状态。表 5.7 和图 5.17 为引水期间西岸控制工程对望虞河入湖水质影响结果。分析可见，平水年型下，在望虞河连续引江济太期间，规划工况较现状工况望虞河入湖水体 COD_{Mn} 降幅为 25%，规划工况条件下入湖水体 COD_{Mn} 能达到 Ⅱ 类水标准，较现状工况入湖水质提高一个等级。规划工况较现状工况入湖水体 NH_3-N 浓度降幅约为 40%，入湖水体 NH_3-N 浓度达到 Ⅳ 类水标准；入湖水体 TN 浓度降幅约为 30%，入湖水体 TN 浓度达到 Ⅳ 类水标准；入湖水体 TP 浓度降幅约为 20%，入湖水体 TP 浓度达到河流水质标准的 Ⅲ 类水标准（湖库的 Ⅳ 类水标准）；DO 入湖浓度变化不大。从上述结果看，西岸控制工程对望虞河引水入湖水体水质提升作用显著，对保障望虞河引水水质意义重大。

表 5.7　　　　　　　引水期间西岸控制工程对望虞河入湖水质影响　　　　　　单位：mg/L

引水流量/(m³/s)	100		200	
工况	现状	规划	现状	规划
NH_3-N	1.54	1.05	1.09	1.02
TN	1.89	1.20	1.45	1.14
TP	0.17	0.13	0.15	0.15
COD_{Mn}	5.5	3.9	4.3	3.5
DO	8.0	8.0	8.5	8.6

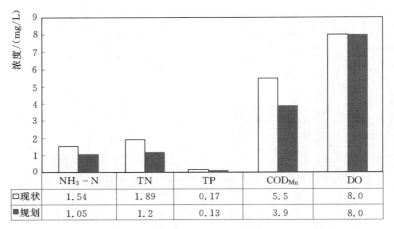

（a）100m³/s 引水流量

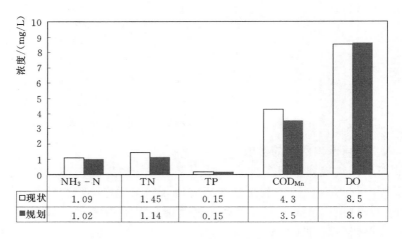

（b）200m³/s 引水流量

图 5.17 引水期间西岸控制工程对望虞河入湖水体水质影响

5.3.1.4 对望虞河西岸河网水环境的影响

由于望虞河由原来的以排水为主改为现在的引排兼顾、以引为主，在调水引流期间，由于望虞河东岸口门在引江过程中控制排放流量不超过引水量的 30% 或最大引水量不超过 40m³/s，常熟枢纽引江水量绝大部分输入太湖和西岸支流，因此，主要考虑调水引流对望虞河西岸河网水质的影响。望虞河西岸控制工程对引江期间西岸地区河网水质产生一定程度的不良影响，不良影响的消除必须结合区域大力治污和综合调控进行。

表 5.8～表 5.11 为引水期间西岸控制工程对望虞河西岸河网水体水质指数浓度影响结果。与现状工况相比，走马塘工程的实施可在较大程度上缓解引水期间走马塘以西河网的水质恶化问题。其中锡北运河以南、以西地区河网的水体 COD_{Mn} 浓度下降最多，九里河、锡北运河、伯渎港上游走马塘以西河段水体 $NH_3 - N$、TN、TP 浓度下降较多，伯渎港闸、九里河闸、查桥、安镇等站水体 $NH_3 - N$、TN 浓度下降 20%～40%，TP 浓度下

降约 30%，COD_{Mn} 浓度约下降 20%。走马塘工程及望虞河西岸控制工程的主要受益河段有伯渎港、九里河、锡北运河等上游走马塘以西河段。

表 5.8　　　　　　　　引水期间西岸控制工程对望虞河西岸河网
水体 NH_3-N 浓度影响　　　　　　　　单位：mg/L

引水流量/(m³/s)	100		200	
工况	现状	规划	现状	规划
九浙塘	5.14	7.24	5.28	7.34
四环路张家港桥	4.22	4.45	4.57	4.54
新师桥	3.51	3.58	3.87	3.42
羊尖	3.48	5.41	3.92	5.34
鸟嘴渡桥	1.52	4.14	1.20	4.15
荡口大桥	1.40	4.57	1.20	4.57
荻泽桥	1.41	4.37	1.21	4.38
伯渎港闸	4.48	3.24	4.87	3.24
九里河闸	7.84	4.17	8.17	4.18
查桥	7.18	4.04	8.01	4.04
安镇	4.11	3.15	3.07	3.16
张泾	3.01	3.24	4.51	3.24
王庄北新桥	4.05	4.12	4.45	4.12
陈墅	3.14	2.58	4.47	2.58
北漍	2.89	2.46	3.14	2.46
塘桥	3.10	2.97	3.25	2.98
南丰	3.54	2.74	3.65	2.74

表 5.9　　　　　　　　引水期间西岸控制工程对望虞河西岸河网
水体 TN 浓度影响　　　　　　　　单位：mg/L

引水流量/(m³/s)	100		200	
工况	现状	规划	现状	规划
九浙塘	5.74	9.13	5.76	9.16
四环路张家港桥	6.13	8.37	6.76	8.40
新师桥	6.20	8.28	6.59	8.30
羊尖	5.73	7.86	6.20	7.89
鸟嘴渡桥	2.15	6.11	2.87	6.16
荡口大桥	2.17	6.08	2.45	6.09
荻泽桥	2.13	6.17	2.43	6.18
伯渎港闸	8.75	5.13	9.55	5.22
九里河闸	9.84	5.24	10.24	5.28
查桥	9.25	5.17	9.78	5.20
安镇	6.23	5.15	6.29	5.23
张泾	5.28	4.38	5.49	4.49
王庄北新桥	5.34	6.31	6.22	6.36

续表

引水流量/(m³/s)	100		200	
工况	现状	规划	现状	规划
陈墅	5.21	4.27	5.95	4.30
北漍	6.13	4.81	7.07	4.85
塘桥	5.87	4.98	6.03	4.99
南丰	5.76	4.88	6.75	4.94

表 5.10　　　　引水期间西岸控制工程对望虞河西岸河网
水体 TP 浓度影响　　　　单位：mg/L

引水流量/(m³/s)	100		200	
工况	现状	规划	现状	规划
九浙塘	0.21	0.38	0.23	0.38
四环路张家港桥	0.24	0.27	0.25	0.31
新师桥	0.38	0.44	0.39	0.44
羊尖	0.37	0.48	0.38	0.49
鸟嘴渡桥	0.19	0.41	0.20	0.44
荡口大桥	0.20	0.42	0.21	0.45
获泽桥	0.31	0.42	0.33	0.48
伯渎港闸	0.45	0.34	0.46	0.34
九里河闸	0.47	0.33	0.49	0.32
查桥	0.46	0.34	0.49	0.33
安镇	0.49	0.29	0.52	0.30
张泾	0.38	0.28	0.41	0.31
王庄北新桥	0.41	0.31	0.43	0.33
陈墅	0.37	0.30	0.44	0.32
北漍	0.31	0.30	0.33	0.32
塘桥	0.29	0.28	0.31	0.31
南丰	0.27	0.29	0.30	0.34

表 5.11　　　　引水期间西岸控制工程对望虞河西岸河网水体
COD$_{Mn}$浓度影响　　　　单位：mg/L

引水流量（m³/s）	100		200	
工况	现状	规划	现状	规划
九浙塘	3.4	3.8	3.6	4.1
四环路张家港桥	4.4	4.5	4.7	4.9
新师桥	7.2	9.3	8.3	9.3
羊尖	8.7	9.5	8.9	9.8
鸟嘴渡桥	6.1	8.4	6.1	8.8
荡口大桥	5.8	8.3	5.4	8.7
获泽桥	8.8	9.1	5.8	9.2
伯渎港闸	8.9	7.8	8.9	7.8
九里河闸	9.5	7.9	9.4	7.8

续表

引水流量（m³/s）	100		200	
工况	现状	规划	现状	规划
查桥	9.2	7.1	9.5	7.3
安镇	9.9	7.4	10.7	7.5
张泾	7.1	7.0	7.9	7.3
王庄北新桥	8.9	7.2	8.7	7.0
陈墅	8.1	7.3	8.3	7.5
北漍	4.5	4.8	4.5	5.1
塘桥	3.9	4.0	3.9	4.8
南丰	3.8	4.0	3.8	4.6

　　平水年现状污染源条件下，相对现状引江水平，西岸控制工程实施后引江期间将使西岸地区河网水体流动性下降，大量的生活污染、农业面源污染将聚集在小河浜内，难以被稀释和扩散，随着引水期时间的推移，当持续引水期超过 25 天时，大多数断面水质呈恶化趋势。产生水质恶化的断面主要是九里河、羊尖塘、锡北运河等位于走马塘工程与望虞河之间的河段，主要原因是西岸控制后，向西岸补水的规模远小于现状敞开进入该区域的水量。同时，西岸控制工程的实施，也使得引水期间望虞河水体补给这些河流的水量大幅削减，从而使得望虞河西岸附近河网水体水质下降最多。九浙塘、鸟嘴渡桥、荡口大桥、荻泽桥等近望虞河的站位水体 $NH_3 - N$、TN、TP 浓度上升 50％以上，COD_{Mn} 浓度上升约 30％。引水期间望虞河水质变化站位如图 5.18 所示，影响区域如图 5.19 所示。

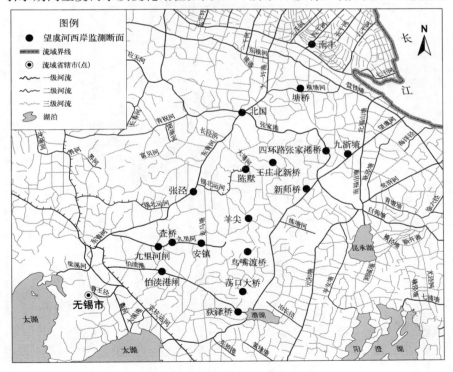

图 5.18　望虞河引水期间水质变化站位图

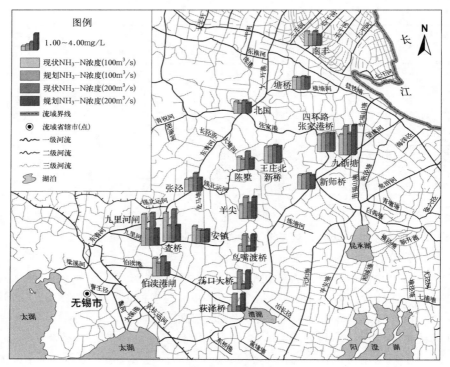

(a) NH₃ - N

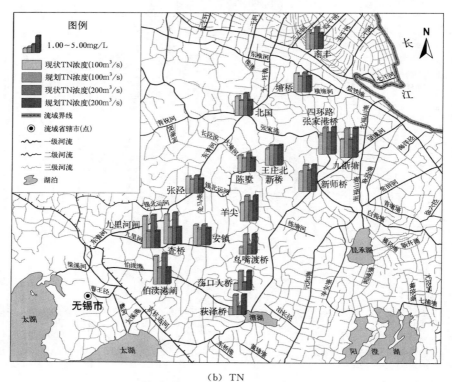

(b) TN

图 5.19（一） 引水期间西岸控制工程对望虞河西岸河网水体水质指数浓度影响

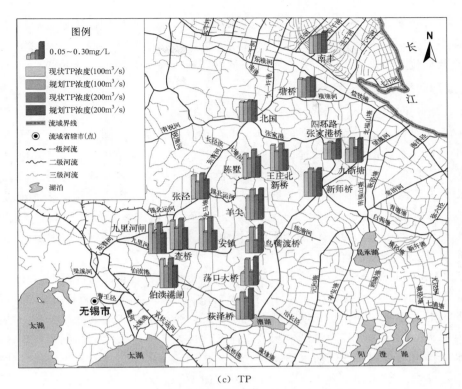

(c) TP

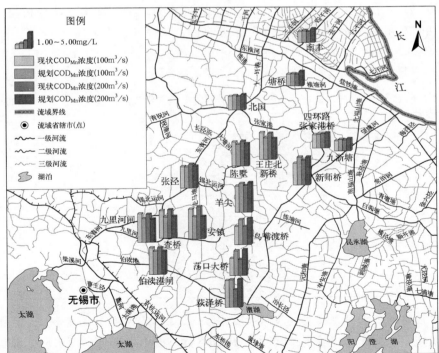

(d) COD$_{Mn}$

图 5.19（二）　引水期间西岸控制工程对望虞河西岸河网水体水质指数浓度影响

为了改善望虞河以西、走马塘以东河网水质状况，应大力治理该区域生活污染，实现生活污染集中处理，限制和减少工业排放废水。同时可以适时打开西岸控制闸门，利用望虞河水流补充流入望虞河以西、走马塘以东河网区域，缓解水环境恶化趋势。

5.3.2 新沟河延伸拓浚工程

5.3.2.1 对直武地区河网水质的影响

（1）排涝对直武地区河网水质的影响。由于直武地区原为直湖港、武进港两条河流向太湖的小流域，水体流向为直武地区流向太湖方向。规划工况条件下，5 年一遇雨型以下时新沟河排涝期间，直湖港、武进港水流与自然条件下相反，直武地区排涝迂回太滆运河进入竺山湖和直接进入梅梁湖的两个通道被堵死，只有当常州雪堰水位高于 4m 才开雅浦港闸排水。1975 年型 5 年一遇雨型条件下，经计算，常州雪堰水位 4.02m，此值与 5 年一遇标准相当。即可以认为，5 年一遇雨型以下时，直武地区所有涝水均须由新沟河延伸拓浚工程北排长江，杜绝直排太湖。

表 5.12 和图 5.20 分别给出了新沟河延伸拓浚工程排涝对直武地区河网水质的影响计算结果，图 5.21（文后附彩插）为河网水质影响的考察断面位置示意图。根据数值模拟计算，非汛期无排涝影响，而汛期排涝方案条件下，雅浦港、武进港枢纽、直湖港枢纽附近河网由原来的排涝前端转为排涝末端，水体流动性差，平时关闸期间积累在该区域的污染水体难以排出，造成局部区域水质恶化，尤其是 NH_3-N、TN、TP 等指标恶化较为明显，NH_3-N 浓度增加 $20\%\sim30\%$，TN 浓度增加 $10\%\sim20\%$，TP 浓度增加 $5\%\sim10\%$。而锡溧运河以北的直武地区河网，平时水体流动性相对较好，新沟河延伸拓浚工程实施后，排涝期间又由原来的排涝末端转为排涝前端，整体水质条件有所改善，NH_3-N、TN、TP、COD_{Mn} 等指标均有所改善，NH_3-N 浓度降低 $10\%\sim20\%$，TN 浓度降低 $5\%\sim15\%$，TP 浓度降低 $5\%\sim10\%$，COD_{Mn} 降低约 5%。

表 5.12　　　　　　新沟河延伸拓浚工程排涝对直武地区水质的影响　　　　　单位：mg/L

指标	NH_3-N		TN		TP		COD_{Mn}	
工况	现状	规划	现状	规划	现状	规划	现状	规划
雅浦港桥	2.4	3.2	4.8	5.8	0.38	0.42	6.1	6.7
武进港	2.8	3.4	4.9	5.8	0.45	0.49	5.9	6.2
前黄	1.7	1.5	3.8	3.4	0.32	0.28	4.5	4.2
采菱港	2.8	2.4	4.7	4.2	0.39	0.35	4.3	4.0
锡溧运河	1.6	1.3	3.8	3.2	0.27	0.24	4.8	4.5
阳山	1.6	1.4	3.5	3.1	0.28	0.25	4.7	4.5
藕塘	2.1	1.9	4.5	4.0	0.35	0.32	4.2	4.1

（2）排梅梁湖湖水对直武地区河网水质的影响。新沟河延伸拓浚工程实施后抽排梅梁湖湖水流量约 $50m^3/s$，计划与梅梁湖泵站交替运行。由于太湖梅梁湖水质相对优于直武地区水质，故排梅梁湖湖水时不控制新沟河、漕河—五牧河、直湖港沿线口门，关闭永胜闸，防止梅梁湖湖水迂回太滆运河进入竺山湖。从而促进直武地区河网流动性，增强换水

循环，改善直武地区河网水质，并通过新沟河延伸拓浚工程北排长江。

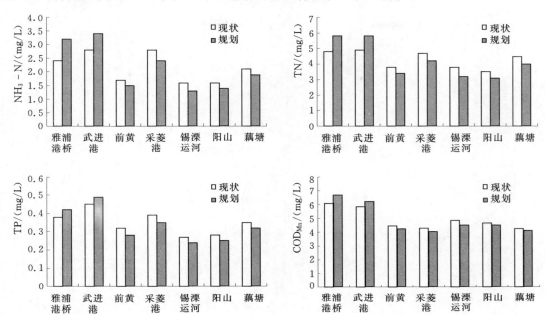

图 5.20　新沟河延伸拓浚工程排涝对直武地区河网水质的影响

梅梁湖水质条件：NH_3-N 浓度约 0.1mg/L，TN 浓度约 2.0mg/L，TP 浓度约 0.1mg/L，COD_{Mn} 浓度约 5.6mg/L，与直武地区相比，氮磷含量显著较低，COD_{Mn} 浓度略低。如从梅梁湖排湖水 $50m^3/s$，相当于每天 432 万 t（每年 15.8 亿 t），即全市日总用水量[1]的 2/3，日总污水量的 3 倍多，将有效改善直武地区乃至武澄锡虞区运北片河网水体水质。

根据数值模拟计算，抽排梅梁湖湖水流量约 $50m^3/s$ 将显著改善直武地区河网水质，如表 5.13 和图 5.22 所示。水质改善幅度总体呈现由直湖港、武进港枢纽向北逐步递减的

表 5.13　　　　　新沟河延伸拓浚工程排湖水对直武地区河网水质的影响　　　　　单位：mg/L

指标	NH_3-N		TN		TP		COD_{Mn}	
工况	现状	规划	现状	规划	现状	规划	现状	规划
雅浦港桥	2.4	1.5	4.8	3.3	0.38	0.24	6.1	5.8
武进港	2.8	0.5	4.9	2.8	0.45	0.18	5.9	5.8
前黄	1.7	0.8	3.8	3.1	0.32	0.22	4.5	4.8
采菱港	2.8	1.7	4.7	4.1	0.39	0.31	4.3	4.5
锡溧运河	1.6	1.0	3.8	3.1	0.27	0.21	4.8	4.5
阳山	1.6	0.8	3.5	2.9	0.28	0.22	4.7	4.4
藕塘	2.1	1.3	4.5	3.8	0.35	0.29	4.2	4.2

[1] 据《常州市 2013 年水资源公报》，2013 年，全市总用水量 23.62 亿 m^3，总耗水量 9.95 亿 m^3。全市废污水排放总量 4.09 亿 t，其中工业废水排放量 1.48 亿 t，生活污水排放量 2.61 亿 t。

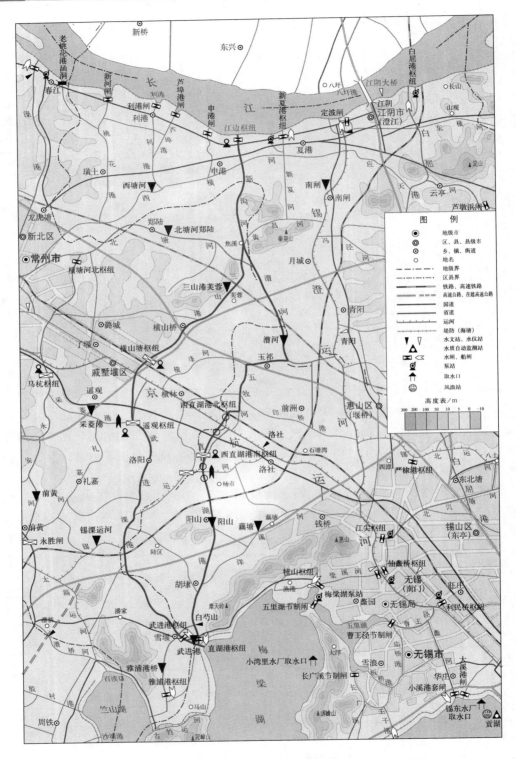

图 5.21　新沟河延伸拓浚工程对河网水质影响的考察断面位置

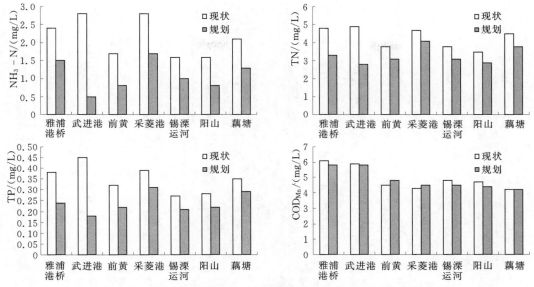

图 5.22 新沟河延伸拓浚工程排湖水对直武地区河网水质的影响

趋势。改善最多的水质指标是 NH_3-N，武进港、前黄、阳山、雅浦港桥等处改善幅度最大，达到 40%～70%。其次是 TN，武进港、前黄、阳山、雅浦港桥等处 TN 浓度降低达到 10%～50%。COD_{Mn} 浓度未见明显改善，且有的区域浓度还有所上升，表明部分河网水系水体 COD_{Mn} 存在二次迁移现象。

（3）应急引水对直武地区河网水质的影响。为满足新沟河向梅梁湖应急供水的要求，减少沿程水量损失和防止两岸支流水质影响入湖水体水质要求，根据工程布局，对新沟河、漕河—五牧河、直湖港沿线两岸敞开的支河口门进行控制，确保优质长江水进入太湖的量与质。

根据数值模拟计算，新沟河延伸拓浚工程向梅梁湖应急引水 180m³/s 持续 15 天后，直武地区河网水质有所恶化，但由于平时直武地区河网水体流动性不大，故由于引水而封闭直湖港沿线口门的影响不大，结果见表 5.14 和图 5.23。影响较大的是锡溧运河、采菱

表 5.14　　　　　　　新沟河延伸拓浚工程应急引水对直武地区河网水质的影响　　　　　单位：mg/L

指标	NH_3-N		TN		TP		COD_{Mn}	
工况	现状	规划	现状	规划	现状	规划	现状	规划
雅浦港桥	2.4	2.7	4.8	5.3	0.38	0.41	6.1	6.2
武进港	2.8	2.8	4.9	5.0	0.45	0.46	5.9	6.1
前黄	1.7	2.5	3.8	4.9	0.32	0.39	4.5	4.8
采菱港	2.8	3.5	4.7	6.1	0.39	0.51	4.3	6.2
锡溧运河	1.6	2.2	3.8	4.8	0.27	0.34	4.8	5.7
阳山	1.6	2.3	3.5	4.6	0.28	0.37	4.7	5.2
藕塘	2.1	2.2	4.5	4.8	0.35	0.41	4.2	5.0

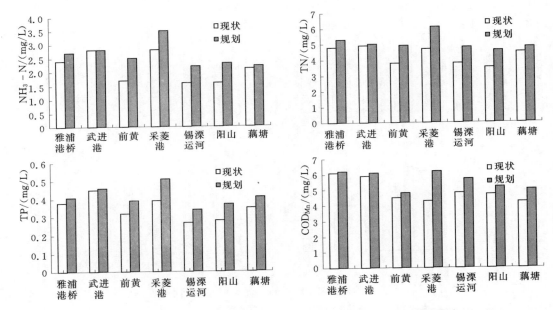

图 5.23 新沟河延伸拓浚工程应急引水对直武地区河网水质的影响

港、洋溪河、永安河等河流，浓度变化较大的是 TN、$NH_3 - N$，TN 浓度增加最大为采菱港，增幅 20%。应急引水后 COD_{Mn} 浓度也有不同程度的增加。

5.3.2.2 对运北片河网水质的影响

（1）排涝对运北片河网水质的影响。新沟河延伸拓浚工程完工后，直武河网地区 5 年一遇涝水由向太湖排改北排长江，对武澄锡虞区运北片河网的水质也将产生一定的影响。由于平时直武地区河网水体流动性差，加上从澡港、利港、新沟河引入的长江水难以跨越京杭运河向该区补充，水质相对较差。如通过新沟河延伸拓浚工程北排长江，将有部分污染物迁移至运北片，造成排涝期间运北片河网水质较现状工况差。

现状工况条件下，排涝期间运北片水体水质呈现由南向北变差的趋势。规划工况条件下，直武地区 5 年一遇涝水北排，造成运北片水体水质普遍较现状工况排涝时差，结果如表 5.15 和图 5.24 所示。其中变化最大的是 TN 和 $NH_3 - N$，排涝期间澡河、三山港 TN、$NH_3 - N$ 浓度增加 10%～20%。TP 和 COD_{Mn} 变化均较小，一般小于 5%。

表 5.15　　　　　新沟河延伸拓浚工程排涝对运北片河网水质的影响　　　　　单位：mg/L

指标	$NH_3 - N$		TN		TP		COD_{Mn}	
工况	现状	规划	现状	规划	现状	规划	现状	规划
澡河	1.7	2.2	3.3	4.0	0.27	0.31	6.4	6.5
三山港芙蓉	1.3	2.1	2.8	3.8	0.29	0.32	5.8	6.2
北塘河郑陆	1.1	1.4	2.5	2.9	0.21	0.23	4.9	5.1
西塘河	1.2	1.3	2.3	2.5	0.22	0.24	4.8	5.0
锡澄运河南闸	1.1	1.2	2.4	2.6	0.24	0.26	4.2	4.6

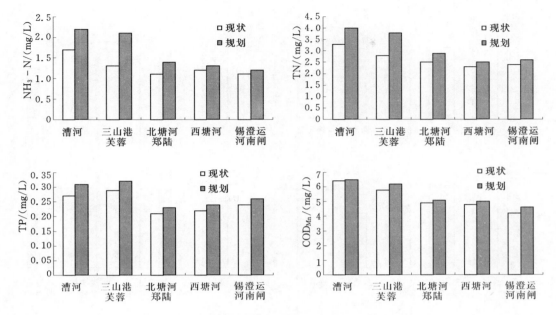

图 5.24 新沟河延伸拓浚工程排涝对运北片河网水质的影响

（2）排梅梁湖湖水对运北片河网水质的影响。新沟河延伸拓浚工程实施后，可抽排梅梁湖湖水流量 50m³/s，并与梅梁湖泵站交替运行。由于太湖梅梁湖水质相对直武地区河网水体水质优，故排梅梁湖湖水时不控制新沟河、漕河—五牧河、直湖港沿线口门，关闭永胜闸，防止梅梁湖湖水迂回太滆运河进入竺山湖。从而促进直武地区河网水体换水循环，改善直武地区河网水体水质，并通过新沟河延伸拓浚工程北排长江。

经数值模拟计算，新沟河延伸拓浚工程抽排梅梁湖湖水流量 50m³/s，运北片水体在开始的 5 天内水质略有变差的趋势，在持续 15 天后运北片水质变化达到稳定。达到稳定后与未抽排梅梁湖湖水的条件相比，水质略有改善，如表 5.16 和图 5.25 所示。其中变化最大的是 TN 和 NH₃-N，排涝期间漕河、三山港 TN、NH₃-N 浓度增加 10%～20%。TP 和 COD_Mn 变化均较小，一般小于 5%。

表 5.16　　　　　　　新沟河延伸拓浚工程抽排太湖水对运北片河网水质的影响　　　　　　单位：mg/L

指标	NH₃-N		TN		TP		COD_Mn	
工况	现状	规划	现状	规划	现状	规划	现状	规划
漕河	1.5	1.4	3.0	2.7	0.24	0.23	6.0	5.9
三山港芙蓉	1.1	1.0	2.5	2.2	0.25	0.24	5.4	5.3
北塘河郑陆	0.9	0.8	2.0	1.8	0.18	0.18	4.1	4.0
西塘河	0.8	0.8	1.8	1.7	0.16	0.16	4.2	4.1
锡澄运河南闸	0.7	0.7	1.8	1.7	0.20	0.20	3.8	3.6

（3）应急引水对运北片河网水质的影响。新沟河向梅梁湖应急供水运行时，为减少沿

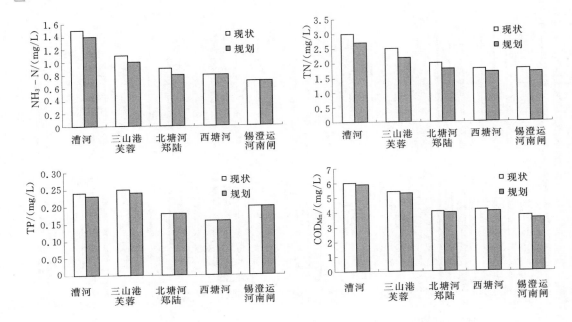

图 5.25 新沟河延伸拓浚工程抽排太湖水对运北片河网水质的影响

程水量损失和防止两岸支流水质影响入湖水体水质的要求，根据工程布局，新沟河、漕河—五牧河、直湖港沿线两岸敞开的支河口门进行了控制，确保优质长江水进入太湖的量与质。

根据数值模拟计算，新沟河延伸拓浚工程向梅梁湖应急引水 $180 \text{m}^3/\text{s}$ 持续 15 天后，武澄锡地区运北片河网水体水质有所恶化。这是由于平时运北片河网水体引排交替，水体流动性大，河网部分水体自西向东流动。而在应急引水期间，西塘河、北塘河、三山港等河流向东的水流被口门控制而造成滞流。长此以往，导致局部区域水体水质变差。应急引水 15 天后，与现状水质条件相比（表 5.17 和图 5.26），除由于漕河位于应急引水通道上，水体水质改善显著外，其余考察点位水质条件均有不同程度的下降。影响较大的是三山港、北塘河、西塘河等河流，浓度变化较大的是 TN、NH_3-N。TN 浓度最大增幅 20%。应急引水后水体 COD_{Mn} 浓度也有不同程度的增加，但增幅相对较小。

表 5.17　　　　　新沟河延伸拓浚工程应急引水对运北片河网水质的影响　　　　单位：mg/L

指标	NH_3-N		TN		TP		COD_{Mn}	
工况	现状	规划	现状	规划	现状	规划	现状	规划
漕河	1.5	1.0	3.0	2.0	0.24	0.20	6.0	4.2
三山港芙蓉	1.1	1.4	2.5	3.0	0.25	0.29	5.4	5.6
北塘河郑陆	0.9	1.1	2.0	2.3	0.18	0.21	4.1	4.3
西塘河	0.8	0.9	1.8	2.1	0.16	0.18	4.2	4.3
锡澄运河南闸	0.7	0.9	1.8	2.0	0.20	0.21	3.8	3.9

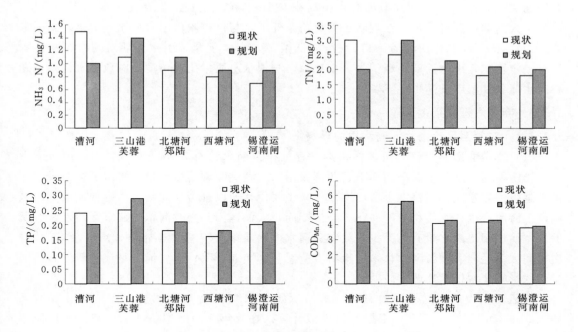

图 5.26　新沟河延伸拓浚工程应急引水对运北片河网水质的影响

5.3.2.3　对太湖湖水水质的影响

新沟河延伸拓浚工程实施后，可完善太湖调水引流体系，有效改善西北湖区水动力条件；明显改善梅梁湖水质，对竺山湖等湖区水质也有一定的改善作用。

在直武地区河网排水改向，控制不入湖后，由于入梅梁湖的外源负荷大幅减少，梅梁湖湖区的水质可得到有效改善。

根据数值模拟，在现状污染源状况下，平水年条件下入梅梁湖的 COD_{Mn}、NH_3-N、TP、TN 污染负荷分别约减少 3500t、1800t、50t 和 2200t；相当于入太湖的水体污染负荷分别减少 5%、8%、3% 和 6%。在现状污染负荷条件下，梅梁湖湖区的水体 COD_{Mn}、TP、TN 浓度较控制前分别降低 9%、8% 和 10%，竺山湖湖区分别降低 7%、4% 和 6%。

利用新沟河排梅梁湖水，配合望虞河、新孟河引水，可改善梅梁湖区环流，有效改善太湖水动力条件，缩短太湖换水周期，增加长江水和湖心区水源入梅梁湖，进一步改善梅梁湖水体水质，同时不影响太湖的水资源量。

在东南风情况下，梅梁湖自新沟河排水时，梅梁湖排水流量增加 $50m^3/s$。在入湖控制的基础上外排梅梁湖水体，可进一步改善梅梁湖湖湾水质，降低水质浓度的时间明显少于仅控制河道排水依靠水体自净的时间，同时不影响太湖的水资源量。在现状污染负荷条件下，新沟河排水后，与现状相比，梅梁湖湖区水体 TN 浓度平均下降 10%。

新沟河应急引水，对提高太湖湖区水环境容量、改善太湖水质效果显著。

工程引水 $180m^3/s$ 时，引水 15 天后梅梁湖等湖湾水质趋于稳定，每次可引长江水入太湖湖区 2.3 亿 m³，太湖平均水位可抬高约 0.1m，在一定程度上补充了太湖水资源量，提高了太湖的水环境容量。在现状污染负荷条件下，与仅控制口门时相比，梅梁湖湖区水体 COD_{Mn} 浓度降低了 14.2%，TN 浓度降低了 10.8%。但是，引水初期对湖心区水体水质有一定影响，引水后期逐渐消失。据计算，与现状水质相比，新沟河应急引水初期，湖心区水体 TN 浓度升高 1.1% 左右。

5.3.3 新孟河延伸拓浚工程

5.3.3.1 对湖西区运南片河网水质的影响

（1）排涝的影响。新孟河延伸拓浚工程外排泵引水具有 300m³/s 的能力，排涝能力强。排涝期间，从丹金溧漕河南下、西部茅山来水经洮湖调蓄后大量洪涝水量被北排，而经洮湖缓冲后水质相对滆湖上游河网水质来说要优，所以排涝期间新孟河延伸段以东区域滆湖上游河网水体水质将有所恶化。排涝期间，太滆运河、漕桥河承纳武宜运河水流有所增多，而滆湖出湖水量有所减少，武宜运河水体水质条件较滆湖出湖水体水质稍差，故排涝期间太滆运河、漕桥河水体水质也将有所恶化。而北干河、湟里河、夏溪河等受新孟河排水的影响，水体水质改善较明显。

新孟河工程对河网水质的影响分析站位如图 5.27（文后附彩插）所示，计算结果如表 5.18 和图 5.28 所示。根据数值模拟计算，在 5 年一遇雨型条件下，新孟河延伸拓浚工程排涝期间，皇塘、尧塘、水北等站水质改善明显，尤其是 NH_3-N、TN、TP 等指标改善更为明显，NH_3-N 浓度降低 20%～30%，TN 浓度降低 10%～30%，TP 浓度降低 5%～15%。湟里、东安两站处水体水质局部恶化较为明显，NH_3-N 浓度增加 5%～10%，TN、TP 浓度增加 5%，COD_{Mn} 增加 15%。太滆运河、漕桥河水体水质条件也略有恶化，NH_3-N 浓度增加 5%，TN、TP 浓度增加 10%，COD_{Mn} 增加 10%。但从长期来看，由于降低了排涝期间滆湖的入湖污染量，对湖西区入太湖河道的水体水质改善是有利的。

表 5.18　　　　　新孟河延伸拓浚工程排涝对湖西区运南片河网水质的影响　　　　单位：mg/L

指标	NH_3-N		TN		TP		COD_{Mn}	
工况	现状	规划	现状	规划	现状	规划	现状	规划
皇塘	3.4	2.1	5.9	4.0	0.47	0.42	7.1	6.7
尧塘	2.9	2.0	4.7	3.5	0.41	0.38	5.8	5.4
水北	1.4	0.9	2.9	2.1	0.34	0.31	4.2	3.8
卜弋	3.8	3.8	5.8	5.7	0.48	0.47	6.8	6.8
湟里	4.5	4.8	6.7	7.2	0.49	0.51	9.7	10.4
东安	3.8	4.0	6.5	6.9	0.48	0.50	8.1	9.3
新建	3.1	3.0	5.1	4.8	0.38	0.34	4.9	4.8
运村	2.8	3.0	5.4	5.7	0.41	0.45	5.2	5.7
漕桥	3.5	3.6	5.9	6.4	0.45	0.48	6.8	7.0

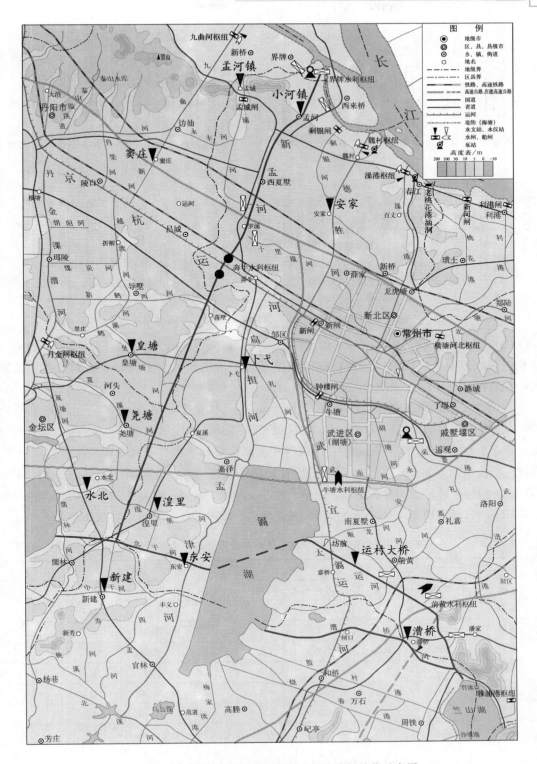

图 5.27　新孟河工程对河网水质的影响分析站位示意图

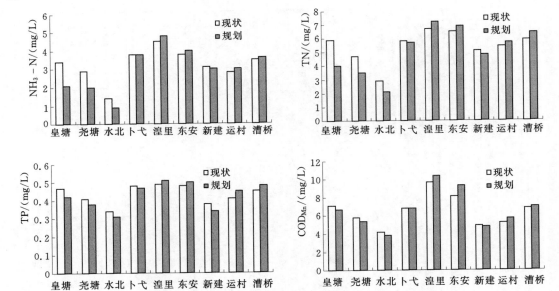

图 5.28　新孟河延伸拓浚工程排涝对湖西区运南片河网水质的影响

（2）引水的影响。根据规划，新孟河引水时，运河以北两岸支河口门有效控制，但可适当向两岸河网区域供水。运河以南河网区域，引水期间两岸不控制，新鹤西河、夏溪河、湟里河和北干河入滆湖水量将大幅增加。

新孟河延伸拓浚工程设计最大泵引 300m³/s。为考虑经济性，平时引水流量暂按 100m³/s 考虑。数值模拟计算结果统计特征值见表 5.19，相应结果如图 5.29 所示。分析可见，常态引水流量 100m³/s 时，湖西区运南片河网水质基本都有不同程度的改善。皇塘河、扁担河、湟里河、北干河、太滆运河、漕桥河等河流水质明显好转，尤其是 NH_3-H、TN、COD_{Mn} 等指标改善较为明显。皇塘、尧塘、水北、东安、运村、漕桥等站位水质改善较为明显，NH_3-H 浓度降低 $10\%\sim60\%$，TN 浓度降低 $10\%\sim40\%$，COD_{Mn} 降低 $10\%\sim50\%$。

表 5.19　　　　新孟河延伸拓浚工程引水对湖西区运南片河网水质的影响　　　　　单位：mg/L

指标	NH_3-N		TN		TP		COD_{Mn}	
工况	现状	规划	现状	规划	现状	规划	现状	规划
皇塘	2.6	0.9	4.2	1.7	0.38	0.26	6.5	3.2
尧塘	2.5	1.1	4.1	1.9	0.35	0.24	5.4	3.3
水北	1.2	0.7	2.2	1.5	0.31	0.27	3.9	3.1
卜弋	3.3	1.8	4.7	2.9	0.42	0.33	5.9	4.5
湟里	4.3	3.4	5.6	4.8	0.48	0.35	7.4	5.8
东安	3.7	2.8	5.3	4.2	0.45	0.39	6.8	4.9
新建	3.0	2.9	4.8	4.4	0.35	0.34	4.6	4.4
运村	3.8	3.1	4.8	4.2	0.38	0.35	5.2	4.2
漕桥	3.9	3.2	4.8	4.4	0.48	0.45	6.3	6.0

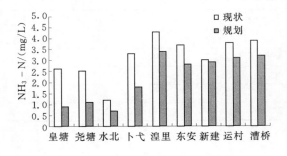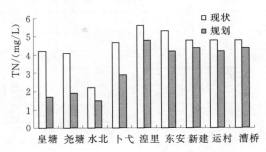

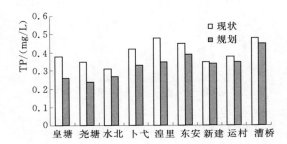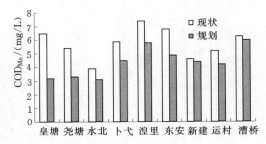

图 5.29　新孟河延伸拓浚工程引水对湖西区运南片河网水质的影响

武宜运河主要受京杭运河水流的影响，水质基本没有变化，但 COD_{Mn} 浓度略有下降。湟里河污染较为严重，引水后改善效果最为明显。但其大量的污染将被输入滆湖。北干河在现状污染源条件下，东部河段污染较严重，入滆湖水质基本为Ⅴ类甚至劣Ⅴ类。引水后，即使在现状污染源条件下，北干河东部河段水质将明显改善，水质类型改善一个等级。入太湖河道水质也明显改善，但由于入湖河道现状污染状况，仍然不能保证入太湖水质达到Ⅲ类水标准。

5.3.3.2　对湖西区运北片河网水质的影响

（1）排涝的影响。湖西区运河以南区域河网由于地势原因，水流方向大多从西往东依次汇入洮湖、滆湖、西氿、东氿，然后汇入太湖，平时水体流动主要是镇江谏壁枢纽引水、九曲河枢纽引水经丹金溧漕河、扁担河、武宜运河向南经湖西区河网向太湖汇流的水流以及来自西部、南部山脉的径流。总体而言，除主干河道外，水体流动性相对较弱。加上该区域经济发展迅速，水体污染源多，水质相对于运河以北区域略差一些。新孟河延伸拓浚工程排涝能力强，排涝期间大量的洪涝水量从丹金溧漕河南下、西部茅山洪水经洮湖后大量北排。北排期间，运北片水体主体均由南向北流动，与新孟河相交的东西向河流水量交换小，排水对该区域的水质总体改变不大。

数值模拟计算结果统计特征值见表 5.20，相应结果如图 5.30 所示。分析可见，在 5 年一遇雨型条件下，排水期间，新孟河延伸拓浚工程实施后，九曲河、德胜河等周边主要排水河道 NH_3 - N、TN、TP 浓度略有改善，浓度降低 5%～10%，而 COD_{Mn} 浓度略高于工程实施前排水现况，浓度增加小于 5%。新孟河、浦河等河流水质略差于工程前现况，NH_3 - N、TN、TP、COD_{Mn} 浓度升高不超过 10%。

表 5.20　　　　新孟河延伸拓浚工程排涝对湖西区运北片河网水质的影响　　　　单位：mg/L

指标	NH₃-N		TN		TP		COD_Mn	
工况	现状	规划	现状	规划	现状	规划	现状	规划
孟河镇	2.4	2.5	3.8	3.9	0.28	0.29	4.2	4.1
小河镇	2.1	2.3	3.7	4.0	0.24	0.28	3.7	4.2
窦庄	1.4	1.3	2.6	2.5	0.21	0.21	3.9	4.0
安家	1.6	1.4	3.0	2.7	0.23	0.20	3.2	3.3

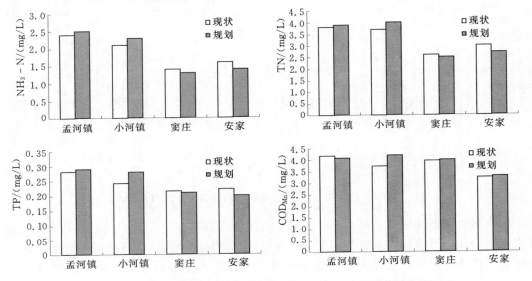

图 5.30　新孟河延伸拓浚工程排涝对湖西区运北片河网水质的影响

（2）引水的影响。引水期间，运河以北新孟河两岸采取全封闭的形式，且允许适当补充区域水量，这样新孟河引水工程实施后，新孟河水位将抬高 20cm 左右，甚至可增加向两岸补充的长江水量。由于目前新孟河引水能力差，水质相对九曲河、德胜河都差，引水期间湖西区运北片新孟河两岸水质将改善明显。

新孟河延伸拓浚工程设计最大泵引 300m³/s。为考虑经济性，平时引水暂按 100m³/s 考虑。数值模拟计算结果统计特征值见表 5.21，相应结果如图 5.31 所示。分析可见，根据数值模拟计算，常态引水流量 100m³/s 时，九曲河、德胜河等周边主要引水河道水质变化不大，而新孟河两岸水质改善幅度较大，NH₃-N 浓度降低约 50%，TN 浓度降低约 30%，TP 浓度降低约 15%，COD_Mn 浓度降低约 10%。

表 5.21　　　　新孟河延伸拓浚工程引水对湖西区运北片河网水质的影响　　　　单位：mg/L

指标	NH₃-N		TN		TP		COD_Mn	
工况	现状	规划	现状	规划	现状	规划	现状	规划
孟河镇	1.6	0.8	2.7	1.4	0.28	0.24	3.8	3.2
小河镇	1.1	0.7	2.4	1.0	0.24	0.20	3.6	3.1
窦庄	0.8	0.8	1.5	1.5	0.19	0.19	3.1	3.0
安家	1.2	1.2	1.7	1.6	0.21	0.21	3.2	3.2

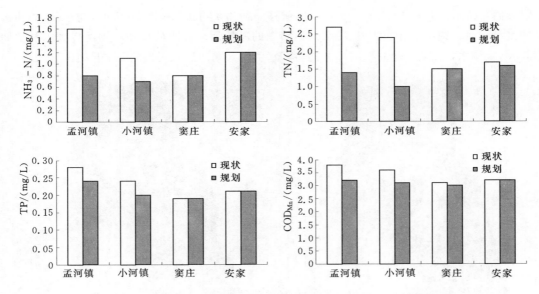

图 5.31　新孟河延伸拓浚工程引水对湖西区运北片河网水质的影响

5.3.3.3　对滆湖湖水水质的影响

滆湖位于江苏省武进西南部与宜兴东北部间，向西与洮湖相通，向东经太滆运河、漕桥河等河道与太湖相接，湖区面积约 146.5km²，是苏南地区仅次于太湖的第二大淡水湖；

滆湖湖水依赖地表径流和湖面降水补给，主要入湖河道有夏溪河、扁担河、湟里河、北干河、中干河、南干河等，出湖河道主要有太滆运河、漕桥河、殷村港、烧香港、湛渎港等。

新孟河延伸拓浚工程实施后，滆湖出入湖流量增加，水体自净能力增强，水动力条件得到改善，不同湖区的流速总体上较现状情况有不同程度的增加。由于新孟河延伸拓浚工程实施，当入湖流量为 50m³/s 时，滆湖流场流速变化如图 5.32 所示。全湖平均流速增加 1.4cm/s，滆湖服务区北侧入湖口处流速增加 4cm/s，进北干河入湖口处流速增加 2cm/s。当入湖流量为 50m³/s 时，在东南风作用下长江水与滆湖湖水掺混过程如图 5.33（文

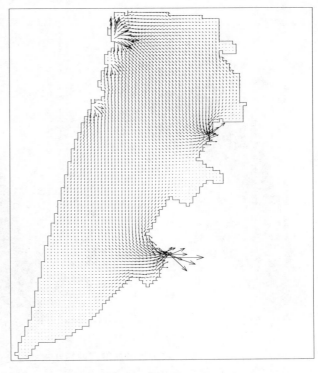

图 5.32　东南风条件下滆湖流场图

143

后附彩插）所示。调水 10 天时，长江水能输移滆湖 2/3 湖面；调水 20 天时，长江水到达出湖的太滆运河；调水 40 天时，长江水到达出湖的漕桥河。说明从长江新孟河界牌水利枢纽以 50m³/s 调水，需要一个月的时间才能将江水引入入湖河道，入太湖需更长时间。

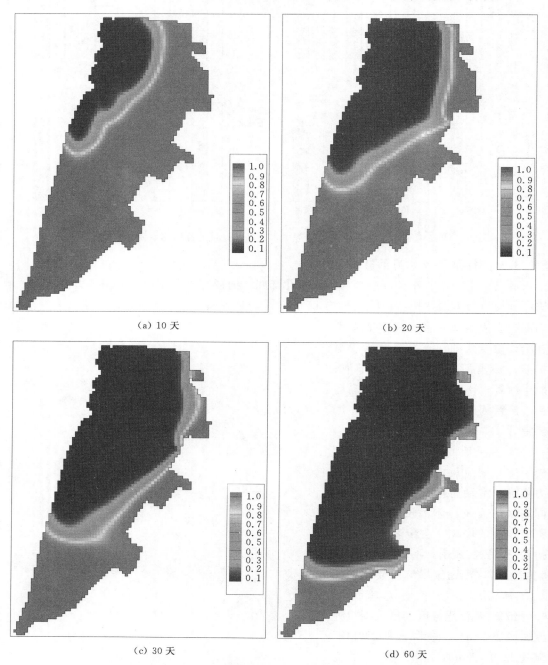

（a）10 天

（b）20 天

（c）30 天

（d）60 天

图 5.33　东南风条件下滆湖长江水的混合过程（蓝色为长江水）

受长江来水的影响，滆湖整体水质得到改善，但引水也改变了滆湖的水质空间分布格局，滆湖中部湖区水质直接受益于长江引水，水质最优；而西南湖区污染物浓度较工程前有一定程度的升高，水质变差。太滆运河和漕桥河两条出湖河道水质比现状明显改善。工程实施总体上对改善滆湖水环境、保护水环境敏感目标均起到了积极作用。

（1）新孟河延伸拓浚工程对滆湖换水周期的影响。平水年条件下，工程实施前湖区换水周期为38天，工程实施后，换水周期缩短至16天。工程实施后，滆湖换水周期比工程实施前大大缩短，有利于改善湖区水动力条件，有效降低湖区富营养化灾害的风险。

（2）对湖区水质的影响。平水年，工程实施后滆湖水体 COD_{Mn}、TN、TP平均浓度分别降低了19%、34%、15%。太滆运河出湖水体 COD_{Mn}、TN和TP浓度比现状分别降低了32%、61%、54%，漕桥河出湖水体 COD_{Mn}、TN和TP浓度比现状分别降低了38%、45%、36%。

5.3.3.4　对太湖水质的影响

新孟河延伸拓浚工程实施后，由于引长江优质水入太湖，对竺山湖、梅梁湖、西部沿岸带、湖心区，以及全太湖平均水质状况均有所改善，特别是竺山湖水环境改善效果明显。

新孟河延伸拓浚工程引水需要经过滆湖及湖西区河网，从江边枢纽到达太湖需要较长的时日。经数值模拟，当江边界牌水利枢纽引水流量为 $100m^3/s$ 时，入太湖需要38天；当江边界牌水利枢纽引水流量为 $150m^3/s$ 时，入太湖需要23天；当江边界牌水利枢纽引水流量为 $200m^3/s$ 时，入太湖需要18天；当江边界牌水利枢纽引水流量为 $300m^3/s$ 时，入太湖需要13天。

遇流域平水年份（2000年型），现状污染源条件下，工程实施引水后，待入湖水量稳定，竺山湖湾水体水质 COD_{Mn}、TP和TN浓度下降幅度分别为56%、40%和44%；全太湖水体 COD_{Mn}、TP和TN平均浓度分别下降12%、6%和8%。近期污染治理条件下，工程实施引水后，竺山湖湾水体 COD_{Mn}、TP和TN浓度分别下降53%、35%和40%；全太湖水体 COD_{Mn}、TP和TN平均浓度分别下降20%、4%和6%。

新孟河延伸拓浚工程实施后，工程引水入湖对太湖湖区流场的影响主要为竺山湖湾内湖流的变化。受新孟河引水影响，竺山湖西侧环流已不明显，东侧环流范围也明显缩小，沿着竺山湖东岸流入竺山湖的水体较现状提前转流向大太湖。

值得注意的是，引水时，长江水只需要1天时间到达奔牛水利枢纽，而出奔牛水利枢纽经由新孟河延伸段入滆湖之后到达太湖，需要约40天时间。在这40天时间内，长江水将推动河网内受污染的水体向滆湖流动，并经滆湖自净后，进入太滆运河、漕桥河等河网，推动该区河网地区的污染水体进入太湖。太湖竺山湖、西太湖宜兴沿岸水体的水质条件将受不同程度的影响，水质有所恶化。引水期中前40天，竺山湖水体 COD_{Mn}、TP和TN浓度分别上升28%、31%和45%。

5.4　连通工程体系综合调控对太湖的影响

5.4.1　太湖水动力特点

5.4.1.1　湖流的复杂性

太湖为一典型的大型浅水湖泊，其潮流的成因类型主要归为风生流。风生流是由风对湖面的摩擦剪应力和风对波浪背面的压力作用引起的，在黏滞力作用下使表层湖水带动下层湖水向前运动。几十年来，许多学者对太湖湖流尤其是太湖风生流进行了大量的观测和模拟研究工作，取得了丰硕的成果。研究成果表明，由于风场作用下在湖盆地形及岸线的束缚下，形成水平及垂向环流。但由于紊动特性的影响，这些环流并不稳定。由于面上监测时间较长，在风场作用下形成的风生流表现出明显的不稳定性，湖泊流态呈现出极其复杂的特征，湖流调查期间湖区风场的变化较大。

根据 1987—1993 年太湖潮流调查资料，1987 年 5 月，调查期间湖面盛行西北风，太湖西北区域湖水向南偏西的方向运动。大焦山—平台山这一带湖区表面和底层湖水都向偏东的方向运动，太湖主体湖区具有大范围呈现逆时针环流的趋势。太湖西南的沿岸流特征明显，梅梁湾内存在一个逆时针环流，大部分测点下层流向比上层流向顺时针偏左，如图 5.34 所示。1993 年 4 月，调查期间湖面上盛行东南风（范成新等），实测潮流流态（图5.35）与图 5.34 相比具有较明显的相似性，主要特征表现为在较长时间的东南风作用下，在梅梁湾、太湖主体形成逆时针环流区。可见，在相反风向作用下，太湖的湖流亦可出现相似的流态。

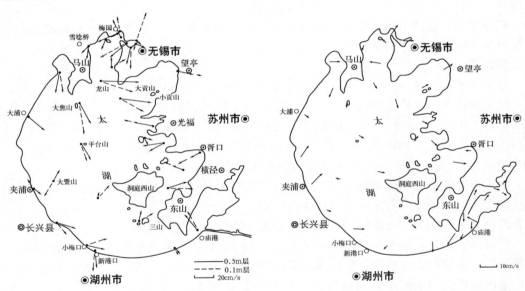

图 5.34　1987 年 5 月实测湖流图（西北风）　　图 5.35　1993 年 4 月实测湖流图（东南风）

1993 年 9 月和 10 月调查期间湖区主导风向均为东北风，但由图 5.36 和图 5.37 分析表明实测湖流流态几乎相反，其中 9 月实测流态开敞湖区以西北流为主，10 月则以东南流为主，说明即使在相似的风场作用下，风生流流态仍可能截然不同。因此，浅水湖泊与深水湖泊相比，湖流具有更加复杂的驱动机制，难以形成稳定的湖流流态，其规律性相对也较差。强化浅水湖泊的流场观测，加强其观测手段的更新和观测方法的改进，是当前湖泊水动力学研究的最重要任务之一。

在现有调查方法和测验手段条件下，调查结果仅仅反映太湖流态的概略特征，与实际流态无疑存在较大差距。但多次调查显示，在夏季主导风向东南或西南风作用下，湖面中心形成逆时针旋转的环流。另外，在西岸形成一稳定的向南的沿岸流，而在梅梁湖湾内形成一个不稳定的顺时针环流。夏季主导风东南风作用下，环流如图5.38所示。

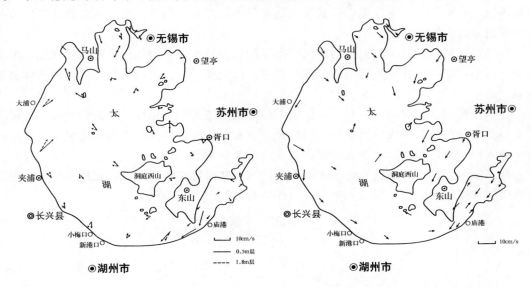

图5.36　1993年9月实测湖流
（东北风）

图5.37　1993年10月实测表层湖流
（东北风）

5.4.1.2　湖流的基本特征

通过数值模拟发现，湖流的历时具有以下特征：①风场作用初期，由于风力对湖水的拖曳作用，开敞湖区流向指向顺风方向，这种特征可以维持40～50min，之后因迎风岸风涌水形成的水位压力梯度力以及科里奥利力作用的加强，迎风岸出现逆风向流动的补偿流。在2～7h，风生流处于趋于稳定状态的调整阶段，至8h以后，风生流场进入稳定状态；②风生流流速大小依风场风速大小、风时的长短而异。风速的大小对风生流流型的影响微弱，但风速大则风生流到达稳定流态的时间长，反之亦然。一般风速越大，流速越大，在风时1h以内，风力对湖水的拖曳作

图5.38　太湖夏季主导湖流场

用占主导地位，流场处于加速阶段；1h左右时，随着水位压力梯度、科里奥利力作用的加强，迎风岸开始减速，随后出现补偿流，并逐步向稳定流态过渡。

在东风作用下，梅梁湾北部湖区形成逆时针环流，梅梁湾与太湖交界处则表现为自东向西的切向流流态；贡湖形成以湖心东西轴线为中心的北部逆时针、南部顺时针的辐散流流态，湖水以沿岸流的形式流入梅梁湾；竺山湖北部主体湖区形成逆时针环流，并在与大太湖交界处出现自东向西的切向流动。

在南风作用下，梅梁湾形成以湖心南北轴线为中心的西部顺时针、东部逆时针的复合流流态，梅梁湾与太湖交界处形成以拖山为中心的顺时针环流；贡湖和竺山湖分别形成逆时针环流，贡湖湖水以沿岸流的形式输入到梅梁湾，并参与梅梁湾的湖水交换，竺山湾与梅梁湾的水体交换微弱。

在北风作用下，梅梁湾流态与南风作用下的梅梁湾流态类型相同，但流向相反，梅梁湾湖水以沿岸流的形式输入到贡湖，参与贡湖水体交换；并且竺山湾与梅梁湾的水体交换微弱。

在西风作用下梅梁湾流态与东风作用下的梅梁湾流态类型相同，但流向相反；梅梁湾湖水以沿岸流的形式输入到贡湖湾，使得贡湖湖水得以交换掺混；竺山湖湖水以沿岸流的形式进入梅梁湾，但其影响范围主要在梅梁湾南部的拖山一带。

在东南风作用下梅梁湖、贡湖大部分水域均为逆时针旋转的环流，表现为贡湖水沿岸向梅梁湖沿岸输送，而贡湖东岸呈现一局部环流，如图 5.39 所示。

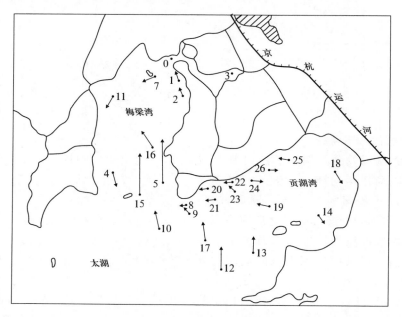

图 5.39　梅梁湖（1996 年 7 月 26 日）和贡湖（1996 年 7 月 30 日）实测流场图（东南风）

5.4.1.3　典型风作用下的湖流模拟

由于太湖水动力的主要动力因素为风应力，故将风场作为主要因素研究不同风向及吞吐流下太湖水体环流对调水工程改善太湖水环境效应的影响。计算条件选取多年平均风速 3.0m/s，方向分别为 E（东）、N（北）、NE（东北）、NW（西北）、S（南）、SE（东南）、SW（西南）、W（西）共 8 个典型风向。太湖水位维持在 3.20m 的多年平均水位。

图 5.40 分别为 E、N、NE、NW、S、SE、SW、W 8 个典型风向作用 30 天后计算得到的稳定垂线平均风生流流场分布。流场分布显示，太湖全湖水动力较弱，最大流速一般不超过 10cm/s。贡湖内在 N、E、SE、NE 风作用下形成一逆时针旋转的回流，调水工程从望虞河入湖后水量沿岸向西侧流动，改善无锡市取水水域水质；而在 S、SW、W、NW

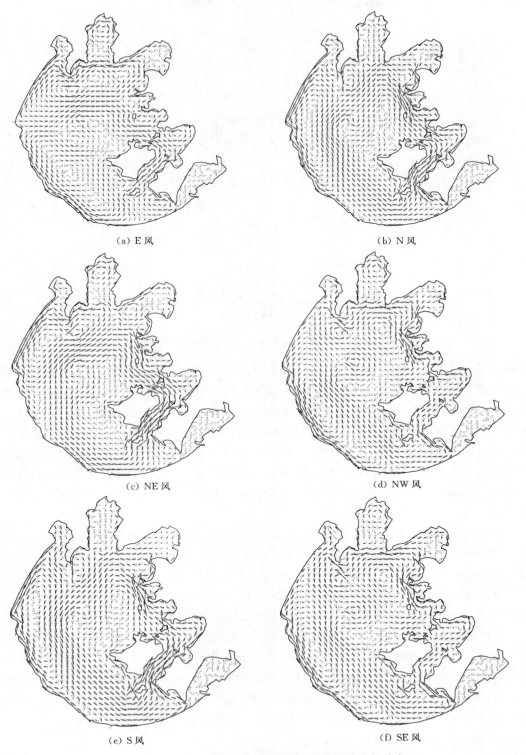

(a) E 风

(b) N 风

(c) NE 风

(d) NW 风

(e) S 风

(f) SE 风

图 5.40（一）　不同风向下太湖稳定垂线平均流场分布

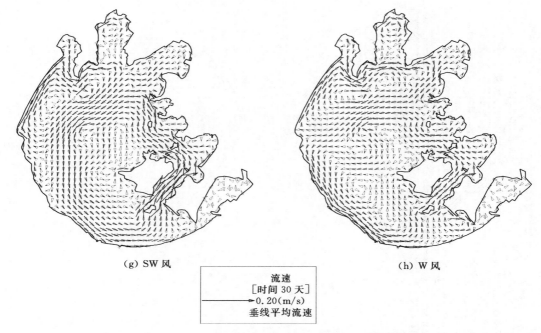

（g）SW风　　　　　　　　　　　　　　　　　　　　　　　（h）W风

流速
[时间 30 天]
→ 0.20(m/s)
垂线平均流速

图 5.40（二）　　不同风向下太湖稳定垂线平均流场分布

风作用下，贡湖内湖中心水流向湾外侧（向西南）流动，而在其两侧形成一对旋转方向相反的回流，回流呈细长的椭圆形。此时，调水工程从望虞河入湖后水量沿湖中心向西南方向流动，并不直接影响无锡市取水水域的水质。在 E、N、NE 风的作用下从太滆运河入湖的调水水量出竺山湖后随太湖西北沿岸的逆时针回流沿岸向西南流动，直接改善宜兴市沿岸的水质状况；在 NW、W、S、SW 风的作用下，从太滆运河入湖的调水水量出竺山湖后随湾口和太湖西北沿岸的顺时针回流沿岸向西东流动，除 S 向风外，该流动继续沿岸向梅梁湖方向流动，在 S 方向风作用下，调水水流离开竺山湖后随大太湖环流向正南方向流动。

　　大太湖的环流基本可以从环绕西山岛的环流出发分析研究，该环流尺度最大，强度最强，其余环流的形状及强度均受该环流的影响和制约。在 E、N、NE、NW 风作用下，环绕西山岛的环流为顺时针旋转的回流，其中在 E、NE 风作用下该环流尺度较大，沿太湖西南岸湖州段岸线形成大环流而将西山岛西侧、南侧的多个小环流环抱在内，而在 NW 风作用下，该环流尺度亦较大，向北发展到竺山湖、梅梁湖、贡湖与大太湖交接的位置处，将西山岛西北侧的多个尺度较大的环流环抱在内。在 S、SE、SW、W 风作用下，环绕西山岛的环流为逆时针旋转的回流，其中在 SE、W 风作用下该环流尺度较大，SW 风作用下沿太湖西南岸湖州段岸线形成大环流而将西山岛西侧、南侧的多个小环流环抱在内，而在 SE 风作用下，该环流尺度亦较大，向北发展到贡湖、梅梁湖、竺山湖与大太湖交接的位置处，将西山岛西北侧的多个尺度较大的环流环抱在内。

5.4.2　调水引流对湖区水动力的影响

　　太湖水动力的主要动力因素为风应力，故将风场作为主要因素研究风生流及吞吐流作用下太湖水体环流对调水工程改善太湖水环境效应的影响。

由于藻类暴发期间为夏季，盛行东南风，故选择以东南风作为典型风向进行研究。选取湖面10m高处全年平均风速3.0m/s作为风生流计算的风速，研究不同调水方案对主要湖区湖流特征的影响。

5.4.2.1 对贡湖湖流的影响

在东南风作用下，贡湖大部分水域均为逆时针旋转的环流，表现为贡湖水沿岸向梅梁湖沿岸输送，而贡湖东岸呈现一局部环流（图5.41）。在大贡山、小贡山以东水域及贡湖湾顶部存在范围较小的逆时针回流，而在贡湖湾湾口处与大太湖连接着一个较大范围的逆时针回流。

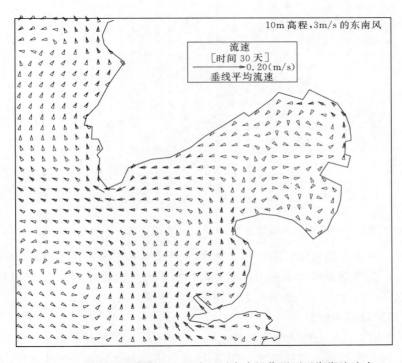

图5.41 望虞河入湖流量为0m³/s时东南风作用下贡湖湖流流态

当望虞河引水入湖时，在东南风条件下，湖流结构将发生较大的变化（图5.42）。望虞河入湖流量达到50m³/s时，存在于贡湖湾顶部的规模较小逆时针回流消失，变为由湾顶向湾口流动的单向流。原贡湖湾湾口大规模的逆时针回流范围将受引水影响，规模大大缩小。而在大贡山、小贡山与三洋嘴之间形成一个贴岸的小规模逆时针回流。

望虞河引水对贡湖湾流速大小影响甚微，但是改变了贡湖湾的湖流结构，贡湖湾西岸水流由原来的多个逆时针回流结构改变为由湾顶流向湾口的单向顺流，实际上入湖水体推动贡湖湾水体向大太湖区流动，加快贡湖湾水体与大湖区水体交换速度。长江水由贡湖沿北岸向梅梁湖扩散。这有利于将东南风期间推移到贡湖湾西岸的蓝藻推移到湾外，从而降低蓝藻密度，缓解藻华灾害。望虞河引水入湖能显著改善无锡锡东水厂、无锡南泉水厂取水口水域水质。

图 5.42 望虞河入湖流量为 50m³/s 时东南风作用下贡湖湖流流态

随着调水入湖流量的增加，湖流结构基本与望虞河入湖流量达到 50m³/s 时的湖流结构保持不变，但是贡湖西岸沿岸由湾顶流向湾口的单向顺流流速增大，向湾口推移蓝藻的速度和作用加强，改善水质、湖泛发生时输入 DO 速度也进一步提升。

5.4.2.2 对梅梁湖湖流的影响

在东南风作用下，无论梅梁湾泵站排水 50m³/s 还是新沟河延伸拓浚工程排水 50m³/s，梅梁湖河流结构非常相似，仅在排水口附近 1km 以内水域水流流向略有变化（图 5.43 和图 5.44）。此时，梅梁湖分为南北各一半，北部为逆时针旋转的回流流态，南部为顺时针旋转的回流流态，湾口水流由东向西流动。在梅梁湾泵站或新沟河延伸拓浚工程常态排水条件下，如果梅梁湖发生藻华暴发，则难以改变梅梁湖内湖流结构，蓝藻聚集的态势难以在短时间内缓解，只能通过望虞河工程的入湖水流逐步改善梅梁湖的水质条件，提高水体 DO 水平，从而缓解湖泛灾害。

新沟河延伸拓浚工程大流量应急排水时，排水流量 180m³/s，东南风作用下梅梁湖湖流结构将发生较大变化（图 5.45）。湾口水流分为两股：一股由东向西；另一股则由湾口向湾内流动。原来湾内存在的一对旋转方向相反的回流均消失，取而代之的是湾口向湾顶及新沟河延伸拓浚工程排水泵站位置的水流，湾内水流变为单向顺流。这不利于聚集在梅梁湖湾内的蓝藻向大太湖推移，反而在湾口存在较大的向湾内的水流，且水流顺直向西北岸线流动，使得蓝藻有利于向西北岸线聚集，在东南风作用下，这种聚集速度更甚。故如果梅梁湖发生藻华暴发，不应采取新沟河延伸拓浚工程大流量应急排水的应对措施。

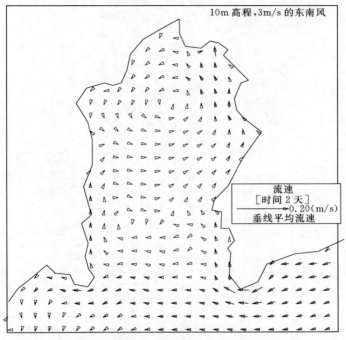

图 5.43　梅梁湾泵站排水 50m³/s 时东南风作用下
梅梁湖湖流流态

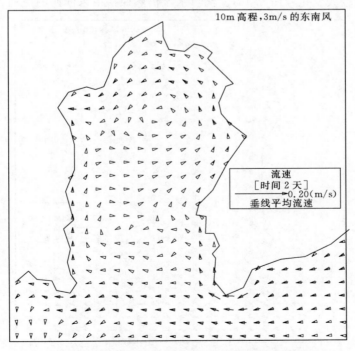

图 5.44　新沟河排水 50m³/s 时东南风作用下梅梁湖湖流流态

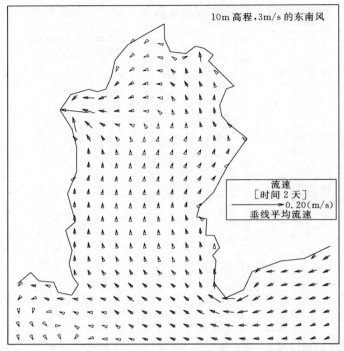

图 5.45　新沟河排水 180m³/s 时东南风作用下梅梁湖湖流流态

　　新沟河延伸拓浚工程大流量应急引水时，引水流量 180m³/s，东南风作用下梅梁湖湖流结构也将发生较大变化（图 5.46）。湾口水流仍然保持由东向西的流动，原来湾内存在

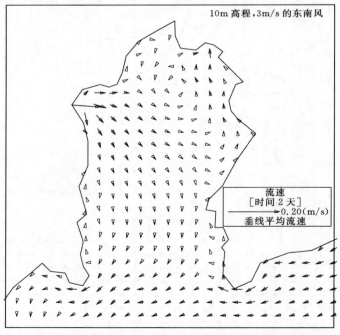

图 5.46　新沟河入湖 180m³/s 时东南风作用下梅梁湖湖流流态

的一对旋转方向相反的回流将使得南半部顺时针旋转的回流消失，取而代之的是由入湖口向湾口流动的水流，且为单向顺流。而原来北半部逆时针旋转的回流仍然存在，但是范围将大幅被挤压而缩小。这将有利于聚集在梅梁湖湾内直湖港以南的西岸沿岸蓝藻向大太湖推移，且水流顺直，但在东南风作用下，表层蓝藻的推移速度将受到抑制。梅梁湖湾顶仍然存在逆时针旋转的回流，聚集在湾顶的蓝藻将难以通过水流推移的方式降低其聚集的密度。故如果梅梁湖直湖港以南的西岸沿岸蓝藻发生藻华暴发，应采取新沟河延伸拓浚工程大流量应急引水的应对措施，收效甚好。

5.4.2.3　对竺山湖湖流的影响

在东南风作用下，在竺山湖太滆运河沿岸形成壅水，水位较高，东南部马山沿岸水位最低，从而形成一定的水位梯度力，这个水位梯度力将与作用于湖面的风应力相平衡。在水位梯度力的作用下，湖盆地形较低的湖心由于水深较大、阻力较小而使得湖流流速较大。在该湖心较大湖流流速的剪切力作用下，将竺山湖水平环流分割成两个环流，形成东北部沿岸的逆时针环流以及宜兴殷村港和太滆运河之间的西北部贴岸顺时针环流。湾口水流受到岸线地形的约束且受到大太湖环流的挤压，造成西南部马蹄形大环流（图 5.47）。

图 5.47　太滆运河入湖 0m³/s 时东南风作用下竺山湖湖流流态

当新孟河延伸拓浚工程引水入湖时，在东南风条件下，湖流结构将发生较大的变化。

太滆运河入湖流量达到 50m³/s 时，存在于竺山湖东北部沿岸的逆时针环流受到入湖水流的挤压而范围变小，形状变狭长（图 5.48）。宜兴殷村港和太滆运河之间的西北部贴岸顺时针环流消失，变为由湾顶向湾口流动的单向流。湾口的湖流结构特征基本没有改变。

图5.48 太滆运河入湖50m³/s时东南风作用下竺山湖湖流流态

当太滆运河入湖流量达到90m³/s时，存在于竺山湖东北部沿岸的逆时针环流受到入湖水流的挤压而范围进一步缩小，形状变得更狭长（图5.49）。湾口的湖流结构特征发生

图5.49 太滆运河入湖90m³/s时东南风作用下竺山湖湖流流态

较大改变，原来的西南部马蹄形大环流范围大大缩小，进入湾口的深度也大大变浅，湾口西北部大部分水流均变为由湾内向太湖湖心水域流动。

当太滆运河入湖流量达到 150m³/s 时，竺山湖湾内基本变为由湾内向湾外太湖湖心水域流动的单向顺直流（图 5.50）。

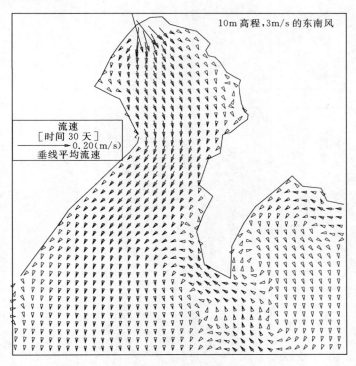

图 5.50　太滆运河入湖 150m³/s 时东南风作用下
竺山湖湖流流态

考虑到竺山湖内还有雅浦港、殷村港、沙塘港等入湖河道，且殷村港、雅浦港的入湖流量均较大，可以认为太滆运河入湖流量达到 90m³/s 时，竺山湖内水流基本已经变为由湾内向湾外的单向顺直流。

当竺山湖发生藻华暴发时，新孟河延伸拓浚工程引水入湖流量达到 90m³/s 时，可有效推移湾内蓝藻水华向大太湖运移，避免其在湾内大量聚集和堆积。

5.4.3　调水引流对湖区水环境的影响

长江水与太湖水的混合过程既是长江水影响太湖水质过程的直观体现，也是指导改善太湖水环境为目的的调水引流方案的重要依据。但由于太湖湖面面积大，太湖东西、南北跨度大，气象气流结构尺度与太湖尺度相当甚至更小，周围地形、地势、建筑复杂，湖面风场空间分布差异性大。太湖流域气象条件变化也较快。为了更直观和更简单地了解长江水的混合过程，这里仅以湖面 10m 高处 3.0m/s 的均匀东南风条件（夏季盛行风）为计算情景，分析不同调控方案长江水在太湖湖区中的水体混合过程。

数学模型模拟了不同调水运行方案在调水 10 天、20 天、30 天后长江水与太湖水的混合过程，如图 5.51（文后附彩插）所示，图中蓝色表示长江水，橙红色表示太湖水，并

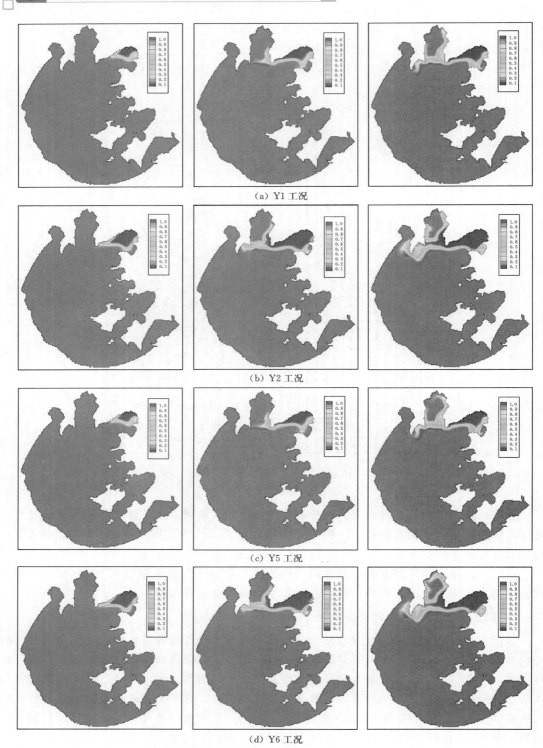

（a）Y1 工况

（b）Y2 工况

（c）Y5 工况

（d）Y6 工况

图 5.51（一）　东南风条件下不同工况调水引流长江水的混合过程

（蓝色表示长江水，时间分别是 10d、20d、30d）

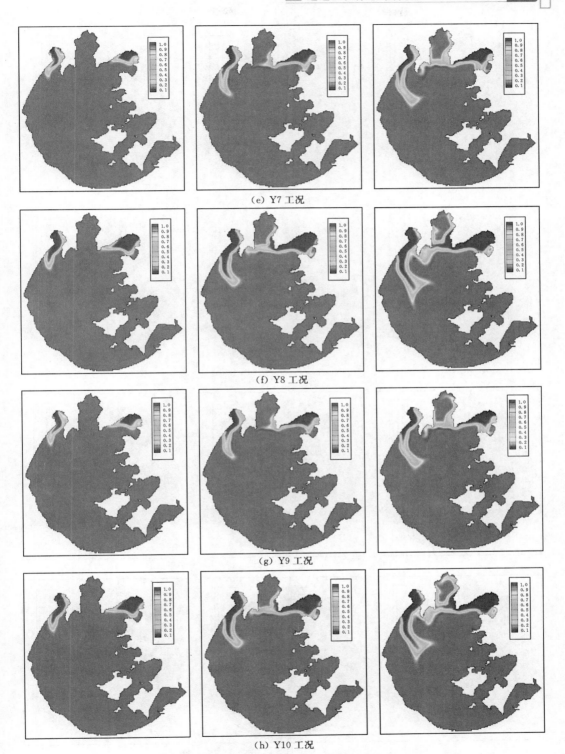

(e) Y7 工况

(f) Y8 工况

(g) Y9 工况

(h) Y10 工况

图 5.51（二）　东南风条件下不同工况调水引流长江水的混合过程

（蓝色表示长江水，时间分别是 10d、20d、30d）

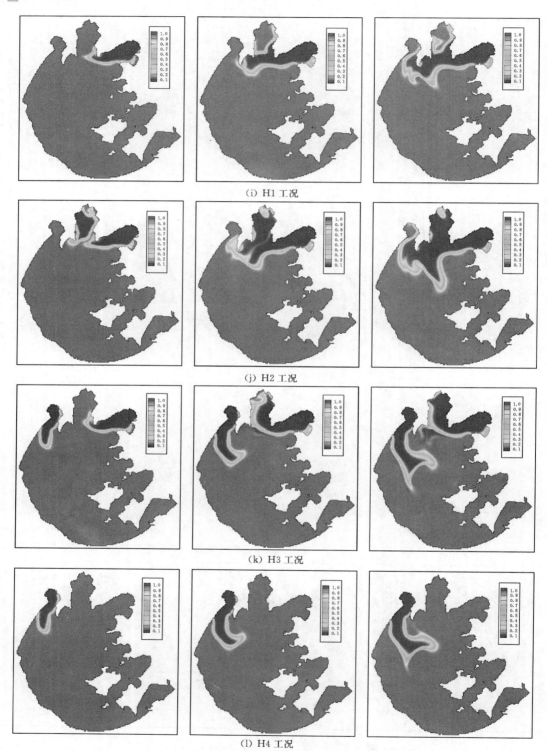

(i) H1 工况

(j) H2 工况

(k) H3 工况

(l) H4 工况

图 5.51（三）　东南风条件下不同工况调水引流长江水的混合过程
（蓝色表示长江水，时间分别是 10d、20d、30d）

以数字 0～1 之间的值表示成分，0 表示全长江水，1 表示全太湖水，0～1 之间表示太湖水的比例。

5.4.3.1 对贡湖的影响

东南风作用下，望虞河引江入湖的长江水沿贡湖湾西部沿岸向湾口、梅梁湖方向流动。长江水的混合作用和推进速度与风生湖流流场以及入湖水量有关。入湖水量越大，混合推进速度越快。

Y1 工况计算结果表明：当望虞河引江入湖流量为 $50m^3/s$ 时，10 天后，长江水约推进到贡湖湾的一半位置，西岸推进速度最快，由西向东推进速度递减。20 天后，长江水约推进到贡湖湾湾口并绕过南泉向梅梁湖流动，开始影响无锡南泉水厂取水水域。30 天后，长江水开始影响梅梁湖湾口水域及两岸沿岸水域。

Y2 工况计算结果表明：当望虞河引江入湖流量为 $100m^3/s$ 时，长江水进入贡湖湾后沿贡湖湾西岸推进，西岸推进速度最快，由西向东推进速度递减。10 天后，到贡湖湾湾口的位置，开始影响无锡南泉水厂取水水域。20 天后，长江水开始影响梅梁湖湾口水域及东岸沿岸水域。30 天后，长江水通过梅梁湖湾口向马山、竺山湖推进，开始影响竺山湖、马山附近水域，梅梁湖形成一带沿岸狭长分布的长江水。

Y1 和 Y5 工况不同的是 Y1 工况为梅梁湾泵站排水 $50m^3/s$，而 Y5 工况是新沟河工程排水 $50m^3/s$。Y2 工况与 Y6 工况的不同之处也是如此。以上工况的长江水混合过程表明：东南风条件下，梅梁湾泵站排水和新沟河工程排水同样的流量时，对梅梁湖湖湾内的环流结构影响差异不大，故当梅梁湾泵站工程检修时可以用新沟河工程排水运行代替，反之亦然。

H1 工况计算结果表明：当望虞河引江入湖流量为 $200m^3/s$ 时，长江水进入贡湖湾后全面向湾口推进。10 天后，到贡湖湾湾口的位置，开始影响无锡南泉水厂取水水域。20 天后，长江水开始影响梅梁湖湾口水域并通过梅梁湖湾口向马山、竺山湖推进，开始影响马山附近水域，梅梁湖东岸附近水域分布一条狭长的长江水。30 天后，长江水通过梅梁湖湾口向马山、竺山湖推进，开始影响竺山湖、马山附近水域。但直湖港入湖口以北、五里湖以西沿岸水域长江水的成分仍然较少。

贡湖湾在望虞河应急引水湖流量为 $200m^3/s$ 时，能在 10 天内快速地将贡湖湾内的太湖水置换成长江水。常态的引江水量条件下，能在 20 天内快速地将贡湖湾内的太湖水置换成长江水。

5.4.3.2 对梅梁湖的影响

Y1 工况、Y2 工况、Y5～Y8 工况计算结果表明：东南风作用下，望虞河引江入湖的长江水影响梅梁湖基本集中在贡湖湾水域沿岸附近 2km 的范围内，湾顶岸边水域的影响相对最弱。而新孟河引江的长江水入湖后主要向南和向大太湖推进，对梅梁湖的影响甚微。

东南风条件下，梅梁湾泵站排水和新沟河工程排水时，对梅梁湖湖湾内的环流结构影响差异不大，两者可交替运行。

H2 工况计算结果表明：利用新沟河延伸拓浚工程应急引水时，入湖流量达到 $180m^3/s$ 时，10 天基本能用长江水替换梅梁湖的太湖水，20 天时长江水出梅梁湖后向西推进，绕过马山进入竺山湖。由于梅梁湖内水流基本呈现整体由湾顶向湾口流动的流态，有利于聚集在梅梁湖内的蓝藻向大太湖漂移。

H3 工况计算结果表明：利用新孟河延伸拓浚工程和望虞河应急引水时，入湖流量分别达到 150m³/s 和 200m³/s，而新沟河延伸拓浚工程全力排水，排水流量 180m³/s。东南风作用下，新孟河延伸拓浚工程应急引水的入湖长江水仍然难以到达梅梁湖，而望虞河入湖的长江水 10 天后开始绕过南泉向梅梁湖推进，而后沿梅梁湖东岸向新沟河排水的直湖港方向流动，20 天后基本到达直湖港水域，长江水已经影响梅梁湖全湖面积的约 2/3，30 天后影响梅梁湖全湖。不同的是，此时，梅梁湖湖流基本是从大太湖向湾顶的流动，会使梅梁湖内的蓝藻向湾顶聚集，不利于消除梅梁湖内的蓝藻水华灾害。

可见，东南风作用下，利用新沟河延伸拓浚工程应急引水入湖流量达到 180m³/s 时，仅需要 10 天就能用长江水替换梅梁湖水体，而利用新沟河延伸拓浚工程应急排水，望虞河应急引水 200m³/s 入湖时，需要 20 天长江水可影响梅梁湖全湖面积的约 2/3。从水体流动方向看，利用新沟河延伸拓浚工程应急引江入湖的方案也有利于蓝藻向湾外漂移。故应对梅梁湖蓝藻水华暴发，首选方案应是利用新沟河延伸拓浚工程应急引水入湖，其次才是望虞河应急引水入湖并利用新沟河延伸拓浚工程应急排水。

5.4.3.3　对竺山湖的影响

Y1～Y6 工况计算结果表明：东南风作用下，望虞河引江入湖的长江水 30 天后也仅能影响竺山湖湾口近马山附近的水域。H1、H2 工况计算结果表明，即使是望虞河引江入湖流量达到 200m³/s 时或是新沟河延伸拓浚工程应急引水入湖流量达到 180m³/s 时，东南风作用下长江水也仅能影响竺山湖湾口殷村港以南水域，而对于湾顶殷村港以北水域仍然难以到达。可见影响竺山湖湾顶水域的水质，主要由新孟河引水工程完成。

新孟河延伸拓浚工程引江入湖后，长江水在东南风作用下，将沿竺山湖西岸向湾口推进，推进速度由西向东递减。长江水出湖湾后将受大太湖环流的控制，在新渎河入湖口偏离岸线向东南方向流动。

Y7～Y10 工况计算结果表明，在东南风作用下，新孟河引江入湖长江水的混合过程相对独立，望虞河引江工程、梅梁湾泵站、新沟河延伸拓浚工程的运行基本不影响其混合过程。

Y7 工况计算结果表明：新孟河延伸拓浚工程引江入湖水量达到 50m³/s 时，在东南风作用下，10 天后长江水可沿竺山湖西岸推进到湾口位置，竺山湖大部分水域的太湖水将被置换成长江水。20 天后开始从新渎河入湖口的位置脱离岸线向湖心推进。30 天后可达到湖心位置。

Y8 工况计算结果表明：新孟河延伸拓浚工程引江入湖水量达到 90m³/s 时，在东南风作用下，10 天后长江水可沿竺山湖西岸出湾口，并开始从新渎河入湖口的位置脱离岸线向湖心推进，竺山湖水域的太湖水基本将被置换成长江水。20 天后可到达湖心位置。30 天后，随着大太湖环流，开始分为南北两股水流。

H4 工况计算结果表明：新孟河延伸拓浚工程引江入湖水量达到 150m³/s 时，在东南风作用下，10 天后长江水可沿竺山湖西岸出湾口，并从新渎河入湖口的位置脱离岸线向湖心推进，到达椒山附近水域，竺山湖水域的太湖水将被置换成长江水。20 天后可到达湖心平台山位置，并开始有一股主流向北移动。30 天后，随着大太湖环流，开始分为南北两股水流，向北的为主流。与入湖流量为 90m³/s 相比，出竺山湖后由于长江水的混合过程主要受大太湖环流流速的控制，入湖流量 150m³/s 时长江水推进速度与入湖流量 90m³/s 的基本一致，不同的是长江水的分布更宽，基本是后者的 2 倍。

以上计算结果表明，在夏季盛行风条件下，新孟河引江入湖长江水的混合过程相对独立，置换竺山湖的太湖水只有新孟河引江入湖这个方案。入湖水量达到 50m³/s 时，在东南风作用下，10 天后长江水可沿竺山湖西岸推进到湾口位置，竺山湖大部分水域的太湖水就可被置换成长江水。以常态水量利用新孟河引江入湖，长江水可在约 30 天后影响湖心区太湖水，而其他工程以常态水量引江难以影响湖西区太湖水水质。

6 河湖连通工程体系综合调度的环境风险评估与应急措施研究

本章以太湖流域有关规划及河湖连通工程可行性研究成果为基础，分析提出流域河湖水系连通工程规划格局及调度方案，梳理流域在防洪、水资源、水环境等方面存在的突出问题，识别河湖连通工程综合调控的防洪、水资源、水环境风险，预测风险影响大小，评估风险应对调控措施效果，提出应急调控预案。

6.1 河湖连通工程综合调控的防洪、水资源、水环境风险评估方法

6.1.1 风险评估方法[49]

风险评估最早于 20 世纪 50—60 年代开始应用在生产实践中，随后在发达工业国家中诸如化学工业、环境保护、航天工程、医疗卫生、交通运输、投资经济等项目领域得以广泛推广和应用。1975 年美国保险管理协会（ASIM）更名为风险与保险管理协会（RIMS），标志着风险管理学科的逐步成熟[50]。1983 年美国 RIMS 年会上，世界各国学者共同讨论并通过了"101 条风险管理准则"，以此作为各国风险管理的一般准则。1987年，为推动风险管理理论在发展中国家的推广和应用，联合国出版了关于风险管理的研究报告《*The Promotion of Risk Management in Developing Countries*》[51]，影响颇大。在我国，风险评估、风险管理的教学、研究和应用开始于 20 世纪 80 年代后期。

风险评估方法可分为三类，即定性的、半定量的和定量的风险评估方法。定性方法与半定量、定量方法的选择主要取决于风险分析过程中可获得的信息量的多少。不同的风险评估方法在分析问题的深度、广度上都是不一样的。目前，常见的项目风险评估方法主要有：危险检查法、专家调查法、外推法（extrapolation）、故障树分析法（FTA）、蒙特卡罗模拟方法（monte carlo simulation）、层次分析法（AHP）、概率风险评估方法（PRA）、CIM 模型（controlled interval and memory model）、影响图（influence diagram）。

6.1.1.1 危险检查法[52]

危险检查法是对照有关标准、法规、检查表或依靠分析人员的观察分析能力，借助经验和判断能力直观地评价对象危险性和危害性的方法。危险查核表法是参照涉及设备安全问题而归纳的列表，用来检查结构的设计以期保证结构的完好。这两种方法可以充分利用现有经验和数据，简单易行，所需人员和费用少，适合于结构的概念设计，但是不能应用于没有参考先例的新系统，只能定性评价，不能给出定量的评价结果。

6.1.1.2 专家调查法

专家调查法是目前风险分析中常用的基本方法。该方法以拥有专业理论知识与丰富实

践经验的专家为对象，通过向其征询风险信息来源、运用一些统计方法进行信息处理，从而得出风险发生的可能性结果，供决策机构研究。专家调查法有若干种，但以头脑风暴法和德尔菲法最为常用，用途也最广。

（1）头脑风暴法（brainstorming）是由美国人奥斯本于 1939 年首创的一种刺激创造性、产生新思想的技术。一般以专家小组会议的形式进行，参会专家就某一具体问题发表意见，畅所欲言，没有任何限制。通过智力碰撞，使专家着眼点不断集中和精华，得出专家风险分析的结果。

（2）德尔菲法（Delphi）是美国著名咨询机构兰德公司于 20 世纪 50 年代初发明的一种专家群决策法。该方法是以匿名方式发函询问所选专家的意见，专家独立思考回答，组织机构对每个专家意见进行汇总整理，整理出问题再发给各专家。如此进行两轮以上，专家的意见逐渐集中，最终结论的可靠性越来越大，意见得以收敛。

专家调查法在缺乏足够统计数据和原始资料的情况下，在不受外界影响征求专家的意见，得以做出主观的定量估计。但是，仅仅依靠个人判断，容易受到专家知识面及深度、信息的可获得性、心理因素和个人风险偏好所限制，难免带有片面性。

6.1.1.3　外推法

外推法是进行项目风险评估和分析的一种十分有效的方法，它分为前推、后推和旁推三种类型。

（1）前推是根据历史的经验和数据推断出未来事件发生的概率及其后果。如果历史数据具有明显的周期性，可据此直接对风险做出周期性的评估和分析；如果历史记录中看不出明显的周期性，可用曲线或分布函数来拟合这些数据，进行外推，但成果的合理性对历史数据的完整性和客观性有较大的依赖性。

（2）后推是把未知的事件及后果与已知事件和后果联系起来，把未来风险事件归结到有数据可查的造成这一风险事件的初始事件上，从而对风险做出评估和分析。它是在手头没有历史数据可供使用时所采用的一种方法，由于工程项目的一次性和不可重复性，在项目风险评估中运用较多。

（3）旁推法是利用类似项目的数据进行外推，在充分考虑新环境各种变化的基础上，用某一项目的历史记录对新的类似项目可能遇到的风险进行评估和分析。

6.1.1.4　故障树分析法[53]

故障树分析法是美国贝尔电话实验室的 Watson 和 Mearns 等人，于 1961—1962 年在分析和预测民兵导弹发射控制系统安全性时，首先提出并采用的分析方法。这种方法利用图表的形式，将大的故障分解成各种小的故障，或对各种引起故障的原因进行分析。寻找导致系统事故的全部事件，即从某一特定的事故开始，运用逻辑推理的方法逐层分解，找出各种可能引起事故的原因，也就是识别出各种潜在的因素，其中发生概率最大的基本事件就是系统的薄弱环节，对其采取有效措施，从而减小这种事故模式的发生概率以提高系统可靠性。进行故障树分析一般先定义工程项目的目标，将影响项目目标的各种风险因素予以充分的考虑，做出风险因果图，全面考虑各个风险因素之间的关系，从而研究对工程项目风险所应采取的对策或行动方案。故障树分析法经常用于直接经验较少的风险识别，该方法的主要优点是比较全面地分析了所有的风险因素，并且比较形象化，直观性较强。

6.1.1.5 蒙特卡罗模拟方法[54]

蒙特卡罗模拟方法又称随机抽样法或统计试验法，它是评价工程风险常用的一种方法。这种方法先制定各影响因素的操作规则和变化模式，然后利用随机发生器取得随机数，赋值给输入变量，通过计算机计算得出服从各种概率分布的随机变量，再通过随机变量的统计试验进行随机模拟，达到求解复杂问题近似解的一种数字仿真方法。此法的精度和有效性取决于仿真计算模型的精度和各输入量概率分布估计的有效性，此法可用来解决难以用解析方法求解的复杂问题，具有极大的优越性。但由于该方法的计算结果依赖于样本容量和抽样次数，对基本变量分布的假设很敏感，因此其计算结果表现出非唯一性。另外，该方法所用机时较多，且计算精度要求越高，变量个数越多，所用机时越长。所以，在有其他简单方法时，一般避免使用此法，或以此作为一种对照。该方法已在水利工程施工项目风险分析、水利工程经济效益风险分析及其他方面得到广泛应用。

6.1.1.6 层次分析法

层次分析法由美国著名的运筹学专家 T. L. Saaty 于 20 世纪 70 年代提出，是一种定性与定量相结合的多目标决策分析方法。该方法的核心是将决策者的经验判断给予量化，从而为决策者提供定量形式的决策依据。当研究一组不确定因素的未来发展趋势时，必须考虑各因素之间存在的相互作用和潜在影响。由于评价指标可以分为若干层次，而每一层次又由若干要素组成，其结构恰似多级递阶结构，可以利用层次分析法来判断各个不确定因素对目标的相对重要度，即出现概率。应用层次分析法建立数学模型可分为四个步骤：①建立问题的递阶层次结构模型；②对同一层次的要素以上一级的要素为准则进行两两比较，并根据评定尺度确定其相对重要程度，据此构造判断矩阵；③计算各要素的相对重要度；④计算综合重要度，为决策者提供科学的决策依据。构造判断矩阵作为层次分析法中的一个关键步骤，受主观影响较多，判断矩阵的构造方式将直接影响评估结果的准确性。

6.1.1.7 概率风险评估方法[55]

概率风险评估方法是定性、定量相结合，以定量为主的安全性分析方法，在美国国家航空航天管理局（NASA）和欧洲空间局（ESA）均得到了广泛应用。我国自 20 世纪 60 年代开始发展 PRA 法，现已广泛应用于核电站、化工、航空航天等复杂系统的风险评估。通过应用 PRA 法，可以使安全工程师对复杂系统的特性有全面深刻的了解，有助于找出系统的薄弱环节，提高系统的安全性，并可以在概率的意义上区分各种不同因素对风险影响的重要程度，为风险决策提供有价值的定量信息。PRA 法综合了很多方法和技术，因而可以做最详细的风险分析，但是实际操作起来比较复杂，需要投入较多的人力、物力，应用到实际科研项目有一定的难度。

6.1.1.8 CIM 模型[56]

CIM 模型是对概率或概率分布进行叠加的控制区间和记忆模型的简称。这种方法用直方图替代变量的概率分布，用和代替概率函数的积分。根据变量的串联和并联连接关系，CIM 模型又分为串联响应模型和并联响应模型，它们分别是进行串联、并联连接变量的概率分布叠加的有效方法。当有两个以上的变量需要进行概率分布叠加时，计算就需要"记忆"，即把前两个概率分布叠加的结果记忆下来，再用控制区间即 CIM 模型与下一个变量的概率分布替加，如此下去，至替加完最后一个变量为止。

6.1.1.9　影响图

随着决策理论的进一步发展，20世纪80年代初新兴起一门决策分析科学，即影响图。它是由一个有向图构成的网络，用直观紧凑的图形表示出问题中主要变量间的相互关系，可以清楚地揭示出变量间存在的相互独立性及进行决策所需的信息流。在实际工作中，风险因素之间存在一种必然的联系与相互作用，如外汇波动的风险与通货膨胀之间存在客观的联系并相互影响。而这种风险因素之间的影响在以往的评价中隐藏在专家评价过程中近似地处理了，影响图技术的提出正好弥补了这一空白。在构造出的影响图中，由节点和弧度表示这种因素间的影响，方便简捷。目前影响图的应用实例较少，关键在于影响图定义的扩展以及影响图运算的简化等问题还没有得到解决，不过此方法为风险评价提供了一种解决问题的新思路。

6.1.2　风险评估方法在水相关领域的应用[57]

水资源系统是一个复杂的开放系统，其复杂性在于：一方面，水资源自身具有随机性、模糊性、灰色性、混沌性、分形等种种不确定性，需要综合应用相应的学科技术加以认识；另一方面，由于人类活动的影响，进一步加大了水资源系统的不确定性和风险，给其客观规律的探索带来了更大的难度。

风险评估的概念进入水研究领域大约是20世纪50年代，用于洪灾风险评估[58]。洪灾风险评估方法可分为指标体系评估法、历史水灾法和模拟评估方法三类。其中，指标体系评估法是通过构建指标体系和综合评价模型进行区域洪灾风险评估，由于该法中的评估模型及其参数的准确性难以验证，其评价结果也就相对粗略而较难实证，一般只用于对大尺度区域进行初步的洪灾风险评估与区划；历史水灾法通过提取区域历史洪水风险信息（如一定频率的淹没范围、淹没水深）直接进行洪灾危险性区划，但由于历史防洪形势与当前防洪形势通常存在一定差异，往往需要通过模拟分析进行修正，难以独立地进行洪灾风险评估，且评估需要大样本数据支持；洪灾风险模拟评估方法以水文学和水力学为其主要理论基础，结合水利工程、岩土工程等相关学科，对洪水致灾过程的各个环节进行模拟，然后进行风险评估模拟，评估方法应充分考虑上下游的水力联系，从而应以流域为基本的评估单元，其关键制约因素主要是数据可获得性与计算复杂性。

旱灾风险评估就是通过识别和分析研究地区尚未发生的干旱及其出现的概率、可能产生的损失后果，估计研究地区干旱发生的可能性分布函数和旱灾损失的可能性分布函数，确定旱灾风险级别，以及决定哪些旱灾风险需要防控和如何从减轻旱灾风险行动方案集中选择最优方案的动态过程。旱灾风险评估方法体系包括致灾因子危险性分析、承灾体脆弱性分析、旱灾损失风险分析、旱灾风险评价、旱灾风险决策五类方法。其中，旱灾风险评价就是对旱灾风险给出等级评价，确定研究地区的风险等级，或根据旱灾损失风险分析的结果直接判别该地区某时期的旱灾风险是否属于可接受风险、可容忍风险还是不可接受风险，由此决定是否应该采取相应的减轻风险处理措施。目前，旱灾风险评估理论模式主要有如下三类：基于旱灾损失风险构成要素的旱灾损失风险指数评估模式、基于历史旱灾损失频率分析的旱灾损失风险曲线评估模式和基于旱灾损失风险成因过程的旱灾损失风险曲线评估模式。

生态风险评价（ecological risk assessment）[59]是在世界环境科学研究中的一个十分活

跃的前沿领域，且正朝着多重性和实用性方向发展。生态风险评价主要研究具有不确定性的事故或灾害对生态系统及其组分的可能影响，它从关注人类本身扩展到生态系统，对环境整治、自然保护和生物多样性保护等具有重要意义[60,61]。

（1）由于数据和信息的缺乏，定性的方法在早期的生态风险评价研究和发展中国家应用较多[62-64]。该方法只能定性表征风险源的危害程度，不能定量表达多种风险值的大小，且其研究结果一般不具备重复性和透明性，因此近年来此方法运用的较少。

（2）数学模型是生态风险评价中应用比较广泛的定量方法，最具有代表性的是商值法和概率法。商值法简便易行、成本较低，但需运用大量的实测数据，因此常用于小尺度的生态风险评价；概率法将针对生态风险的发生概率与不利生态影响相乘，然后利用权重求和，对各级及各类生态风险进行综合计算[65]，能够应用于不同类型的受体风险分析，较好地解决生态系统的多重风险计算问题。但其指标选取和模型参数确定具有一定的主观性。

（3）定性与定量相结合的方法吸收了两者的优点，成为目前区域生态风险评价中运用最多的一类方法。其中最具代表性的是相对生态风险评价模型（relative risk model，RRM）和因果权重法（weight of evidence，WOE）。

水环境风险评价是指评估水环境系统的质量状态超过给定水环境质量标准控制限值的程度及其发生的概率，并提出相应的管理对策的过程。它是水环境风险管理的重要组成部分，直接关系到区域水环境安全系统和经济社会系统的正常运行。针对水环境系统存在风险的根源是由自然现象和人类活动引起的系统本身的不确定性，系统模型结构选择和参数估计、系统的输入和输出不能确切预知及系统运行后参数的变化所引起的不确定性，以及人们认识上的其他不确定性，相应地提出了随机模型、灰色模型、未确知模型、模糊模型、信息熵模型、广义智能模型等风险评价模型。由于水环境系统受自然现象、人类活动和人类认知等多方面不确定性因子的综合影响，很难估计这些不确定性因子的客观分布。近年来，快速发展的多维水动力水质模型能较为快速准确地计算水环境风险，在评价中起到了积极的作用，但这些模型的计算需要大量实际监测数据做支撑。

6.1.3　太湖流域水量水质模拟系统

利用太湖流域水量水质数学模型，模拟分析江河湖连通调控工程体系调控风险及应对措施，综合分析了太湖流域平原河网的特点，根据水文、水动力学等原理，对流域平原河湖、河道汊口连接和各种控制建筑物及其调度运行方式进行模拟，合理概化流域各类供水、用水、耗水、排水，并采用一体化集成模式，将模型核心技术、数据库技术、地理信息系统技术及最新信息处理技术在系统底层进行集成，建立了适合于太湖流域水量、水质等分析计算的系统平台。该模型系统在流域水资源综合规划、太湖水量分配方案研究和钱塘江河口水资源规划浙北引水方案等研究中均发挥了重要作用，并在各项研究中不断完善。

太湖流域水量水质数学模型系统是目前流域规划、前期及相关技术分析论证工作采用的主要工具，可对太湖流域产汇流、一维河网水量、准三维太湖湖区水流与太湖流域一维河网水质及准三维太湖水质之间进行一体化耦合模拟。该系统主要包括六个模型：降雨径流模型、废水负荷模型、河网水量模型、河网水质模型、太湖湖流模型和太湖湖区水质模型。其中，降雨径流模型用于模拟太湖流域各类下垫面的降雨径流关系及净雨的汇流过程，为河网水量模型和废水负荷模型提供边界条件；废水负荷模型用于模拟流域内产生的废水量、排放位置、空间分布及污染物的排放过程；河网水量模型根据降雨径流模型和废水负荷模型提供的水量相关成果，再加上流域内引、排水工程的作用，模拟河网中的水流运动，计算各断面的水位、流量；河网水质模型根据水量模型提供的各断面水位和流量，再将废水中的污染物含量换算成干物质量，作为源项加入水质模型，模拟各河段的各时段平均水质指标；太湖湖流模型采用准三维模型，模拟不同风向、风速情况下的太湖湖流流场；太湖湖区水质模型用于模拟太湖湖区一般水质指标，为河网水质模型中太湖水域计算提供水质边界条件。

6.1.3.1 水量模型及求解方法

根据太湖流域平原河网的特点，将流域内影响水流运动的因素分别概化为零维模型（湖、荡、圩等零维调蓄节点）、一维模型（一维河道）、太湖二维（准三维）模型和联系要素（堰、闸、泵控制建筑物等）四类模型要素，分别采用相应的水动力学方法进行模拟。将模型模拟范围内所有模型要素的水动力学方程组离散后，经处理形成全流域统一的节点水位线性方程组，采用矩阵标识法进行求解，实现了整个流域平原河网的水流演进过程模拟。

6.1.3.2 水质模型及求解方法

太湖流域水质模型主要包括两大部分：一部分是污染物负荷模型；另一部分是河网湖泊污染物输移模型。模型中模拟的污染物包括 COD、BOD_5、$NH_3 - N$、TN、TP 和 DO，根据污染源又可分为点源污染和面源污染两大类。污染物负荷模型主要用来模拟和估计进入流域河网的点源和面源污染物负荷量。将污染物分为与降雨有关和与降雨无关两大类，利用 PROD 模型进行模拟。河网湖泊污染物输移模型用于描述各类进入水体中污染物组分之间的物理、化学和生物相互作用以及随河网水体的输送过程。水体中各类水质组分间的相互作用及降解过程，在水质基本方程中作为源汇项处理，采用美国 EPA 推出的 QUAL2E 方法进行计算和模拟。河道水质输移采用一维水质模型，太湖水质模型采用准三维水质模型，其他中小湖泊采用零维模型。水质基本方程采用有限差分法进行求解。

6.1.3.3 平原河网概化

根据太湖流域河道断面特性，将流域河道概化为复式的梯形断面。河网概化主要原则是：骨干河道单独概化；几条平行的小河道合并成一条概化河道；更小的基本上不起输水作用的河道作为陆域面上的调蓄水面处理。河网水量模型的模拟范围为扣除湖西山丘区、浙西山区以及滨江、江阴、沙洲、上塘四个自排区的流域平原区，面积为 $28539.5km^2$。流域河网水量模型的概化河网是在太湖流域新一轮防洪规划概化河网的基础上，通过收集更为详细的河网资料，进行细化而来（图 6.1）。流域平原河网地区的主要河道概化为 1482 条河道，1132 个节点（其中调蓄节点 165 个，不含太湖），控制建筑物 169 个；有边界条件的河道 63 条，其中外江、海潮位边界 43 条（沿长江 28 条，镇江—浏河；长江口 4 条，新川沙—吴淞口；东海 7 条，川杨河—金汇港；杭州湾 4 条，乍浦—盐官），山区入流流量边界 20 条（湖西山丘区 10 条，浙西山区 9 条，杭嘉湖山丘区 1 条）。

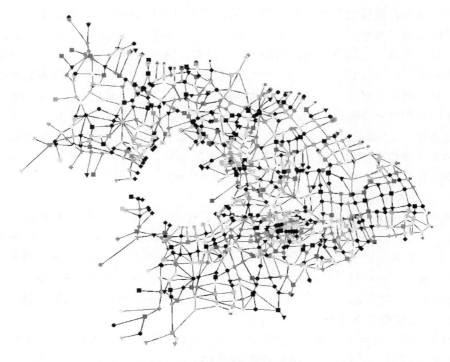

图 6.1　太湖流域河网概化图

6.1.3.4　边界条件

　　流域降雨径流模型和河网水量模型的边界条件包括整个流域的降雨、蒸发以及沿江、沿杭州湾潮位。沿江、沿杭州湾潮位是太湖流域平原河网水利计算重要的边界条件。根据收集到的沿江以及沿杭州湾潮位站的实测特征潮位资料，利用潮位站的单位潮位过程线，推求其整点潮位过程。再以镇江站为起点，沿流域边界按同样的坐标系统推算各潮位站及沿长江、杭州湾各概化河道河口距离，用拉格朗日三点插值求得各河口潮位边界条件。

6.2　太湖流域河湖连通工程综合调控风险评估及应对调控措施

6.2.1　风险情景设计

　　根据前述章节分析可知，规划工程实施后，太湖流域将形成以望虞河、新孟河、太浦河为骨干引排通道的河湖连通工程体系，其中，望虞河、新孟河是流域骨干引水河道，太浦河、望虞河、新沟河是流域骨干供排通道。

　　望虞河是流域引江济太和排泄太湖洪水的主要通道之一，兼排两岸地区洪水，对流域防洪、水资源配置和水环境改善具有举足轻重的作用。引江济太调水实践显示，要协调引水与防洪和区域排水的关系，需在望虞河引水期间，在控制太湖水位的同时，还要合理控制望虞河沿线水位，避免望虞河西岸区域排水影响入湖水质；如流域遭遇突发性降雨，或预报有台风暴雨袭击时，流域需转向防洪为主，望虞河转为排泄太湖洪水及两岸涝水。

新孟河延伸拓浚工程是流域规划的骨干引水工程，在湖西区新增了引江济太通道，提高了流域引江及水资源配置能力，增加了入太湖水资源量和水环境容量，同时可以改善太湖西北部竺山湖、梅梁湖两个湖湾及太湖西岸水质，促使太湖整体水体流动，促进湖西区水资源保护。洪水期工程还可以通过增加洪涝水北排长江水量，减少入太湖洪水量，减轻流域防洪压力。

太浦河工程是流域重要泄洪排涝和供水河道，它作为流域河湖连通工程体系中的骨干引排河道，既是流域排泄洪水的"高速通道"，也是流域水资源配置的"清水走廊"，承担着太湖向下游两省一市的供水任务。

新沟河作为武澄锡虞区沟通太湖梅梁湖湾与长江的河道，控制直湖港、武进港地区入湖口门，在5年一遇以下标准洪水下使直武地区涝水由南排太湖改为北排长江，减少梅梁湖湾外源污染入湖，改善太湖梅梁湖湾水环境。同时，在应急时也可以从长江引水入湖。

近年来，受气候变化、下垫面变化和人类活动的影响，太湖流域降水、径流等水文特性不断发生变化，区域降水丰枯变化的差异性和不确定性更加明显，使得流域水资源调配难度增大。相关研究表明，遭遇突发暴雨风险、特殊干旱、水环境恶化或突发水污染事件是河湖连通水资源配置过程中具有代表性的调控风险，也是太湖流域实际面临的典型风险。

6.2.1.1 常态引水的污染迁移风险情景

这里引水污染物迁移风险内涵主要是指：在引水过程中，由于污染物一次迁移（即指从源到河）和二次迁移（指到河的污染物由于水系连通调控过程再次随水流发生迁移，流到别的地方）的总原因，造成引水区水体断面水环境质量恶化这一不良后果的可能性，即其发生的概率和水环境恶化后果的乘积。事实上，此引水污染风险就是引水过程中污染物一次迁移风险和二次迁移风险的总和。本章节主要分析引供水过程的污染物汇入风险和污染迁移转化风险，以新孟河引水和望虞河引水的污染物迁移风险分析为例。

新孟河工程线路长，沿线地形复杂，区域河网水污染较为严重，同时新孟河两岸口门未实现全线控制，因此在引水入湖过程中存在水质恶化的风险。规划提出，为保证新孟河入太湖水质，根据新孟河延伸拓浚工程实施情况，应及时调整新孟河水功能区为保护区，水质目标为Ⅱ～Ⅲ类，研究提出限制排污总量意见和重要监控断面水质浓度。要强化运河以南漷湖、洮湖地区的污染治理，结合工程沿线实施水生态修复、河网综合整治等措施，通过优化水资源调度，保证入太湖水质。

望虞河全段划为保护区，水质目标为Ⅲ类。西岸支流入河水质对望虞河引水期间水质影响较大，必须严格控制西岸支流入河水质浓度。根据前述流域河湖连通工程规划规模，望虞河西岸控制工程和走马塘拓浚延伸工程已实施，望虞河西岸口门得到了有效控制；走马塘拓浚延伸工程实施后，张家港与望虞河采用平交方式，引水期间口门敞开，污水仍然有可能通过张家港口门进入望虞河。

利用太湖流域水量水质数学模型，在规划工况条件下，选取典型年分析太湖水位低于引水控制线，新孟河、望虞河等引水通道沿线河网水质差的水环境风险，包括沿线污染物汇入风险、从源到河的污染物迁移风险及随水流进行二次污染迁移风险和对周边地区供水水源地水环境影响分析等。通过统计分析水污染期间，骨干河道沿程代表断面水质、两岸支流断面水质、出入水量变化情况，判定风险大小。

6.2.1.2　遭遇区域突发性暴雨风险情景

通过模拟新孟河、望虞河等流域主要引水通道在平水典型年引水期间，遭遇区域突发性暴雨的水文情景，统计分析突发暴雨期间太湖及地区代表站水位变化、望虞河和新孟河沿线口门的水量变化情况，来判定太湖流域河湖连通工程体系调水引流过程中遇突发性暴雨可能引起的流域及区域防洪风险。

为规避干旱年或丰水年流域工程进行大量引水或大量排水等非常规调度，识别流域河湖连通工程体系常规调控下的风险大小，模拟情景将采取在平水年基础上叠加区域暴雨的方式来实现，即在1990年型平水年下，选择部分区域，分别叠加50年一遇设计暴雨和100年一遇设计暴雨进行对比分析。具体参数选择如下：

（1）暴雨区域选择。从最不安全角度考虑，将叠加暴雨中心设在望虞河、新孟河两引水通道附近，降雨区域包括湖西区、武澄锡虞区和阳澄淀泖区的阳澄湖片，如图6.2所示。

（2）叠加时段选择。重点分析新孟河、望虞河引水过程遭遇突发性暴雨的风险，从1990年型平水年规划工况下新孟河、望虞河引水过程来看（图6.3），5—9月两河均以引水为主，故选择5—9月为主要分析时段。

根据《太湖流域旱涝急转特性及2011年典型性分析》研究成果，流域旱涝状况划分为五个等级，即1级——涝、2级——偏涝、3级——正常、4级——偏旱、5级——旱。在年尺度上，典型年1990年属正常年份；在月尺度上，7—8月是由偏旱转涝的过渡期；按调度期划分来看，后汛期（7月21日至9月30日）偏涝（表6.1和表6.2）。因此，选择后汛期作为叠加暴雨时段。

表6.1　太湖流域1990年12个月旱涝划分结果

月份	1	2	3	4	5	6	7	8	9	10	11	12
等级	正常	涝	偏旱	偏涝	偏旱	偏旱	偏旱	涝	正常	正常	偏涝	偏涝

表6.2　太湖流域1990年各调度期旱涝划分结果

调度期	前汛期 （4月1日至6月15日）	主汛期 （6月16日至7月20日）	后汛期 （7月21日至9月30日）	非汛期 （10月1日至次年3月31日）
等级	正常	偏旱	偏涝	偏涝

（3）设计降雨过程。1954年、1991年和1999年暴雨导致了严重的流域性洪涝灾害，暴雨时空分布各具特点，基本反映了流域暴雨时空分布特征，资料和分析研究工作均较充分，因此，这三种年型降雨过程是流域设计暴雨典型过程。暴雨过程具有短历时性强等特点，在我国一般取1日、3日、7日、15日、30日作为暴雨统计时段，其中1日、3日、7日暴雨是一次暴雨的核心部分。为模拟分析最不利情景，确定设计降雨按最大7日降雨控制。

考虑到设计暴雨叠加区域为湖西区、武澄锡虞区与阳澄淀泖区，而1991年湖西区、武澄锡虞区与流域降雨量基本同频率，为此选择1991年最大7日降雨过程为典型降雨过程，并根据太湖流域防洪规划频率分析成果（表6.3），按照同频率放大进行分区设计降

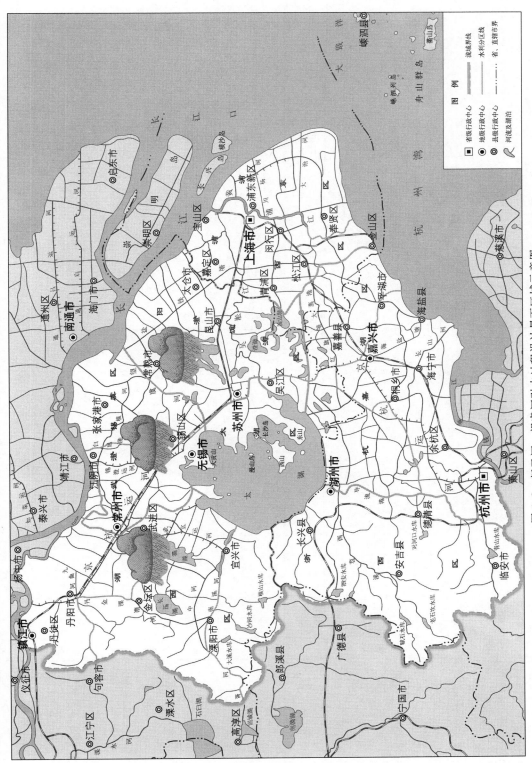

图 6.2　新孟河、望虞河引水过程设计暴雨区域示意图

雨，详见图 6.4 和图 6.5。

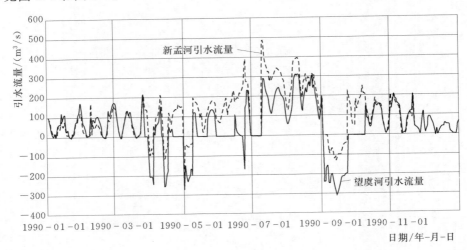

图 6.3　1990 年型新孟河、望虞河引水过程示意图

表 6.3　　　　　　　　　太湖流域分区降雨频率分析成果表

区　域	参　数	1 日	3 日	7 日
湖西区	EX	74.7	114.2	149.8
	C_v	0.44	0.4	0.4
	C_s/C_v	3.5	3.5	3.5
	$P(50)$	165.2	237.5	311.6
	$P(100)$	184.9	263.5	345.6
武澄锡虞区	EX	75.4	113.7	148.3
	C_v	0.46	0.43	0.43
	C_s/C_v	4	4	3.5
	$P(50)$	174.4	251.3	323.1
	$P(100)$	197.5	282.5	360.8
阳澄淀泖区	EX	70.1	105.7	142.8
	C_v	0.5	0.46	0.44
	C_s/C_v	3.5	3.5	3.5
	$P(50)$	169.1	240.7	315.8
	$P(100)$	191.7	270.6	353.4

6.2.1.3　遭遇流域性干旱风险情景

太湖流域供水以地表水源为主。由于地势低平，大型蓄水工程较少且集中在上游山丘区，大部分原水直接取自河道和湖泊，规避连续干旱的能力不强，供水水量存在安全风险。同时，在特殊干旱年从河道、湖泊取水可能给河湖生态环境健康带来风险。

利用数学模型，模拟流域遭遇不同重现期的特殊干旱年情景下流域供水和水生态等调

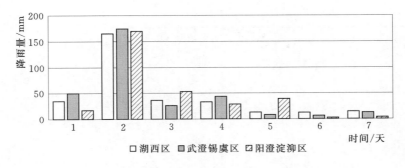

图 6.4　分区 50 年一遇设计降雨 7 日过程图

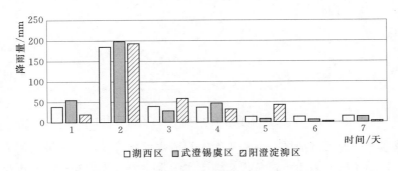

图 6.5　分区 100 年一遇设计降雨 7 日过程图

度目标的可达性，来判断现行调控措施下流域可能面临的向下游地区供水风险和生态环境风险大小。

（1）重点研究对象。太浦河作为太湖流域骨干供水河道，沿线分布有金泽水库取水口、平湖水厂取水口、嘉善水厂取水口等多个原水工程，担负着上海、嘉兴等地的供水任务。据统计，至 2020 年，太浦河沿线水源地设计供水能力达到 446 万 m³/d。各原水工程基本情况见表 6.4，位置参见图 6.6。因此，供水风险分析将以太浦河沿线取水口水位、太浦河控制线水量变化情况为重点。

表 6.4　　　　　　　　　　　　太浦河沿线各水源地及水厂统计表

序号	饮用水源地名称	隶属地市	主要水源	取水口位置	供水范围	取水规模/(万 m³/d)	
						现状	2020 年
1	金泽水库水源地	上海市	太浦河	青浦区金泽镇东部	青浦、闵行、奉贤、金山、松江等区的部分地区	—	351
2	嘉善水厂水源地	嘉兴市	太浦河	嘉善县丁栅镇水庙村北	嘉善县域	30	45
3	平湖水厂水源地		太浦河	嘉善县丁栅镇	平湖市域	35	50
合　　计						—	446

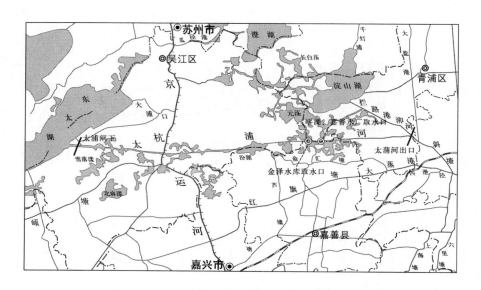

图 6.6 太浦河沿线取水口位置示意图

太湖流域属于平原河网地区，地势平缓，河流水面比降较小，区域河网水位与太湖水位密切相关，且相关研究表明，流域内河湖生态需水主要以太湖和地区代表站允许最低旬均水位、黄浦江松浦大桥断面允许最小月净泄流量作为控制目标。因此，将从太湖特征水位、区域代表站特征水位和黄浦江松浦大桥净泄流量等方面，分析流域河湖生态需水风险。

（2）典型年选择。为模拟特殊干旱年的极端情况，选择 95％降雨频率的典型年和 98％降雨频率的典型年作为水文情景输入。

根据流域相关研究结果，1967 年为太湖流域的枯水典型年（频率为 95％），全年雨量少，4—10 月全流域降雨量 596mm，保证率为 95％；但 7 月、8 月降雨量只有 148mm，降水频率 90.2％。太湖最大日均水位为 3.46m，主要出现在 5 月下旬。太湖水位在 4 月初缓慢上涨，至 5 月底出现 3.46m 的最高水位；6 月水位下降，6 月底出现 3.01m 的低水位，随后水位上升；7 月中下旬开始，因降雨偏少，用水量增加，太湖水位急剧下降，至 10 月 7 日出现 2.44m 的最低水位，湖东及湖西大部分地区河道最低水位降到 2.02～2.50m。

1978 年为太湖流域的枯水典型年（频率为 98％），流域平均年降雨量仅 676mm，为多年平均 1177mm 的 57％，其中 4—10 月降雨量为 447.1mm，保证率高达 99％以上。该年春汛小，无梅雨，高温持续时间长，春夏秋连旱。长期无雨造成河湖水位急剧下降，部分溪流断流，山区大量山塘、水库干涸。太湖瓜泾口年平均水位 2.60m，比历史最低的1925 年低 0.01m。浙江杭嘉湖区和浙西山区 4—10 月降雨保证率也高达 98％以上，嘉兴市 6 月 3 日至 9 月 24 日共 114 天未下过透雨。嘉兴运河最低水位 2.16m，崇德站最低水位 1.75m；湖州市各地最低水位：梅溪站 2.15m、德清站 2.10m、长兴站 2.12m、吴兴站2.22m，小梅口站 2.25m，均为新中国成立后最低纪录。

6.2.1.4 遭遇突发水污染风险情景

这部分聚焦于突发水污染事件，分析引供水过程中突发水污染事件可能引起的水环境风险。突发性水污染风险情景以太浦河沿线船只 NH_3-N 等有害化学物质泄漏、太湖蓝藻暴发等对太湖下游地区供水的风险分析为例进行研究。

（1）骨干供水河道突发水污染事件的风险。太浦河作为流域骨干引供水河道，具有防洪、排涝、供水和航运等多重功能。《太湖流域综合规划（2012—2030 年）》《太湖流域水资源综合规划》等将太浦河作为流域内的主要水源地之一，规划 2020 年以太浦河为集中式饮用水水源地的主要有浙江省嘉善、平湖太浦河原水厂以及上海市金泽水库，取水规模将达到 446 万 m^3/d。《太湖流域水功能区划（2010—2030 年）》将太浦河全部划为保护区，水质目标为 II～III 类。根据前述流域河湖连通工程规划规模，太浦河南岸敞开口门已建闸控制，为保护太浦河供水水质，兼顾京杭运河航运要求，规划初拟京杭运河与太浦河交叉建筑物采用立交方式，南北岸相应修建船闸，沟通京杭运河与太浦河，适当控制并逐步调整太浦河的航运功能。但太浦河两岸码头林立、船厂分散，京杭运河航运繁忙，太浦河依然存在突发水污染的安全隐患。

（2）太湖蓝藻暴发下河湖连通的环境风险。太湖是流域水资源调蓄中心，具有防洪、供水、生态、航运、旅游及养殖等多方面功能，是流域内最重要的水源地，也是周边地区最重要的补充水源，其水环境状况对流域经济社会可持续发展具有十分重要的作用。近年来，由于人类活动的影响及不合理的开发利用，太湖水生态系统受到损害，水质恶化和富营养化的加剧诱发太湖西北部湖区蓝藻水华时有暴发，直接影响沿湖取水口水质。通过调水，一方面是缓解蓝藻暴发危机；另一方面也可能导致湖内污染物迁移，影响区域及引排通道水环境，带来污染物二次迁移风险。

6.2.2 流域骨干引水河道常态引水的污染迁移风险分析

6.2.2.1 风险情景模拟分析

（1）新孟河常态引水情景计算方案。根据相关调查结合水利普查资料，2011 年，新孟河沿线污染源主要包括生活污染源 20 家和工业污染源 13 家，其中工业污染企业以化工、纺织印染行业为主，绝大多数污染源位于新孟河与京杭运河、武宜运河与太滆运河交界沿线，如图 6.7 所示。

根据污染源资料统计，新孟河沿线 13 家企业废水排放量共计 5101.2 万 t/a，COD 排放量 6787.3 万 t/a，BOD 排放量 1078.1 万 t/a，NH_3-N 排放量 498.1 万 t/a，TN 排放量 664.1 万 t/a，TP 排放量 83.2 万 t/a。新孟河沿线主要涉及丹阳市、常州市新北区、武进区和金坛市 4 个县市部分区域，根据调查预测规划工况 2020 年的县市农村人口、化肥施用量、畜禽养殖、水产养殖、旱地、水田面积等基础资料，结合流域内污染物发生当量取值范围计算分析，新孟河沿线面源污染 COD、NH_3-N、TP 和 TN 入河量分别为 5.56 万 t/a、0.4 万 t/a、0.13 万 t/a 和 1.01 万 t/a。

根据以上污染源资料分析，由于新孟河两岸口门未实现全线控制，在新孟河引水入湖过程中存在污染物汇入的风险。本次研究水情分别选取 90% 枯水典型年 1971 年和 50% 平水典型年 1990 年，模拟分析太湖水位低于引水控制线，且引水通道新孟河沿线河网水质

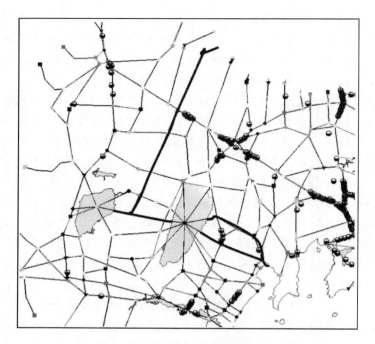

图 6.7   新孟河沿线污染源分布示意图

变差的水环境风险，具体见表 6.5。

表 6.5   新孟河水环境风险分析的计算方案

方案编号	方案简称	分析年型	计算工况	计算时段	降雨	沿线污染源
HJ1	新孟河环境风险	1971 年型（90%）	2020 年工况	全年期	实况	水利普查数据
JC	基础方案	1990 年型（50%）			实况	

（2）望虞河常态引水情景计算方案。根据相关调查结合水利普查资料，2011 年，望虞河西岸污染源主要包括生活污染源 5 家和工业污染源 9 家，其中工业污染企业以纺织印染行业为主，污染源主要分布于锡北运河、九里河和严羊河沿线，如图 6.8 所示。

根据污染源资料统计，望虞河西岸 9 家企业废水排放量共计 310.5 万 t/a，COD 排放量 465.5 万 t/a，BOD 排放量 111.8 万 t/a，NH_3-N 排放量 30.5 万 t/a，TN 排放量 40.5 万 t/a，TP 排放量 5 万 t/a。污染物排放量较多的依次为锡北运河沿线、张家港河沿线、严羊河沿线和九里河沿线，除张家港沿线以造纸业为主，其他污染源均以纺织印染为主，锡北运河和张家港河沿线污染物排放较多，废水总量、COD、BOD、NH_3-N、TN 和 TP 排放量分别占望虞河西岸总污染量的 79.8%、71.1%、74.1%、80.0%、79.8% 和 80.0%。

望虞河西岸主要涉及张家港、常熟市和无锡锡山区 3 个县市部分区域，根据调查预测

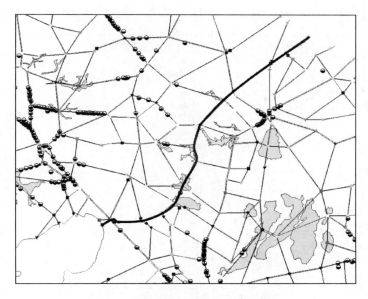

图 6.8　望虞河沿线污染源分布示意图

规划工况 2020 年的县市农村人口、化肥施用量、畜禽养殖、水产养殖、旱地、水田面积等基础资料，结合流域内污染物发生当量取值范围计算分析，望虞河西岸面源污染 COD、NH_3-N、TP 和 TN 入河量分别为 2.22 万 t/a、0.16 万 t/a、0.05 万 t/a 和 0.40 万 t/a。

由于规划工况条件下，望虞河西岸沿线口门除张家港口门外，都实行有效控制，污水汇入风险较小，因此，重点分析来自张家港河污水汇入望虞河的风险。本次研究分别选取 90% 枯水典型年 1971 年和 50% 平水典型年 1990 年（表 6.6），对望虞河西岸支流张家港的污染源汇入进行模拟，选择望虞河沿线江边闸内、虞义大桥、张桥、大桥角新桥、望亭闸下五个断面及太湖贡湖水源地主要监测断面作为水质重点分析断面。

表 6.6　　　　　　　　　　望虞河西岸污水汇入风险分析的计算方案

方案编号	方案简称	分析年型	计算工况	计算时段	降雨	沿线污染源
HJ2	望虞河环境风险	1971 年型（90%）	2020 年工况	全年期	实况	水利普查数据
JC	基础方案	1990 年型（50%）			实况	

6.2.2.2　模拟结果分析

（1）新孟河常态引水情景下污染迁移风险分析。

1）干流沿线污染物汇入迁移风险分析。干流沿线污染物汇入迁移风险可分为两部分，分别是支流污染物汇入风险和沿水流迁移入湖风险。

a. 支流污染物汇入风险，即新孟河两岸的污染物随着支流汇集流入新孟河干流，造成新孟河干流发生水污染的风险。新孟河污染汇入风险水质分析断面选取了新孟河干流 16 个断面，新孟河西岸 6 个断面，新孟河东岸 5 个断面，北干河南岸 1 个断面，太滆运河北岸 4

个断面，漕桥河南岸 1 个断面，如图 6.9 所示。水质分析指标选取 COD、NH_3-N 和 TP。

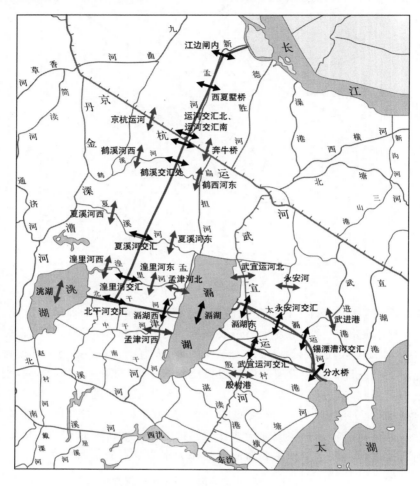

图 6.9　新孟河水环境风险分析断面示意图

规划工况，2020 年预测污染物排放量分别遇平水年 1990 年型和枯水年 1971 年型降雨，新孟河两岸支流全年期水质浓度均值模拟结果见表 6.7。

根据表 6.7，从区域平均水质来看，西南岸和东北岸水质均相对较差，除 COD 为 Ⅲ 类外，其余指标均为 Ⅳ ～ 劣 Ⅴ 类。西南岸孟津河南段和夏溪河西段水质最差，东北岸永安河、锡溧漕河、武进港水质相对较差。

根据图 6.10，新孟河两岸平均水质也受新孟河引江量的影响，成较强的正相关性。新孟河持续引水时两岸平均水质都越来越好，一旦新孟河减少引江量或排江时水质就会立刻变差，这也说明新孟河引水有利于改善两岸地区水质。

b. 沿水流迁移入湖风险，即在新孟河两岸污染汇入风险的基础上，在水流作用下，污染物有可能沿着新孟河干流扩散至太湖，给太湖带来水环境风险。根据规划工况，2020 年预测污染物排放量分别遇平水年 1990 年型和枯水年 1971 年型降雨，新孟河干流全年期水质浓度均值模拟结果见表 6.8。

表6.7　新孟河两岸全年期水质浓度均值模拟结果

单位：mg/L

分析断面		COD				NH₃-N				TP			
		1990年型		1971年型		1990年型		1971年型		1990年型		1971年型	
		浓度	类别	浓度	类别	浓度	类别	浓度	类别	浓度	类别	浓度	类别
新孟河西南岸	京杭运河	14.72	I	14.97	I	1.49	IV	1.61	V	0.2	III	0.21	IV
	鹤溪河西	15.15	III	14.99	I	1.44	IV	1.26	IV	0.21	IV	0.16	III
	夏溪河西	15.91	III	16.12	III	1.68	V	1.59	V	0.22	IV	0.18	III
	湟里河西	13.74	I	13.54	I	0.72	III	0.68	III	0.14	II	0.1	II
	洮湖	15.17	III	14.96	I	0.38	II	0.25	II	0.16	III	0.12	III
	孟津河南	17.74	III	44.84	劣V	1.87	V	8.65	劣V	0.27	IV	0.73	劣V
	殿村港	14.78	I	14.79	I	0.72	III	0.7	III	0.18	III	0.16	III
	西南岸平均	15.32	III	19.17	III	1.19	IV	2.11	劣V	0.19	III	0.24	IV
新孟河东北岸	莽牛桥	14.53	I	15.36	III	1.54	V	1.85	V	0.22	IV	0.27	IV
	鹤溪河东	14.77	I	15.14	III	1.13	IV	1.42	IV	0.15	III	0.2	III
	夏溪河东	14.31	I	14.21	III	1	III	0.87	III	0.14	III	0.1	III
	湟里河东	13.88	I	13.87	I	0.92	III	0.84	III	0.17	III	0.13	III
	孟津河北	13.21	I	13.16	I	0.85	III	0.79	III	0.15	III	0.11	III
	武宜运河北	15.2	III	14.46	I	0.97	III	0.7	III	0.2	IV	0.16	III
	永安河	24.28	IV	30.89	V	2.94	劣V	4.33	劣V	0.44	劣V	0.54	劣V
	锡溧漕河	21.88	IV	24.53	IV	2.72	劣V	3.49	劣V	0.43	劣V	0.5	劣V
	武进港	20.02	IV	22.27	IV	2.33	劣V	3.04	劣V	0.39	劣V	0.45	劣V
	东北岸平均	16.9	III	18.21	III	1.6	V	1.92	V	0.25	IV	0.27	IV

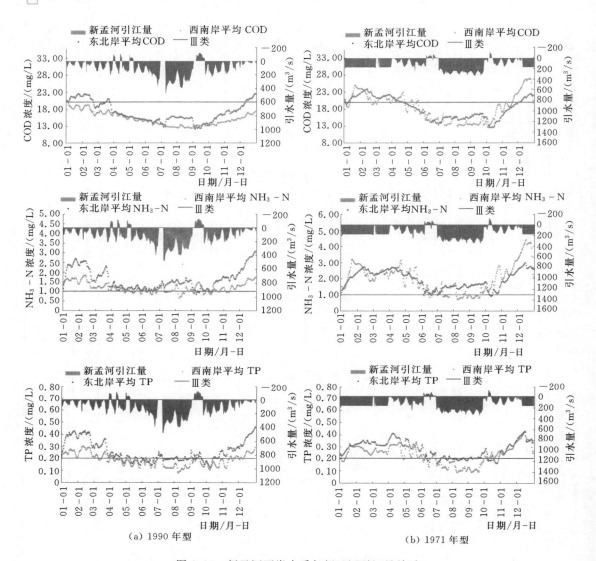

（a）1990 年型　　　　　　　　　（b）1971 年型

图 6.10　新孟河两岸水质与新孟河引江量关系

　　根据表 6.8，从新孟河干流各分析断面水质模拟情况来看，沿程水质逐渐变差。根据图 6.11，从全年平均水质来看，1990 年型的模拟结果显示在太滆运河和武进港交汇处水质浓度达沿程最高值；1971 年型的模拟结果显示分水桥断面处水质浓度达沿程最高值，太滆运河和武进港交汇处次之。总体而言，除滆湖外，新孟河沿程各断面水质逐渐变差，运河以北水质相对较好。TP 和 TN 浓度沿程急剧升高，NH_3-N 浓度呈现沿程波动的趋势，在新孟河、北干河交汇处和滆湖处浓度较低，滆湖以西 NH_3-N 浓度经过滆湖后得到了净化稀释，使得滆湖以东入太湖段的水体 NH_3-N 浓度保持稳定；COD 浓度沿程变化不大。从滆湖东—分水桥断面水质情况来看，入太湖段漕桥河水质明显优于太滆运河水质。从全年水质浓度最大值来看，新孟河沿程断面水质浓度最高值多超过Ⅲ类水质，对引水入湖来说存在一定风险。

表6.8　新孟河干流全年期水质浓度均值模拟结果

单位：mg/L

分析断面		COD 1990年型 浓度	类别	COD 1971年型 浓度	类别	NH$_3$-N 1990年型 浓度	类别	NH$_3$-N 1971年型 浓度	类别	TP 1990年型 浓度	类别	TP 1971年型 浓度	类别
运河以北	江边闸内	14.34	I	14.51	I	0.59	III	0.56	III	0.04	II	0.03	II
	西夏墅桥	14.21	I	14.38	I	0.62	III	0.58	III	0.05	II	0.04	II
	运河交汇北	13.96	I	14.09	I	0.69	III	0.64	III	0.07	II	0.05	II
运河以南	运河交汇南	14.00	I	14.07	I	0.71	III	0.65	III	0.08	II	0.06	II
	鹤溪河交汇	14.20	I	14.19	I	0.85	III	0.77	III	0.11	III	0.08	II
	夏溪河交汇	14.08	I	14.03	I	0.91	III	0.82	III	0.13	III	0.09	II
	湟里河交汇	13.96	I	13.81	I	0.89	III	0.80	III	0.13	III	0.10	III
	北干河交汇	13.73	I	13.56	I	0.86	III	0.70	III	0.13	III	0.10	III
	滆湖西	13.51	I	13.41	I	0.86	III	0.79	III	0.15	III	0.11	III
	滆湖	13.21	I	13.20	I	0.38	III	0.36	III	0.15	III	0.12	III
	滆湖东	13.26	I	13.21	I	0.38	III	0.36	III	0.15	III	0.12	III
	永安河交汇	14.36	I	13.54	I	0.62	III	0.46	III	0.18	III	0.14	III
	锡溧漕河交汇	15.14	III	14.25	III	0.74	III	0.56	III	0.20	III	0.15	III
	武进港交汇	16.43	III	15.66	I	0.86	III	0.66	III	0.21	IV	0.17	III
	武宜运河交汇	14.24	I	14.19	I	0.52	III	0.50	II	0.17	III	0.14	III
	分水桥	15.37	III	15.32	III	0.78	III	0.72	III	0.20	IV	0.17	III

新孟河沿线

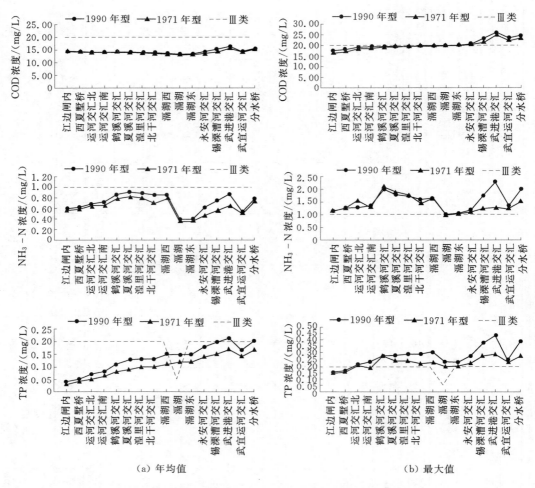

（a）年均值　　　　　　　　　　（b）最大值

图 6.11　新孟河干流沿程水质浓度年均值和最大值

　　图 6.12 为新孟河干流水质与新孟河引江量相应关系。分析可见，新孟河起点江边闸内断面水质受引江量的波动幅度相对较小，水质也较好，全年基本在 Ⅱ 类以上，但在新孟河不引水的时段水质仍会急剧变差（COD 除外）。新孟河入湖段分水桥断面水质随引江量的波动较为明显，遇 1990 年典型年时，在引水量较大的 6—8 月，分水桥断面水质指标浓度均低于 Ⅲ 类水标准线，水质较好，在引水量较小的其余月份水质则略差；遇 1971 年典型年时，在持续引水的 1—3 月和 7—9 月，分水桥断面水质指标浓度均低于 Ⅲ 类水标准线，水质较好，在引水量较小的其余月份则超过 Ⅲ 类水标准线，水质较差。总体上可以得出，新孟河干流水质与新孟河引江量成正相关性，新孟河持续引水时干流水质逐渐变好，一旦引江量减少或排江时干流水质就会变差，说明新孟河引水对改善新孟河入湖水质的效果较明显。

　　入太湖水质一般要求保证 Ⅲ 类水以上，从新孟河引江口江边闸内断面水质可以看出，新孟河所引长江水水质较好，基本在 Ⅱ 类水体以上，但新孟河引水入湖过程中随着两岸污水的汇入，沿程水质可能变差，存在污染物迁移入湖的风险。在新孟河引水量较大的月份

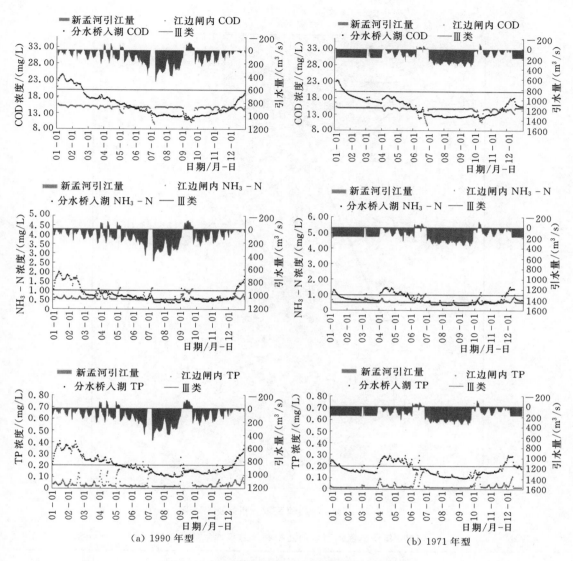

(a) 1990 年型　　　　　　　　　　　　　　　(b) 1971 年型

图 6.12　新孟河干流水质与新孟河引江量关系

（7—9 月），入湖分水桥断面水质逐渐变好，可以保证入湖水质在Ⅲ类以上，基本无风险；在新孟河引水量较小的月份（1—4 月），入湖分水桥断面水质明显较差，存在污染迁移入湖的风险。

2）相邻区域污染物迁移风险分析。湖西区和武澄锡虞区为新孟河的相邻河网地区，在新孟河引水过程中与其存在密切的水量交换。本次选择 50% 平水典型年 1990 年，模拟分析引水前、后新孟河相邻河网区域的湖西区金坛、坊前和武澄锡虞区常州共三个断面的污染物迁移风险，断面分布情况如图 6.13 所示。在引调水过程中，污染风险因子为 COD、NH₃－N 和 TP，新孟河干流沿线相邻区域引水前后的水质浓度均值模拟结果见表 6.9。

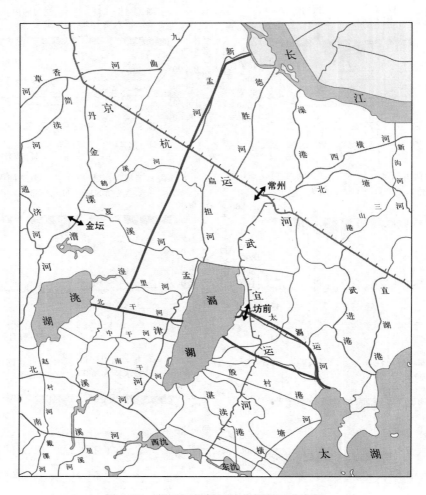

图 6.13 新孟河相邻区域分析断面分布图

表 6.9 　　　　　　　　1990 年型新孟河引水前后相邻区域平均水质浓度表　　　　　　　　单位：mg/L

分析断面	COD			NH₃-N			TP		
	引水前	引水期	幅度	引水前	引水期	幅度	引水前	引水期	幅度
金坛	14.91	14.77	−1%	1.75	1.49	−14%	0.27	0.17	−38%
坊前	11.49	11.21	−2%	0.27	0.22	−17%	0.12	0.12	−5%
常州	15.27	15.35	1%	2.06	1.66	−20%	0.34	0.27	−20%

　　根据表 6.9 和图 6.14，分析规划工况 1990 年型新孟河引水前和引水期间模拟计算成果，可见湖西区和武澄锡虞区水质改善较明显，金坛、常州断面的 NH_3-N 和 TP 指标浓度明显下降，NH_3-N 指标平均浓度分别下降了 14% 和 20%，TP 指标平均浓度分别下降了 38% 和 20%。常州站 COD 浓度略有增加，但增加幅度不超过 5%。可以看出，新孟河引水期间增加了两岸流量分配，部分长江清水通过两岸口门分别进入湖西区和武澄锡虞

区，河道水环境容量得到了增加，加快了地区河网水体流动，从而改善相邻片区水环境质量。因此，在新孟河常态引水下，引水过程中污染物迁移风险较小，基本不会对相邻片区河网水环境造成影响。

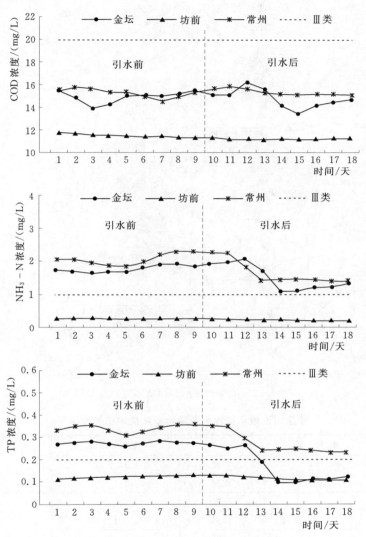

图 6.14　引水前后新孟河相邻区域水质浓度日均值变化对比

3）对供水水源地的影响。根据《江苏省水功能区划》，新孟河沿线的供水水源地主要有洮湖水源地和西氿水源地，其位置如图 6.15 所示。其中洮湖水源地控制重点城镇为金坛市，水源地面积 96.7km²，2020 年水质目标为Ⅲ类；西氿水源地位于西氿，控制重点城镇为宜城镇，水源地面积 13.86km²，2020 年水质目标为Ⅲ类。

规划工况下，1990 年型和 1971 年型降雨下，新孟河沿线水源地水质变化情况见表 6.10。从全年平均水质来看，洮湖水源地水质基本为Ⅱ～Ⅲ类，西氿水源地水质基本为Ⅲ～Ⅳ类，洮湖水源地水质好于西氿水源地。

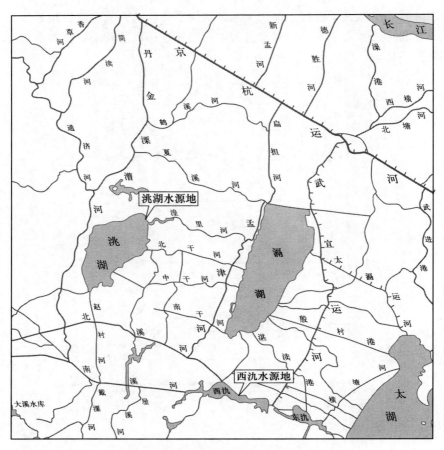

图 6.15　洮湖水源地和西氿水源地位置图

表 6.10　　　　　　　新孟河沿线水源地全年期水质浓度均值模拟结果　　　　　单位：mg/L

断面			洮湖水源地	西氿水源地
COD	1990 年型	浓度	13.73	15.49
		类别	Ⅰ	Ⅲ
	1971 年型	浓度	13.53	16.09
		类别	Ⅰ	Ⅲ
NH₃-H	1990 年型	浓度	0.72	1.41
		类别	Ⅲ	Ⅳ
	1971 年型	浓度	0.68	1.43
		类别	Ⅲ	Ⅳ
TP	1990 年型	浓度	0.14	0.24
		类别	Ⅲ	Ⅳ
	1971 年型	浓度	0.10	0.23
		类别	Ⅱ	Ⅳ
TN	1990 年型	浓度	1.35	2.79
	1971 年型	浓度	0.98	2.73

新孟河沿线水源地水质与新孟河引江量的关系如图 6.16 和图 6.17 所示。由图可知，湖西区的洮湖水源地和西氿水源地水质随引江量而产生较为明显的波动。水源地水质基本与新孟河引江量成正相关性，新孟河持续引水时干流水质逐渐变好，一旦引江量减少或排江时水源地水质就会变差，说明新孟河引水对改善周边水源地水质有一定效果。

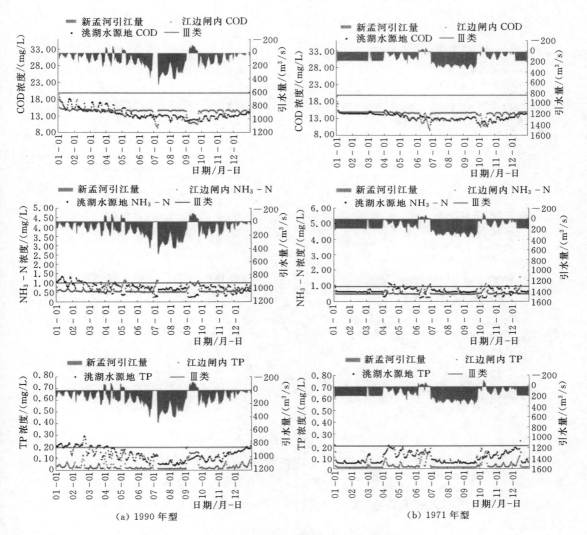

(a) 1990 年型　　　　　　　　　　　　　(b) 1971 年型

图 6.16　新孟河引江量与洮湖水源地水质关系

综上分析，采用水质综合评价法，新孟河引水入湖风险和两岸污水汇入风险等级如图 6.18 所示。新孟河工程两岸口门未实现全面控制，新孟河在引水入湖过程中存在两岸支流汇入污染的风险。根据图 6.18（文后附彩插），西南岸孟津河南段、夏溪河西段和东北岸永安河、锡溧漕河、武进港 5 条河流汇入污染的风险最大。

（2）望虞河常态引水情景下的污染迁移风险分析。

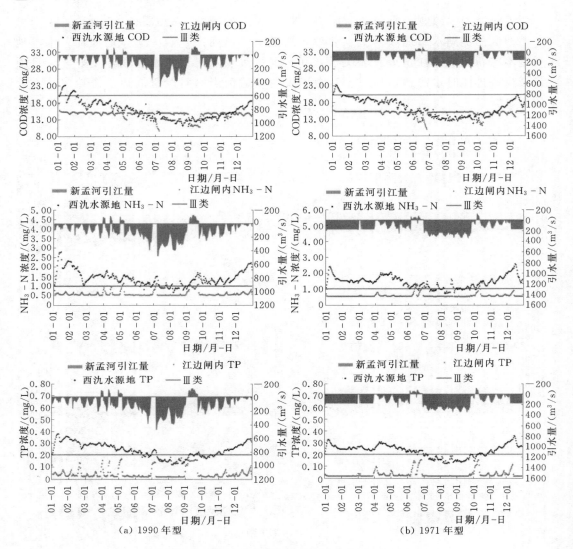

图 6.17　新孟河引江量与西氿水源地水质关系

1）干流沿线污染物汇入迁移风险。望虞河西岸污水汇入风险分析水质、分析断面选取了望虞河干流江边闸内、虞义大桥、张桥、大桥角新桥、望亭闸下 5 个断面，太湖贡湖水源地、望虞河西岸支流张家港断面，如图 6.19 所示。水质分析指标选取 COD、$NH_3 - N$ 和 TP。

规划工况，2020 年预测污染物排放量分别遇平水年 1990 年型和枯水年 1971 年型降雨，望虞河沿线全年期水质浓度均值模拟结果见表 6.11。由表可知，望虞河西岸张家港水质除 COD 外，其余指标均在 V～劣 V 类，水质明显差于望虞河干流水质。

图 6.20 所示为望虞河干流沿程水质浓度年均值和最大值分布，从全年平均水质来看，望虞河沿程在望亭立交闸下和张桥断面处水质较差，望亭立交闸下浓度达沿程最高值。总体而言，望虞河沿程各断面 COD、$NH_3 - H$ 和 TP 浓度逐渐升高，TP 浓度在经过了大桥

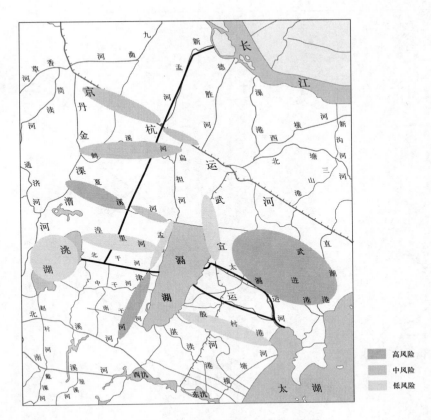

图 6.18　新孟河水环境风险示意图

角新桥断面鹅镇荡、漕湖的稀释净化作用后有所回落。从全年水质最大值来看，望虞河沿程各个断面 4 个水质指标均超过Ⅲ类，对引水入湖来说水污染风险很大。

表 6.11　　　　　　　　　　望虞河沿线全年期水质浓度均值模拟结果　　　　　　　　　　单位：mg/L

断　　面		COD				NH_3-N				TP			
		1990 年型		1971 年型		1990 年型		1971 年型		1990 年型		1971 年型	
		浓度	类别	浓度	类别	浓度	类别	浓度	类别	浓度	类别	浓度	类别
望虞河干流	江边闸内	14.51	Ⅰ	14.66	Ⅰ	0.6	Ⅲ	0.57	Ⅲ	0.06	Ⅱ	0.04	Ⅱ
	虞义大桥	15.5	Ⅲ	14.8	Ⅰ	0.87	Ⅲ	0.7	Ⅲ	0.12	Ⅲ	0.08	Ⅱ
	张桥	16.66	Ⅲ	16.57	Ⅲ	1.04	Ⅳ	1.04	Ⅳ	0.17	Ⅲ	0.15	Ⅲ
	大桥角新桥	18.96	Ⅲ	17.13	Ⅲ	0.85	Ⅲ	0.82	Ⅲ	0.14	Ⅲ	0.13	Ⅲ
	望亭闸下	34.94	Ⅴ	29.05	Ⅳ	1.38	Ⅳ	1.24	Ⅳ	0.15	Ⅲ	0.15	Ⅲ
贡湖水源地		28.61	Ⅳ	26.09	Ⅳ	1.37	Ⅳ	1.2	Ⅳ	0.13	Ⅲ	0.12	Ⅲ
张家港支流		27.86	Ⅳ	28.18	Ⅳ	3.91	劣Ⅴ	3.8	劣Ⅴ	0.6	劣Ⅴ	0.59	劣Ⅴ

图 6.21 所示为望虞河沿线水质与望虞河引江量相应关系。分析可见，望虞河起点江

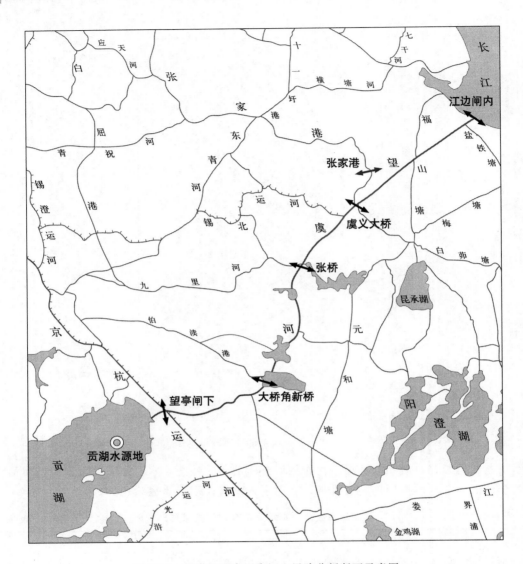

图 6.19   望虞河西岸污水汇入风险分析断面示意图

边闸内断面水质受引江量的波动幅度相对较小，水质也较好，全年基本在Ⅲ类水左右，但在望虞河不引水的时段水质仍会急剧变差（COD除外）。望亭闸下水质随引江量的波动较为明显，遇1990年典型年降雨时，在引水量较大的7—8月，望亭闸下各指标浓度均在Ⅲ类水标准线上下，在引水量较小的其余月份水质则较差；遇1971年典型年降雨时，在持续引水的1—5月和7—9月，望亭闸下各指标浓度均在Ⅲ类水标准线上下，在引水量较小的其余月份水质则较差。总体上可以得出，望虞河干流水质与望虞河引江量成正相关性，望虞河持续引水时干流水质相对较好，一旦引江量减少或排江时干流水质就会恶化，这也说明望虞河引水具有排挤张家港污水、改善望虞河入湖水质的效果。

望虞河沿线水质与望虞河引江量关系分析结果表明，望虞河西岸张家港水质也受望虞河引江量的影响，成较强的正相关性。望虞河引江量较大时望虞河西岸张家港水质较好，

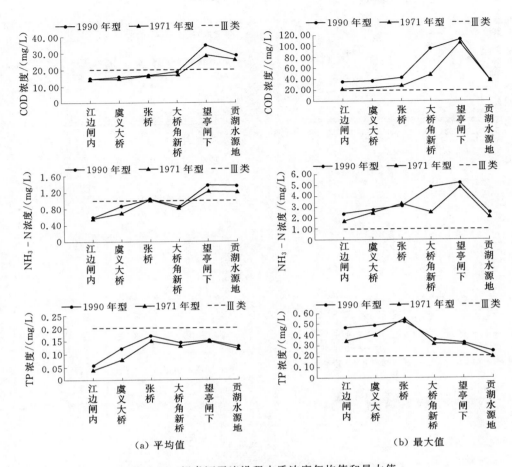

（a）平均值　　　　　　　　　　　　（b）最大值

图 6.20　望虞河干流沿程水质浓度年均值和最大值

一旦望虞河减少引江量或排江时望虞河西岸张家港水质就会相应变差，说明望虞河引水有利于改善西岸地区水质。

2）相邻河网区域污染物迁移风险。望虞河是流域引江济太骨干河道，规划将实施望虞河后续工程，进一步扩大望虞河行洪和引水能力。望虞河全段划为保护区，水质目标为Ⅲ类。本次分析选择 50% 平水典型年 1990 年降雨，模拟分析望虞河引水前后对相邻河网区域武澄锡虞区九里河、张家港和阳澄淀泖区常熟、湘城共 4 个断面的污染物迁移风险，断面分布情况如图 6.22 所示。在引调水过程中，污染风险因子为 COD、$NH_3 - N$ 和 TP。

根据规划工况，2020 年预测污染物排放量遇平水年 1990 年型降雨，望虞河引水前后相邻区域水质情况对比见表 6.12 和图 6.23。从水质变化过程来看，望虞河引水期间，东岸阳澄淀泖区从望虞河引水量增加，加快了地区河网水体流动，水质改善较明显，常熟断面的各指标浓度下降尤为明显，COD、$NH_3 - N$、TP 平均浓度分别下降了 16%、24% 和 30%。引水前后望虞河西岸武澄锡虞区水质改善较为明显。其中，与望虞河有较大水量交换的张家港河，引水期主要水质指标均有下降，平均降幅达 46%；九里河 COD 虽有所上

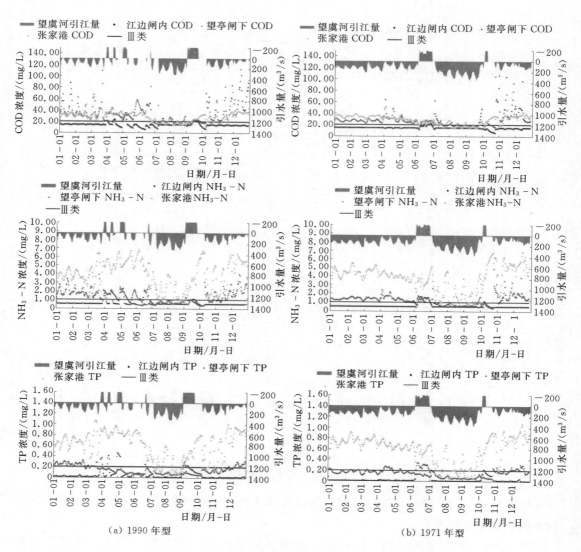

图 6.21　望虞河沿线水质与望虞河引江量关系

升，但升幅仅 6%，风险在可接受范围内。可见，在望虞河常态引水下，基本不会对相邻片区河网水环境造成负面影响。

表 6.12　　　　1990 年型望虞河引水前后相邻区域平均水质浓度成果　　　　单位：mg/L

分析断面	COD			NH₃-N			TP		
	引水前	引水期	幅度	引水前	引水期	幅度	引水前	引水期	幅度
九里河	18.16	19.19	6%	2.16	1.39	−47%	0.66	0.64	−3%
张家港	22	17.62	−20%	3.65	1.73	−53%	0.452	0.21	−54%
常熟	26.52	22.33	−16%	1.94	1.47	−24%	0.33	0.23	−30%
湘城	25.69	27.77	8%	1.35	1.19	−11%	0.3	0.28	−7%

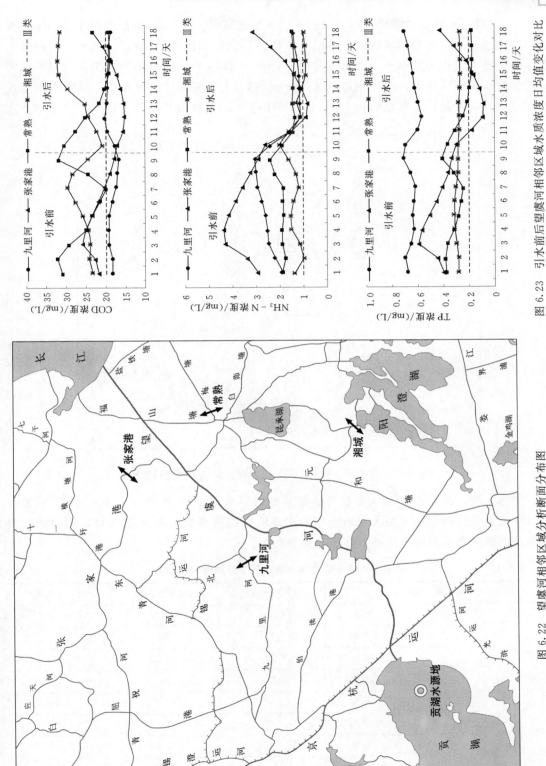

图 6.23 引水前后望虞河相邻区域水质浓度日均值变化对比

图 6.22 望虞河相邻区域分析断面分布图

3）对供水水源地的影响。根据《江苏省水功能区划》，望虞河西岸的供水水源地主要有阳澄湖水源地、傀儡湖水源地和尚湖水源地，其位置如图 6.24 所示。其中，阳澄湖水源地控制重点城镇为苏州市，水源地面积 5.6km²，2020 年水质目标为Ⅲ类；傀儡湖水源地控制重点城镇为昆山，水源地面积 6.86km²，2020 年水质目标为Ⅱ类；尚湖水源地控制重点城镇为常熟，水源地面积 8.0km²，2020 年水质目标为Ⅱ类。

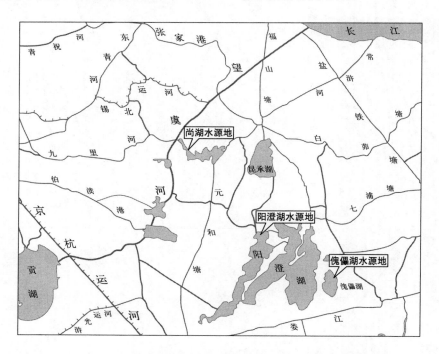

图 6.24　望虞河西侧阳澄湖、傀儡湖、尚湖水源地位置图

规划工况，2020 年预测污染物排放量分别遇平水年 1990 年型和枯水年 1971 年型降雨，望虞河沿线西侧的有关水源地全年期水质浓度均值模拟结果见表 6.13，阳澄湖、傀儡湖和尚湖三个水源地水质基本处于Ⅲ～Ⅴ类。

表 6.13　　　　　　　望虞河西侧水源地全年期水质浓度均值模拟结果　　　　　　单位：mg/L

水源地			阳澄湖水源地	傀儡湖水源地	尚湖水源地
COD	1990 年型	浓度	22.01	27.18	18.49
		类别	Ⅳ	Ⅳ	Ⅲ
	1971 年型	浓度	22.84	27.17	17.73
		类别	Ⅳ	Ⅳ	Ⅲ
NH₃-N	1990 年型	浓度	1.65	1.23	1.43
		类别	V	Ⅳ	Ⅳ
	1971 年型	浓度	1.51	1.38	1.25
		类别	V	Ⅳ	Ⅳ

水 源 地			阳澄湖水源地	傀儡湖水源地	尚湖水源地
TP	1990 年型	浓度	0.28	0.3	0.23
		类别	IV	IV	IV
	1971 年型	浓度	0.26	0.3	0.18
		类别	IV	IV	III
TN	1990 年型	浓度	3.77	4.37	2.46
	1971 年型	浓度	3.36	4.25	1.86

图 6.25～图 6.27 分别为三个水源地水质指标浓度与望虞河引江量相应关系。分析可见，望虞河西侧的阳澄湖、傀儡湖和尚湖水源地水质，受望虞河引江量的影响。遇 1990

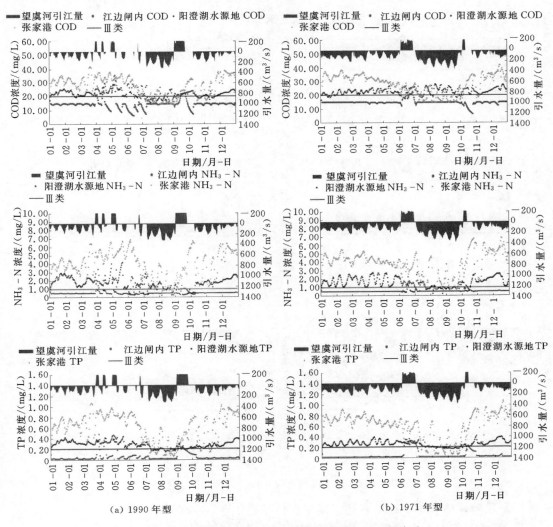

(a) 1990 年型　　　　　　　　　　　(b) 1971 年型

图 6.25　阳澄湖水源地水质指标与望虞河引江量关系

年和 1971 年典型年时，在引水量较大的月份，水源地水质相对较好，在引水量较小的其余月份水质则略差。尚湖水源地由于距离望虞河较近，水质受望虞河引江影响更为明显，遇 1990 年典型年时，在引水量较大的 6—8 月，水源地水质指标浓度基本低于Ⅲ类线，水质较好，在引水量较小的其余月份水质则略差。

总体而言，阳澄湖、傀儡湖和尚湖三个水源地距离望虞河及张家港有一定距离，是望虞河引江水环境风险的低风险地区。望虞河西侧水源地水质基本与望虞河引江量成正相关性，望虞河持续引水时水源地水质逐渐变好，一旦引江量减少或排江时水源地水质就会变差，说明望虞河引水对改善水源地水质有一定效果。

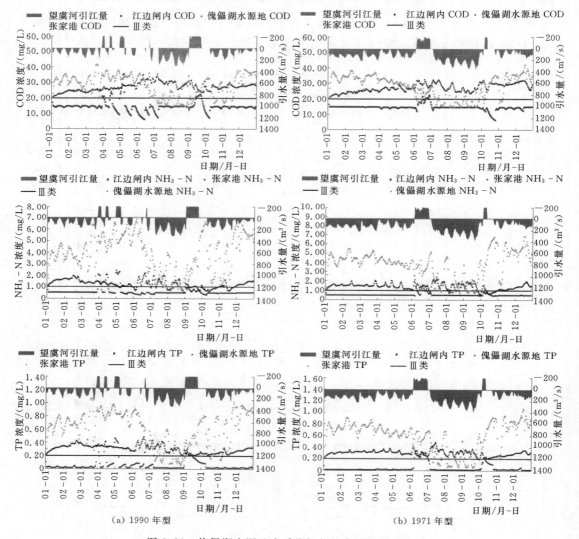

(a) 1990 年型　　　　　　　　　　　　　　(b) 1971 年型

图 6.26　傀儡湖水源地水质指标与望虞河引江量关系

（3）风险评估小结。综上所述，得出评估结论如下：

1）新孟河常态引水情景下，存在污染汇入风险，主要风险源区域为孟津河南段和夏

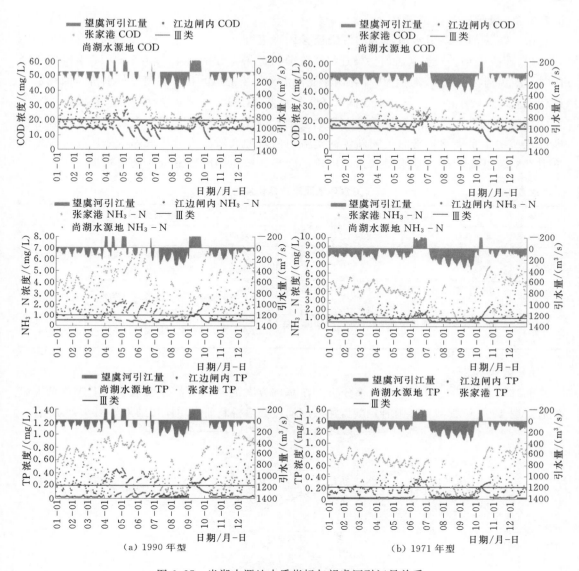

（a）1990 年型　　　　　　　　　　（b）1971 年型

图 6.27　尚湖水源地水质指标与望虞河引江量关系

溪河西段。在水流作用下，存在迁移入湖的风险，主要表现为在新孟河引水量较小的月份（1—4月），入湖分水桥断面水质明显较差。同时，由于引水带动了相邻区域河网水体流动，提高了区域河网水环境容量，不会给周边区域和供水水源地带来大的风险。

　　2）望虞河常态引水情景下，由于 2020 年规划工况望虞河西岸口门实施控制，但张家港口门没有控制，水质较差的张家港与望虞河仍存在水量交汇，会对望虞河水质产生影响，存在污水汇入的风险。在水流作用下，存在迁移入湖的风险，主要表现在望虞河引水量较小的月份（1—4月），入湖望亭闸下断面水质明显较差。同时，由于引水带动了相邻区域河网水体流动，提高了区域河网水环境容量，不会给周边区域和供水水源地带来大的风险。

6.2.2.3 风险应对措施研究

（1）新孟河常态引水情景下的污染迁移风险应对。

1）研究思路。根据新孟河污染迁移风险分析成果，分别遇1990年和1971年典型年降雨时，新孟河在引水入湖过程中存在两岸支流汇入污染的风险，入湖河段分水桥断面在引水量较为波动或较小的情况下，水质低于Ⅲ类水标准，对引水入湖来说存在水污染风险。

在新孟河水环境风险分析基础方案的基础上，设计本次应急调度方案，采取在分水桥断面水质劣于Ⅲ类水标准时关闭新孟河支流口门及加大新孟河引江量等措施，分析应急调度方案对降低新孟河入湖水质水污染风险的效果，应急调度方案设计见表6.14。

表6.14　　　　　　　　新孟河水环境风险应急调度方案设计

方案	新孟河江边枢纽	新孟河支流口门
基础方案	常规调度	常规调度
方案1	常规调度	分水桥断面水质劣于Ⅲ类时，关闭武宜运河、永安河、锡溧漕河、分水桥4个支流口门
方案2	分水桥断面水质劣于Ⅲ类时，加大引江量（泵半开）	分水桥断面水质劣于Ⅲ类时，关闭4个支流口门
方案3	分水桥断面水质劣于Ⅲ类时，加大引江量（泵全开）	分水桥断面水质劣于Ⅲ类时，关闭4个支流口门

2）效果分析。

a. 1990年型应急调度措施效果分析。在基础方案的基础上，分别采取以上应急调度措施后，遇1990年典型年降雨时，新孟河入湖河段分水桥断面水质模拟结果如图6.28所示。

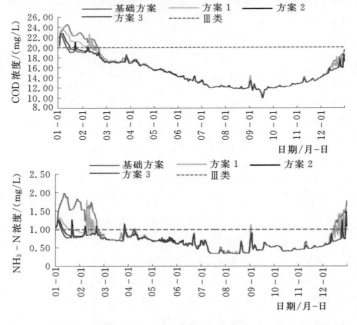

图6.28（一）　1990年型各方案新孟河分水桥断面水质过程比较

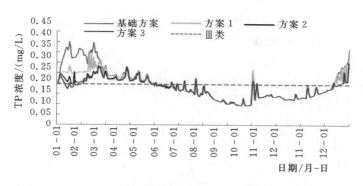

图 6.28（二）　1990 年型各方案新孟河分水桥断面水质过程比较

由图 6.28 可见，遇平水年 1990 年型降雨时，与基础方案相比，采取应急调度方案 1 时，即新孟河入湖段分水桥断面水质劣于Ⅲ类时关闭新孟河支流口门，分水桥断面水质浓度在原本水质较差的 1—2 月和 12 月中下旬有了较大幅度的降低，水质得到了改善；其余月份水质与基础方案相比基本没有差别。采取应急调度方案 2 时，即当新孟河入湖段分水桥断面水质劣于Ⅲ类时关闭新孟河支流口门，同时江边枢纽泵半开以加大新孟河引江量，与基础方案相比，分水桥断面水质浓度在原本水质较差的 1—2 月和 12 月中下旬有了明显的降低，相比方案 1 水质得到改善的幅度更大，改善的时段范围也有所拉长；其余月份水质与基础方案相比基本没有差别。应急调度方案 3 在方案 2 的基础上，继续加大新孟河引江量至泵全开后，分水桥断面水质浓度 1—2 月有些许降低，但甚微，其余月份基本没有变化。

b. 1971 年型应急调度措施效果分析。在基础方案的基础上，分别采取以上应急调度措施后，遇 1971 年典型年降雨时，新孟河入湖河段分水桥断面水质模拟结果如图 6.29 所示。由图可见，遇枯水年 1971 年型降雨时，与基础方案相比，采取应急调度方案 1 时，即当新孟河入湖段分水桥断面水质劣于Ⅲ类时关闭新孟河支流口门，分水桥断面水质浓度基本没有降低，水质未得到改善。采取应急调度方案 2 时，即当新孟河入湖段分水桥断面水质劣于Ⅲ类时关闭新孟河支流口门，并加大新孟河引江量，分水桥断面水质浓度在 4—5 月和 12 月有所降低，其余月份水质与基础方案相比基本没有差别。相比方案 1，方案 2 起到了改善分水桥断面水质的效果。应急调度方案 3 在方案 2 的基础上，继续加大新孟河引江量至泵全开，从图中可见，与方案 2 相比，分水桥断面水质浓度 4—5 月和 12 月进一步降低，其余月份基本没有变化。

3）综合评价。遇平水年 1990 年型时，采取应急调度方案 1 可有效改善分水桥断面入湖水质；应急调度方案 2 在方案 1 关闭口门的同时加大新孟河引江量至泵半开，可大幅改善分水桥断面入湖水质，效果优于方案 1；应急调度方案 3 在方案 2 的基础上，继续加大新孟河引江量至泵全开，效果与方案 2 相近。因此，考虑动力成本，遇平水年 1990 年型降雨时，建议采取应急调度方案 2。

遇枯水年 1971 年型时，应急调度方案 1 基本没有作用，分水桥断面入湖水质未得到改善；应急调度方案 2 在方案 1 关闭口门的同时加大新孟河引江量至泵半开，分水桥断面入湖水质有所改善；应急调度方案 3 在方案 2 的基础上，继续加大新孟河引江量至泵全开，分水桥断面入湖水质进一步改善，效果优于方案2。因此，为了保证入湖水质，遇枯水年1971年型时，建议采取应急调度方案3。

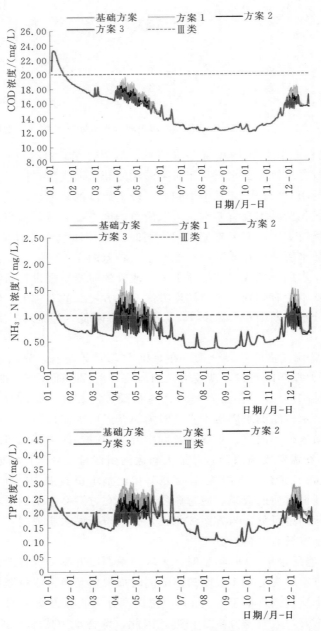

图6.29　1971年型各方案新孟河分水桥断面水质过程比较

（2）望虞河常态引水情景下的污染迁移风险应对。

1）研究思路。根据望虞河西岸污水汇入风险分析，分别遇1990年和1971年典型年时，望虞河入湖处望亭立交闸下断面全年平均水质除TP达到Ⅲ类外，其余指标均超过Ⅲ

类，水质较差；从全年水质最大值来看，望虞河沿程各个断面COD、NH₃-N和TP 3个水质指标均超过Ⅲ类水标准，对引水入湖来说存在一定的水污染风险，因此需要通过应急调度措施来规避水污染风险，改善入湖水质。

由于望虞河西岸控制工程实施后，在望虞河引水期间，除张家港外，其他口门处于关闸状态，没有污水汇入，西岸污染汇入风险主要来自张家港。本次应急调度方案设计的目的是在分析望虞河西岸张家港污水汇入风险影响的基础上，当望虞河入湖水质劣于Ⅲ类时，分别通过加大望虞河引水，联合走马塘调度等措施，分析对望虞河干流及入湖水质的改善效果，具体方案设计见表6.15。

表6.15　　　　　　　　望虞河西岸污水汇入风险应急调度方案设计

方案	望虞河常熟枢纽	望虞河西岸口门	走马塘联合调度
基础方案	常规调度	常规调度	—
方案1	望亭闸下水质劣于Ⅲ类时，加大引江量	常规调度	—
方案2	望亭闸下水质劣于Ⅲ类时，加大引江量	常规调度	望亭闸下水质劣于Ⅲ类时，打开走马塘退水闸

2）效果分析。

a.1990年型应急调度措施效果分析。在基础方案的基础上，分别采取以上应急调度措施后，遇1990年典型年时，望亭立交闸下水质过程及望虞河干流沿程水质年均值模拟结果分别如图6.30和图6.31所示。

遇1990年型时，当望虞河入湖水质劣于Ⅲ类时，加大望虞河引水，望亭立交闸下水质改善效果明显，并且望虞河干流沿程水质年均值都有所下降。望虞河干流沿程COD、NH₃-N和TP平均下降幅度分别为8.4%、18.4%和24.9%，其中TP的降幅最大。遇1990年型时，当望虞河入湖水质劣于Ⅲ类时，加大望虞河引水，且打开走马塘退水闸，望亭立交闸下水质改善效果较明显，并且望虞河干流沿程水质年均值都有所下降。望虞河干流沿程COD、NH₃-N和TP平均下降幅度分别为8.5%、22.4%和29.5%，其中TP的降幅最大。

b.1971年型应急调度措施效果分析。在基础方案的基础上，分别采取以上应急调度措施后，遇1971年典型年时，望亭立交闸下水质过程及望虞河干流沿程水质年均值模拟结果分别如图6.32和图6.33所示。

遇1971年型时，当望虞河入湖水质劣于Ⅲ类时，加大望虞河引水，望亭立交闸下水质改善效果明显，并且望虞河干流沿程水质年均值都有所下降。望虞河干流沿程COD、NH₃-N和TP平均下降幅度分别为4.3%、10.3%和16.2%，其中TP的降幅最大。遇1971年型时，当望虞河入湖水质劣于Ⅲ类时，加大望虞河引水且打开走马塘退水闸，望亭立交闸下水质改善效果较明显，并且望虞河干流沿程水质年均值都有所下降。望虞河干流沿程COD、NH₃-N和TP平均下降幅度分别为6%、21.9%和31.8%，其中TP的降幅最大。

3）综合评价。根据1990年和1971年型各应急调度方案成果对比分析，当望虞河入

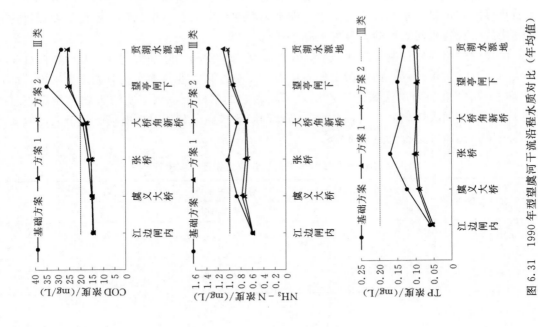

图 6.31　1990 年型望虞河干流沿程水质对比（年均值）

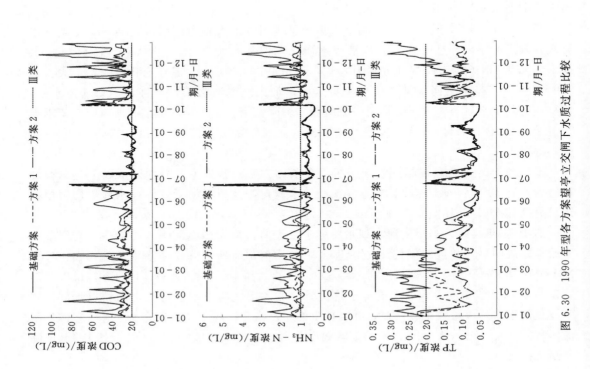

图 6.30　1990 年型各方案望亭立交闸下水质过程比较

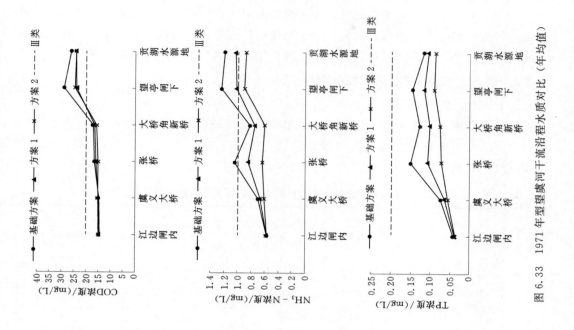

图 6.33　1971 年型虞河干流沿程水质对比（年均值）

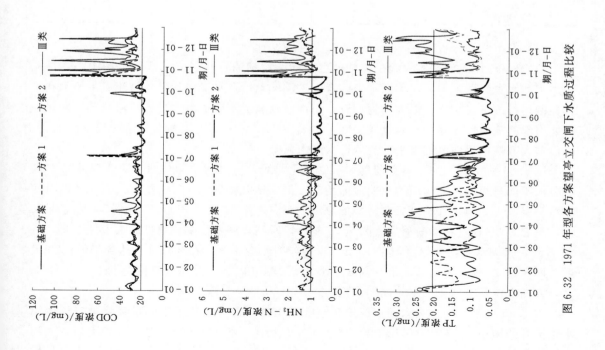

图 6.32　1971 年型各方案望亭立交闸下水质过程比较

湖水质劣于Ⅲ类时，加大望虞河引水，望亭闸下断面水质降低幅度较大，改善效果较明显。当望虞河入湖水质劣于Ⅲ类时，加大望虞河引水且打开走马塘退水闸，望亭闸下断面水质改善效果较方案 1 明显。因此，建议当望虞河西岸存在污水汇入风险时，加大望虞河引水且打开走马塘退水闸，可及时有效地降低望虞河西岸张家港污水汇入风险。

6.2.3　遭遇区域突发性暴雨风险评估与应对

6.2.3.1　风险情景模拟分析

（1）计算方案。根据前述情景设计成果和流域河湖连通规划工程体系及其调度方案，共设计了 3 个方案进行风险评估的模拟计算，见表 6.16。其中，暴雨叠加具体日期为 7 月 21—27 日。

表 6.16　　　　流域主要引水通道引水期间遇区域突发暴雨风险分析的计算方案

方案编号	方案简称	工况	分析年型	计算时段	降雨条件				
					降雨类型	暴雨叠加区域	叠加雨量/mm		
							1 日	3 日	7 日
YS1	50 年一遇暴雨	2020 年工况	1990 年型（50%）	5—9 月	实况＋50 年一遇降雨	湖西区	165.2	237.5	311.6
						武澄锡虞区	174.4	251.3	323.1
						阳澄淀泖区	169.1	240.7	315.8
YS2	100 年一遇暴雨				实况＋100 年一遇降雨	湖西区	184.9	263.5	345.6
						武澄锡虞区	197.5	282.5	360.8
						阳澄淀泖区	191.7	270.6	353.4
JC	基础方案				实况	—	—	—	—

（2）模拟结果分析。

1）流域性风险评估。太湖是流域最重要的调蓄湖泊，位居流域河网水系中心，是流域洪水和水资源调配中心，太湖水位综合反映流域汛情及水资源状况，是流域主要水利工程控制运行的重要指标。以太湖为重点，识别与判断引水通道引水过程遭遇局部突发暴雨可能引起的流域性风险。流域性风险因子主要在于：暴雨致使太湖水位过程线发生变化，峰值增大或峰值提前可能带来的流域性洪涝水风险。

图 6.34 所示是不同方案太湖日均水位变化曲线。从过程线总体来看，太湖水位在区域叠加不同量级设计暴雨后均有明显的抬升，最大抬升幅度在 19cm 左右。叠加暴雨时间虽然只有 7 天，但这种抬升影响从叠加暴雨当日（7 月 21 日）开始，持续影响时间约 70 天，至 9 月 30 日左右逐渐消失。图 6.35 是这段时间太湖水位变化幅度的放大图，自 7 月 26 日起，太湖水位抬升幅度大于 10cm，并持续有小幅抬升，在 8 月 2 日达到峰值；23 天后，即 8 月 18 日，太湖水位抬升幅度才消落至 10cm 以下，并呈现下降趋势，至 9 月 30 日，太湖水位基本恢复平水年同期水位。

图 6.35 也是不同方案太湖水位抬升幅度对比图，直观反映了不同量级暴雨对于太湖水位抬升的作用。从图中可以看出，与基础方案相比，叠加 50 年一遇设计暴雨后，太湖水位明显抬升，最大抬升幅度 18.5cm，出现在 8 月 2 日，即降雨结束 5 天后；当雨量增

大至 100 年一遇设计暴雨时，太湖水位进一步抬升，但幅度不大，最大抬升幅度较 50 年一遇设计雨量情景下仅抬高 0.8cm，为 19.3cm，其出现时间与 50 年一遇情景一致。

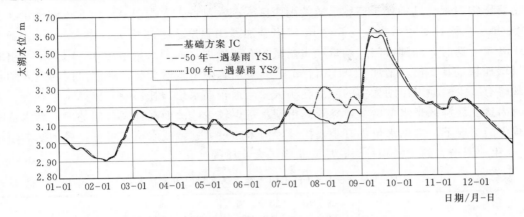

图 6.34　区域遭遇不同量级暴雨下太湖日均水位过程线

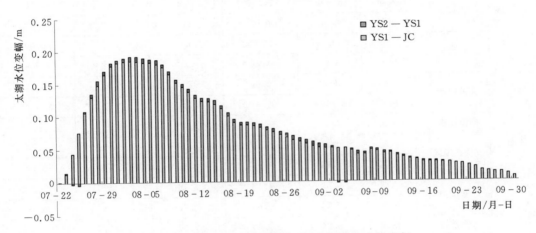

图 6.35　区域遭遇不同量级暴雨下太湖日均水位变幅

　　警戒水位是指在江、河、湖泊水位上涨到河段内可能发生险情的水位，是我国防汛部门规定的各江河堤防需要处于防守戒备状态的水位。目前，太湖警戒水位为 3.80m。在局部区域叠加 50 年一遇设计暴雨和 100 年一遇设计暴雨后，太湖水位均有所抬升，不同方案太湖最高日均水位变化（表 6.17）来看，局部区域叠加暴雨并未造成太湖水位超过其警戒水位。且从最高日均水位出现日期来看，在局部暴雨影响下，太湖最高日均水位会提早出现，提早了 8 天，但抬升幅度仅 0.5cm，对流域防洪影响不大。

表 6.17　　　　　　　区域遭遇不同量级暴雨下太湖最高日均水位变化　　　　　　　单位：m

站点	最高日均水位						抬升幅度	
	基础方案 JC	出现日期	50 年一遇暴雨 YS1	出现日期	100 年一遇暴雨 YS2	出现日期	Δ(YS1,JC)	Δ(YS2,JC)
太湖	3.60	9 月 17 日	3.65	9 月 9 日	3.65	9 月 9 日	0.05	0.05

太湖水位高低是环湖口门入湖与出湖水量变化综合作用的结果。从太湖水位抬升期间的环湖口门出入湖水量变化（表 6.18）分析可知，区域净入湖水量增大是太湖水位抬升的主要影响因素，其中处于流域上游的湖西区入湖水量增大尤为明显，该区入湖水量在叠加 50 年一遇设计暴雨后增大约 5 亿 m^3。当叠加暴雨强度进一步增大，由 50 年一遇增大到 100 年一遇时，环湖口门入湖量和出湖量均有所增加，入湖水量增加 0.09 亿 m^3，出湖水量增加量是其 2 倍，增加了 0.18 亿 m^3，即叠加暴雨雨量增大后，环湖口门的净入湖水量却略有减少。但以出湖为主的阳澄淀泖区受当地较高水位顶托影响，出湖水量减少，太浦河因接受淀泖区来水量增大，导致其出湖水量也较少，故而在环湖口门的净入湖水量略有减少的情况下，太湖水位仍有小幅抬升，但未超过太湖警戒水位。可见，叠加暴雨雨量从 50 年一遇增大到 100 年一遇，风险量级未发生质的变化。

表 6.18　　　　　　　7 月 21 日至 9 月 30 日不同方案下环湖口门出入湖水量　　　　单位：亿 m^3

统 计 项			基础方案 JC	50 年一遇暴雨 YS1	100 年一遇暴雨 YS2	YS1－JC	YS2－YS1
环湖	湖西区	入湖	15.02	20.15	20.85	5.13	0.70
		出湖	0.00	0.00	0.06	0.00	0.06
	浙西区	入湖	10.33	10.65	10.65	0.33	0.00
		出湖	3.99	4.46	4.53	0.48	0.06
	武澄锡虞区	入湖	0.02	0.99	1.11	0.96	0.12
		出湖	1.10	1.11	1.10	0.01	－0.01
	阳澄淀泖区	出湖	4.13	5.10	5.08	0.97	－0.02
	杭嘉湖区	入湖	0.31	0.12	0.12	－0.19	0.00
		出湖	4.92	6.47	6.55	1.55	0.08
	望虞河	入湖	5.68	4.48	3.76	－1.20	－0.72
		出湖	2.14	2.68	2.73	0.54	0.05
	太浦河	出湖	6.26	7.60	7.57	1.34	－0.03
	合计	入湖	31.37	36.39	36.48	5.03	0.09
		出湖	22.54	27.43	27.61	4.88	0.18
	净入湖水量		8.83	8.97	8.87	0.14	－0.09

流域骨干排水河道进出水量可以反映河湖连通工程体系的泄洪能力。从暴雨新增产水量与流域骨干排水河道外排水量的统计可知（表 6.19），常规调度下，当区域遭遇 50 年一遇突发暴雨，新沟河、望虞河、太浦河 3 条流域骨干河道新增排水约 2.95 亿 m^3，占暴雨新增产水量的 15%。当区域遭遇 100 年一遇突发暴雨，新沟河、望虞河、太浦河 3 条流域骨干河道新增排水约 3.74 亿 m^3，占暴雨新增产水量的 17%。由表 6.20 可知，区域遭遇 50 年一遇设计暴雨情景下，望虞河向长江排水量增多 1.67 亿 m^3，同时接受两岸沿线入流增加 0.8 亿 m^3；新沟河向长江排水增多 1.41 亿 m^3，同时接受两岸沿线入流增加 0.48 亿 m^3；而太浦河向黄浦江排水增多 1.28 亿 m^3，同时接受两岸沿线入流增加 0.42 亿 m^3。当雨量由 50 年一遇增大到 100 年一遇时，望虞河、新沟河、太浦河外排水量进一步

增加的同时，接受两岸来水量也分别增多 0.26 亿 m³、0.22 亿 m³、0.23 亿 m³。可见，望虞河、新沟河、太浦河等河道承泄各方来水对于流域排水具有重要作用。

最大日平均流量可在一定程度上反映河道的过流能力。由表 6.21 可知，区域遭遇 50 年一遇设计暴雨情景下，新沟河、望虞河、太浦河等河道典型断面最大日平均流量与相应设计流量的比值分别为 83%、65% 和 37%；区域遭遇 100 年一遇设计暴雨情景下，则分别为 98%、78% 和 37%。

表 6.19　区域遭遇不同量级设计暴雨下流域骨干排水河道新增外排水量表

区域降雨类型	新增产水量/亿 m³	新增外排水量/亿 m³				外排比例/%
		新沟河	望虞河	太浦河	合计	
50 年一遇暴雨	19.66	1.41	1.67	1.28	2.95	15
100 年一遇暴雨	22.56	1.61	2.48	1.26	3.74	17

表 6.20　7 月 21 日至 9 月 30 日间流域骨干排水河道进出水量统计表　单位：亿 m³

统　计　项			基础方案 JC	50 年一遇暴雨 YS1	100 年一遇暴雨 YS2	YS1-JC	YS2-JC	YS2-YS1
望虞河	长江	引水（+）	7.42	5.29	4.86	-2.13	-2.56	-0.43
		排水（-）	4.28	5.96	6.77	1.67	2.48	0.81
		代数和	3.14	-0.66	-1.90			
	太湖	入（+）	2.14	2.68	2.73	0.54	0.59	0.05
		出（-）	5.68	4.48	3.76	-1.20	-1.93	-0.72
		代数和	-3.55	-1.80	-1.03			
	沿线出入流	入流合计	2.16	2.96	3.22	0.80	1.06	0.26
		出流合计	2.05	1.69	1.60	-0.36	-0.45	-0.09
新沟河	长江	引水（+）	0.16	0.16	0.00	0.00	-0.16	-0.16
		排水（-）	3.27	4.67	4.87	1.41	1.61	0.20
		代数和	-3.10	-4.51	-4.87			
	太湖	入（+）	0.00	0.73	0.82	0.73	0.82	0.09
		出（-）	0.00	0.00	0.00	0.00	0.00	0.00
		代数和	0.00	0.73	0.82			
	沿线出入流	入流合计	8.44	8.92	9.14	0.49	0.71	0.22
		出流合计	9.81	10.41	10.48	0.60	0.67	0.07
太浦河	太湖	入（+）	0.00	0.00	0.00	0.00	0.00	0.00
		出（-）	6.26	7.60	7.57	1.34	1.31	-0.03
		代数和	-6.26	-7.60	-7.57			
	太浦河出口		8.49	9.76	9.74	1.28	1.26	-0.02
	沿线出入流	入流合计	5.48	5.90	6.12	0.41	0.64	0.23
		出流合计	2.36	2.51	2.39	0.14	0.02	-0.12

表 6.21　区域遭遇不同量级设计暴雨下流域骨干排水河道最大日平均流量表

河道名称	设计流量 /(m³/s)	最大日平均流量/(m³/s)			（最大日平均流量/设计流量）/%		
		基础方案 JC	50年一遇 暴雨 YS1	100年一遇 暴雨 YS2	基础方案 JC	50年一遇 暴雨 YS1	100年一遇 暴雨 YS2
新沟河	490	276	408	480	56	83	98
望虞河	555	309	359	432	56	65	78
太浦河	880	313	329	325	36	37	37

从以上典型断面最大日平均流量与设计流量的对比来看，在常规调度基础上叠加设计暴雨后，望虞河、新沟河、太浦河3条流域骨干排水河道均留存了一定排水潜力。

综上所述，从流域层面的防洪安全角度来看，风险仍处在可接受范围内。

2）区域性风险评估。太湖流域平原河网地区地势低平，河流水面比降小，水体流动缓慢，且下游为感潮河段，受上游来水和潮水上溯影响，水流往复不定。鉴于流域这种独特的地形地貌和水文特点，河网地区通常以代表站水位作为区域水文情势的参考因子。从代表站的可靠性、资料完整性、水位变化稳定性及合理性等出发，选择了湖西区的丹阳

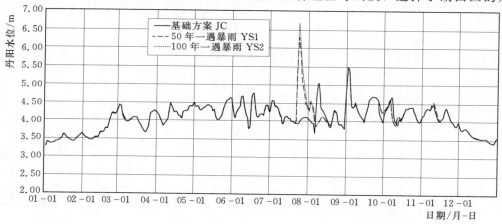

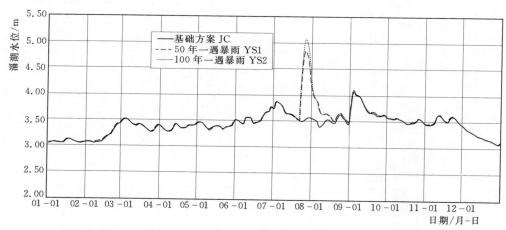

图 6.36　区域遭遇不同量级设计暴雨下湖西区代表站逐日水位曲线

站、洮湖和滆湖，武澄锡虞区的常州站、青阳站、无锡站和陈墅站，阳澄淀泖区的常熟站、枫桥站、湘城站和陈墓站等 15 个站点作为区域性风险识别的主要参考对象。从 15 个站点的日均水位来看，叠加局部暴雨后，各站水位短时间内呈现不同程度的陡增现象，地区排水需求加大，以叠加暴雨的湖西区、武澄锡虞区和阳澄淀泖区尤为突出，如图 6.36～图 6.38 所示。

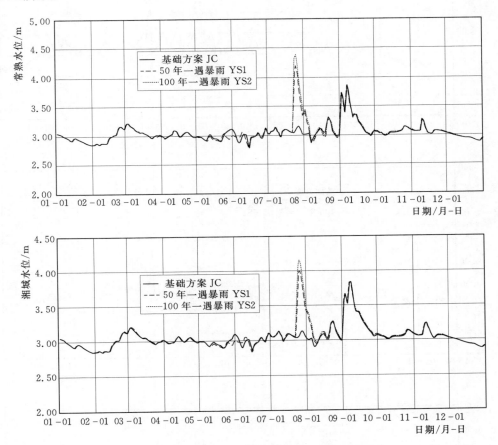

图 6.37　区域遭遇不同量级设计暴雨下阳澄淀泖区代表站逐日水位曲线

从最高日均水位变化来看（表 6.22），叠加 50 年一遇设计暴雨下，各区代表站最高水位均呈现不同程度的抬高：湖西区最高日均水位抬高 78～103cm，浙西区最高水位抬高 4～5cm，武澄锡虞区最高水位抬高 91～108cm，阳澄淀泖区最高水位抬高仅 1～31cm，杭嘉湖区最高水位抬高仅 3～5cm。其中，武澄锡虞区最高日均水位变幅最大。当暴雨量进一步加大，增大到 100 年一遇暴雨量时，区域最高日均水位变幅除上游浙西区外，均在 50 年一遇暴雨情景基础上，又有 10～30cm 的抬升。

超出警戒水位天数是区域水位抬升的集中体现。从超出警戒水位天数来看（表 6.23），各站水位超警天数普遍拉长。对比各区超警天数发现，叠加暴雨对暴雨区域的影响远大于非暴雨区域：暴雨区域湖西区超警天数增多 2～10 天，武澄锡虞区超警天数增多

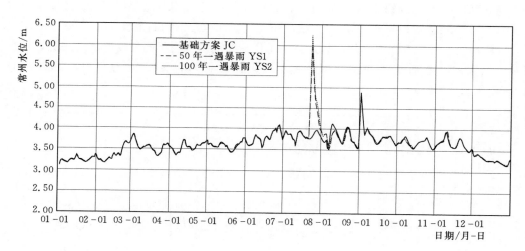

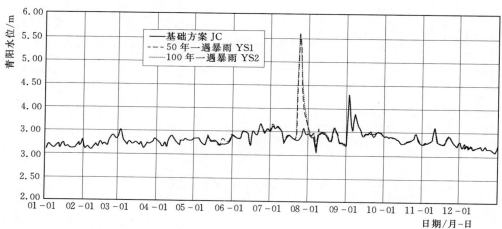

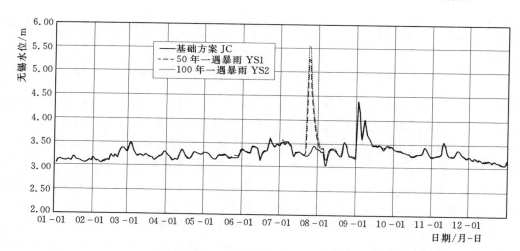

图 6.38（一）　区域遭遇不同量级设计暴雨下武澄锡虞区代表站逐日水位曲线

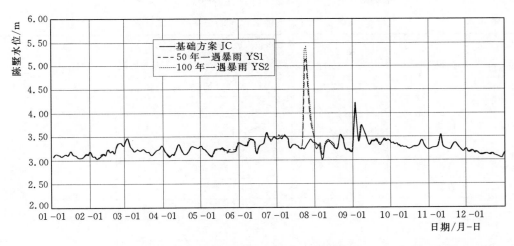

图 6.38（二）　区域遭遇不同量级设计暴雨下武澄锡虞区代表站逐日水位曲线

6～9 天，阳澄淀泖区超警天数增多 1～8 天；非暴雨区域杭嘉湖区和浙西区，其超警天数则基本不变。可见，受影响区域与降雨区域基本吻合，局部暴雨对相邻非暴雨区域影响不大。另外，不同降雨区域受影响程度也有所差异。其中，武澄锡虞区受影响程度最大，该地区水位代表站常州、青阳、无锡、陈墅均出现了超过历史最高水位的现象，存在较大的洪水风险。

表 6.22　　　　　　　　　不同设计暴雨方案下地区代表站特征水位及其变幅表　　　　　　单位：m

| 区　域 | 站点 | 最高日均水位 | | | 最高水位抬高幅度 | |
| | | 统计时段（7 月 21 日至 9 月 30 日） | | | | |
		JC	YS1	YS2	Δ（YS1，JC）	Δ（YS2，JC）
湖西区	丹阳	5.50	6.32	6.69	0.82	1.19
	洮湖	4.48	5.51	5.76	1.03	1.28
	滆湖	4.07	4.85	5.06	0.78	0.99
武澄锡虞区	常州	4.86	5.94	6.25	1.08	1.39
	青阳	4.29	5.34	5.60	1.05	1.32
	无锡	4.36	5.28	5.55	0.91	1.19
	陈墅	4.20	5.15	5.41	0.96	1.21
阳澄淀泖区	常熟	3.89	4.20	4.39	0.31	0.50
	枫桥	4.24	4.26	4.27	0.02	0.03
	湘城	3.85	4.00	4.16	0.16	0.31
	陈墓	3.60	3.61	3.60	0.01	0.00
杭嘉湖区	嘉兴	3.64	3.67	3.67	0.03	0.04
	新市	3.92	3.97	3.97	0.05	0.05
浙西区	长兴	4.05	4.09	4.09	0.04	0.04
	杭长桥	4.77	4.81	4.82	0.05	0.05

表 6.23　　　　　　　　　不同设计暴雨方案下地区代表站超高水位统计表

区　域	站点	警戒水位	历史最高水位	超警戒水位天数/天			超历史最高水位天数/天		
				统计时段（7月21日至9月30日）			统计时段（7月21日至9月30日）		
				JC	YS1	YS2	JC	YS1	YS2
湖西区	丹阳	5.60	7.47	0	2	3	0	0	0
	洮湖	4.60	6.12	0	7	8	0	0	0
	滆湖	4.00	5.44	5	15	15	0	0	0
武澄锡虞区	常州	4.30	5.52	2	9	10	0	1	2
	青阳	4.00	5.29	2	8	7	0	1	2
	无锡	3.59	4.87	11	20	20	0	3	3
	陈墅	3.90	4.24	2	8	8	0	5	5
阳澄淀泖区	常熟	3.50	0.00	7	13	15	0	0	0
	枫桥	3.80	0.00	4	8	9	0	0	0
	湘城	3.70	4.31	2	8	9	0	0	0
	陈墓	3.60	4.24	0	1	1	0	0	0
杭嘉湖区	嘉兴	3.30	4.67	5	5	5	0	0	0
	新市	3.70	5.18	3	3	3	0	0	0
浙西区	长兴	4.50	5.52	0	0	0	0	0	0
	杭长桥	4.50	5.61	1	1	1	0	0	0

降雨开始日至雨后 10 天是武澄锡虞区受暴雨影响最明显的时段。图 6.39 即反映了这段时间内武澄锡虞区代表站无锡水位变化与该区域沿太湖口门流量变化的关系。降雨前 2

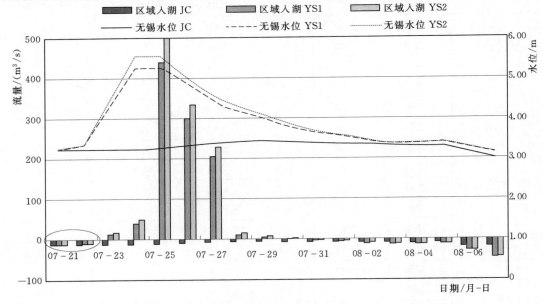

图 6.39　不同方案下武澄锡虞区总入湖流量过程与无锡水位过程对比

天（7月21—22日）是无锡水位逐步抬升超过警戒水位（3.59m）的过程，从流量变化来看，在此期间武澄锡虞区沿太湖口门仍在继续引水，对于随后2天无锡水位继续抬高，甚至超过历史最高水位（4.87m）起到了一定作用。图6.40和图6.41则分别反映了暴雨影响最突出时段内武澄锡虞区代表站陈墅站水位变化与区域沿望虞河口门流量变化、青阳站水位变化与区域沿长江口门流量的关系。与无锡站水位变化类似，降雨前2天（7月21—22日）是陈墅站水位逐步抬升以致超过警戒水位（3.90m）的过程，在此期间，武澄锡

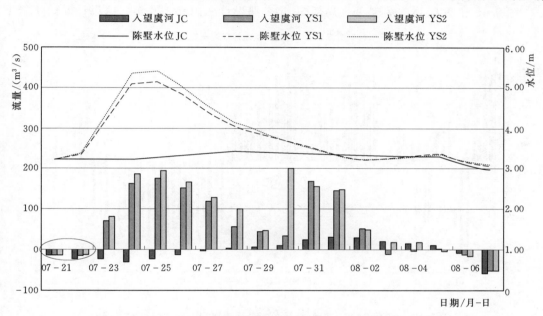

图6.40 不同方案下武澄锡虞区入望虞河流量过程与陈墅水位过程对比

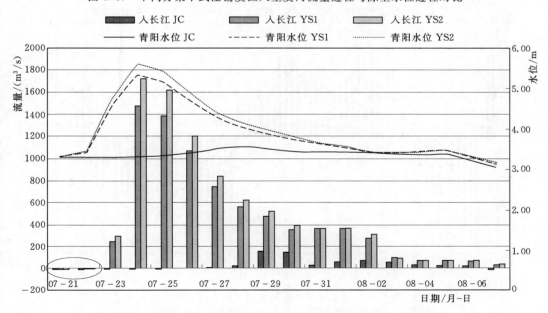

图6.41 不同方案下武澄锡虞区入长江流量过程与青阳水位过程对比

虞区沿望虞河口门仍在从望虞河引水入武澄锡虞区，这对于随后 2 天（7 月 23—24 日）陈墅站水位继续抬高，甚至超过历史最高水位（4.24m）起到了一定作用。从图 6.41 可知，武澄锡虞区沿长江口门在降雨初期也有少量引江。因此，武澄锡虞区环太湖、沿长江、沿望虞河等口门调度运行方式对于地区规避遭遇突发暴雨的洪涝风险十分重要。

分析表明，河湖连通工程调水引流期间遭遇突发性暴雨，地区洪涝水"易涨难消"的特点十分明显，常规调度难以满足武澄锡虞区外排涝水需求，区域洪涝风险较大。

图 6.42 和图 6.43 分别是叠加局部 50 年一遇设计暴雨和 100 年一遇设计暴雨情景下

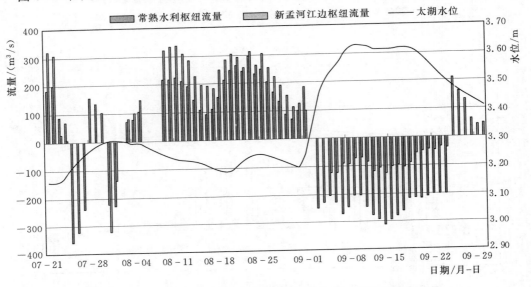

图 6.42　叠加 50 年一遇设计暴雨情景下望虞河、新孟河引水过程

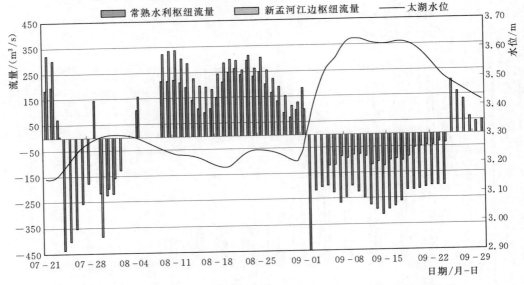

图 6.43　叠加 100 年一遇设计暴雨情景下望虞河、新孟河引水过程

的望虞河常熟水利枢纽流量过程图和新孟河江边枢纽流量过程图。局部暴雨发生后，区域出现洪涝风险，太湖水位也有所抬升，但由于7月21日至8月30日太湖水位并未突破引水限制水位3.30m，常规调度下望虞河、新孟河等流域引水通道仍继续以引水为主，不利于区域排水，在一定程度上增大了区域风险。

（3）风险评估小结。综上所述，得出评估结论如下：

1）流域引水期间遭遇区域突发性暴雨会形成短暂、小型洪峰，抬升太湖水位，但在规划工程实施情形下，该风险在可接受范围内，不会造成流域性洪涝问题。

2）区域突发性暴雨将对降雨区域当地产生较大影响，主要表现在地区水位短历时升高，超出警戒水位天数拉长，甚至超过历史最高水位。在几个受影响区域中，面临风险最大的区域位于武澄锡虞区。

3）风险大小与暴雨量大小有一定关联。随着叠加暴雨量加大，风险进一步增大。

4）常规调度下，局部地区突发暴雨初期，太湖水位变幅不大，流域及区域引水通道按太湖水位调度继续引水，虽未对流域防洪产生威胁，在一定程度上加重了其附近区域的洪涝风险。

6.2.3.2 风险应对措施研究

（1）研究思路。根据前述章节风险评估结果，流域引水期间遭遇区域暴雨不会产生流域性洪涝风险，但对局部区域防洪除涝产生威胁，可能造成区域性风险。为此，这里重点针对区域性风险研究对策措施。

由前述小节风险评估结果可知，风险焦点位于武澄锡虞区。武澄锡虞区洪涝灾害一般由夏季梅雨或夏秋季台风暴雨造成。地势总体呈四周高、腹部低的"锅底"形态，除受东西两侧高片洪水侵袭外，北部受长江潮汐影响，南侧受太湖高水位制约，区域洪涝水的外排能力受到严重限制，洪涝灾害频繁发生。

目前，武澄锡虞区的防洪格局是：武澄锡低片依靠北部沿江控制线、南部环太湖控制线、东部白屈港控制线、西部武澄锡西控制线挡住外洪，内部洪涝水则以北排入江为主，相机入湖；澄锡虞高片洪涝水除通过张家港、十一圩直接北排长江外，其余东排望虞河。规划工况下，武澄锡虞区坚持"高低分开、洪涝分治"的原则，完善外围防洪屏障和高低分片控制；扩大洪涝入江的出路；进一步整治配套内部河网，合理安排圩区抽排；城区按不同防洪标准要求建立防洪自保工程体系。未来建设方向是北部地区以排水入长江为主，进一步疏浚各通江河道，扩建澡港泵站，扩大北排入江能力；结合望虞河西岸控制工程，妥善安排涝水出路，加强低洼地区治理。因此，该区域调控依托工程为新沟河延伸拓浚工程、望虞河西岸控制工程和走马塘延伸拓浚工程以及武澄锡西控制线、白屈港控制线。

由于局部暴雨初期，太湖水位变幅不大，引水通道仍按太湖水位调度继续引水，一定程度上加大了地区洪涝风险。但考虑流域下游供水需求，且局部暴雨未造成流域性洪涝风险，新孟河、望虞河等流域引水通道暂按原调度原则进行调度。

根据前述小节的风险评估结果，武澄锡虞区的风险主要表现在地区水位超历史最高水位，造成风险的主要原因包括短时降雨量大、原有调度下流域引水通道引水区域水外排受限、区域沿望虞河口门仍在引水，为有效规避区域性风险，通过"控引增排"降低区域水位，初拟优化调度方案见表6.24。

表 6.24　　　　　引水过程遭遇区域突发暴雨风险情景的应急调度方案表

方案类别	方案编码	分析条件	调度方案
控引强排	YS1-YH1	1990 年型＋50 年一遇区域暴雨	在原调度方案下，从暴雨当天开始，将武澄锡西控制线北部 4 个闸门关闭，望虞河西岸口门和沿太湖口门停止引水，武澄锡虞区沿江口门全力抽排，包括新沟河沿线、走马塘沿线。同时，当常州站水位超出警戒水位时，可通过太滆港向太湖排水
	YS2-YH1	1990 年型＋100 年一遇区域暴雨	
扩大排水	YS1-YH2	1990 年型＋50 年一遇区域暴雨	在优化方案 YH1 的基础上，暴雨开始时，将望虞河改为排水调度，西岸口门向望虞河排水，走马塘张家港退水水闸打开分排地区涝水。同时，当无锡站水位超过警戒水位时，可通过大溪港、新开港向太湖排水
	YS2-YH2	1990 年型＋100 年一遇区域暴雨	
提前预降	YS1-YH3	1990 年型＋50 年一遇区域暴雨	在优化方案 YH2 的基础上，暴雨前 3 天，通过十一圩闸、走马塘、望虞河排水，将地区水位预降 20cm
	YS2-YH3	1990 年型＋100 年一遇区域暴雨	

（2）效果分析。利用数学模型模拟手段，分别针对流域引水期间遭遇 50 年一遇区域暴雨和 100 年一遇区域暴雨两个情景实施优化调度，通过武澄锡虞区代表站水位变化，定量分析三个优化方案的实施效果。

1）"控引强排"方案效果评估。降雨开始日至雨后 10 天内，即 7 月 21 日至 8 月 6 日是地区受暴雨影响最明显的时段。"控引强排"方案下该时段武澄锡虞区各代表站逐日水位变化情况如图 6.44 和图 6.45 所示。研究表明，"控引强排"方案对这个时段内的区域水位抬升起到了一定的抑制作用，各区域代表站水位峰值普遍降低，且方案效果在空间上

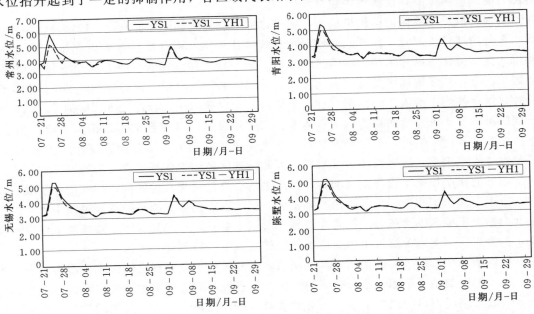

图 6.44　区域突发 50 年一遇暴雨情景下优化方案 YH1 实施前后武澄锡虞区各代表站水位变化

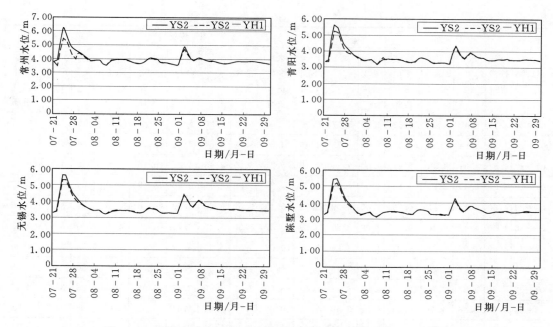

图 6.45　区域突发 100 年一遇暴雨情景下优化方案 YH1 实施前后
武澄锡虞区各代表站水位变化

　　呈现"对武澄锡低片高水位的改善效果好于澄锡虞高片"的现象，常州站、青阳站水位降幅明显大于无锡和陈墅站。虽然该方案对不同量级暴雨风险的改善效果呈现相似的规律，但从不同量级区域暴雨情景下相同区域代表站的水位变幅来看，该方案对 100 年一遇区域突发暴雨（YS2）风险的效果略优于对 50 年一遇区域突发暴雨风险的改善效果。武澄锡虞区 4 个代表站中，以常州站水位降幅最大，50 年一遇情景下降幅达 78cm，100 年一遇情景下更大，降幅为 82cm，其他 3 站水位降幅也较 50 年一遇情景下明显。

　　另外，与原有方案相比，"控引强排"方案下，区域各代表站水位超警戒水位天数普遍缩短，常州站、青阳站消除了超历史最高水位，区域洪涝风险有所降低，参见表 6.25 和表 6.26。

表 6.25　　　　　　　区域突发 50 年一遇暴雨情景下优化方案 YH1 实施
前后武澄锡虞区各代表站逐日水位对比　　　　　　　单位：m

日期	常　州				青　阳				无　锡				陈　墅			
	警戒水位	YS1	YS1－YH1	水位变化正升负降	警戒水位	YS1	YS1－YH1	水位变化正升负降	警戒水位	YS1	YS1－YH1	水位变化正升负降	警戒水位	YS1	YS1－YH1	水位变化正升负降
07－21	4.30	3.77	3.75	(0.02)	4.00	3.32	3.31	(0.01)	3.59	3.25	3.26	0.01	3.90	3.24	3.24	0.00
07－22	4.30	3.87	3.46	(0.42)	4.00	3.41	3.27	(0.14)	3.59	3.34	3.30	(0.04)	3.90	3.35	3.30	(0.05)
07－23	4.30	5.08	4.34	(0.74)	4.00	4.57	4.10	(0.47)	3.59	4.35	4.13	(0.22)	3.90	4.27	4.04	(0.22)
07－24	4.30	5.94	5.16	(0.78)	4.00	5.34	4.95	(0.38)	3.59	5.28	4.98	(0.30)	3.90	5.10	4.77	(0.33)

续表

日期	常州				青阳				无锡				陈墅			
	警戒水位	YS1	YS1－YH1	水位变化正升负降	警戒水位	YS1	YS1－YH1	水位变化正升负降	警戒水位	YS1	YS1－YH1	水位变化正升负降	警戒水位	YS1	YS1－YH1	水位变化正升负降
07－25	4.30	5.40	4.97	(0.43)	4.00	5.17	4.90	(0.27)	3.59	5.26	5.00	(0.26)	3.90	5.15	4.90	(0.25)
07－26	4.30	4.94	4.58	(0.36)	4.00	4.75	4.55	(0.20)	3.59	4.87	4.69	(0.19)	3.90	4.84	4.66	(0.19)
07－27	4.30	4.61	4.14	(0.47)	4.00	4.31	4.10	(0.21)	3.59	4.43	4.27	(0.16)	3.90	4.39	4.24	(0.16)
07－28	4.30	4.46	3.83	(0.62)	4.00	4.05	3.78	(0.27)	3.59	4.15	3.96	(0.19)	3.90	4.04	3.90	(0.15)
07－29	4.30	4.31	4.23	(0.09)	4.00	3.90	3.71	(0.19)	3.59	3.98	3.80	(0.19)	3.90	3.86	3.70	(0.16)
07－30	4.30	4.11	4.10	(0.01)	4.00	3.76	3.69	(0.07)	3.59	3.80	3.71	(0.09)	3.90	3.70	3.61	(0.09)
07－31	4.30	4.02	3.95	(0.07)	4.00	3.65	3.59	(0.06)	3.59	3.65	3.62	(0.03)	3.90	3.52	3.53	0.00
08－01	4.30	3.94	3.86	(0.08)	4.00	3.56	3.52	(0.05)	3.59	3.56	3.55	(0.01)	3.90	3.35	3.44	0.09
08－02	4.30	3.87	3.74	(0.13)	4.00	3.43	3.43	(0.00)	3.59	3.45	3.47	0.02	3.90	3.23	3.35	0.12
08－03	4.30	3.86	3.81	(0.04)	4.00	3.40	3.40	(0.00)	3.59	3.38	3.41	0.02	3.90	3.25	3.33	0.08
08－04	4.30	3.88	3.87	(0.01)	4.00	3.44	3.44	(0.00)	3.59	3.42	3.44	0.02	3.90	3.33	3.37	0.04
08－05	4.30	3.89	3.90	0.02	4.00	3.48	3.49	0.02	3.59	3.42	3.44	0.03	3.90	3.38	3.40	0.02
08－06	4.30	3.65	3.69	0.04	4.00	3.31	3.34	0.03	3.59	3.27	3.30	0.03	3.90	3.18	3.20	0.02

表 6.26　　区域突发 100 年一遇暴雨情景下优化方案 YH1 实施
前后武澄锡虞区各代表站逐日水位对比　　　　单位：m

日期	常州				青阳				无锡				陈墅			
	警戒水位	YS2	YS2－YH1	水位变化正升负降	警戒水位	YS2	YS2－YH1	水位变化正升负降	警戒水位	YS2	YS2－YH1	水位变化正升负降	警戒水位	YS2	YS1－YH1	水位变化正升负降
07－21	4.30	3.77	3.75	(0.02)	4.00	3.32	3.31	(0.01)	3.59	3.25	3.26	0.01	3.90	3.24	3.24	0.00
07－22	4.30	3.89	3.47	(0.41)	4.00	3.43	3.29	(0.14)	3.59	3.35	3.32	(0.04)	3.90	3.37	3.32	(0.05)
07－23	4.30	5.27	4.53	(0.74)	4.00	4.73	4.26	(0.46)	3.59	4.51	4.30	(0.21)	3.90	4.42	4.19	(0.23)
07－24	4.30	6.25	5.43	(0.82)	4.00	5.60	5.21	(0.39)	3.59	5.55	5.25	(0.30)	3.90	5.26	5.36	(0.34)
07－25	4.30	5.66	5.23	(0.42)	4.00	5.43	5.15	(0.28)	3.59	5.53	5.28	(0.26)	3.90	5.41	5.14	(0.27)
07－26	4.30	5.12	4.75	(0.36)	4.00	4.92	4.73	(0.17)	3.59	5.06	4.89	(0.17)	3.90	5.04	4.84	(0.19)
07－27	4.30	4.77	4.29	(0.49)	4.00	4.44	4.24	(0.20)	3.59	4.57	4.43	(0.15)	3.90	4.53	4.38	(0.15)
07－28	4.30	4.62	3.97	(0.65)	4.00	4.16	3.91	(0.20)	3.59	4.27	4.09	(0.18)	3.90	4.15	4.01	(0.14)
07－29	4.30	4.46	4.39	(0.07)	4.00	3.99	3.83	(0.17)	3.59	4.08	3.92	(0.17)	3.90	3.93	3.80	(0.13)
07－30	4.30	4.30	4.30	0.00	4.00	3.83	3.77	(0.05)	3.59	3.87	3.81	(0.06)	3.90	3.69	3.63	(0.06)
07－31	4.30	4.10	4.12	0.01	4.00	3.67	3.65	(0.02)	3.59	3.69	3.68	(0.02)	3.90	3.50	3.46	(0.04)
08－01	4.30	3.97	3.96	(0.02)	4.00	3.58	3.55	(0.04)	3.59	3.58	3.58	(0.01)	3.90	3.34	3.32	(0.02)

续表

日期	常 州				青 阳				无 锡				陈 墅			
	警戒水位	YS2	YS2－YH1	水位变化正升负降	警戒水位	YS2	YS2－YH1	水位变化正升负降	警戒水位	YS2	YS2－YH1	水位变化正升负降	警戒水位	YS2	YS2－YH1	水位变化正升负降
08－02	4.30	3.83	3.83	(0.00)	4.00	3.45	3.43	(0.02)	3.59	3.47	3.46	(0.00)	3.90	3.23	3.22	(0.01)
08－03	4.30	3.84	3.84	(0.00)	4.00	3.41	3.40	(0.01)	3.59	3.39	3.39	(0.00)	3.90	3.25	3.24	(0.01)
08－04	4.30	3.87	3.88	0.01	4.00	3.44	3.43	(0.01)	3.59	3.38	3.39	(0.00)	3.90	3.31	3.30	(0.01)
08－05	4.30	3.87	3.86	(0.01)	4.00	3.48	3.48	0.00	3.59	3.41	3.42	(0.00)	3.90	3.36	3.35	(0.01)
08－06	4.30	3.64	3.63	(0.02)	4.00	3.32	3.32	(0.00)	3.59	3.27	3.28	0.00	3.90	3.18	3.17	(0.01)

2）"扩大排水"方案效果评估。"扩大排水"方案是在"控引强排"方案的基础上进一步扩充澄锡虞高片的排水通道，提高片区排水能力，即暴雨开始时，将望虞河改为排水调度，西岸口门向望虞河排水，走马塘张家港退水闸打开分排地区涝水。同时，当无锡站水位超过警戒水位时，可通过大溪港、新开港向太湖排水。

研究表明，与原有方案相比，"扩大排水"方案（YH2）削减了区域各代表站水位峰值，并在空间尺度上表现为：对澄锡虞高片高水位的改善效果与武澄锡低片相当，如图6.46和图6.47所示。与"控引强排"方案（YH1）相比，武澄锡虞区各代表站水位降幅又增大了20～35cm，无锡、陈墅站水位降幅增加明显，参见表6.27和表6.28。可见，与"控引强排"方案（YH1）相比，"扩大排水"方案（YH2）对于快速降低地区水位具有更好的作用。

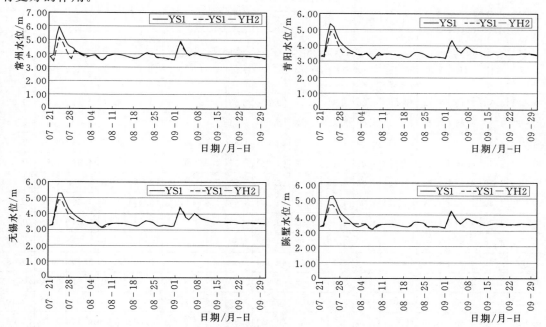

图6.46 区域突发50年一遇暴雨情景下优化方案YH2实施前后武澄锡虞区各代表站水位变化

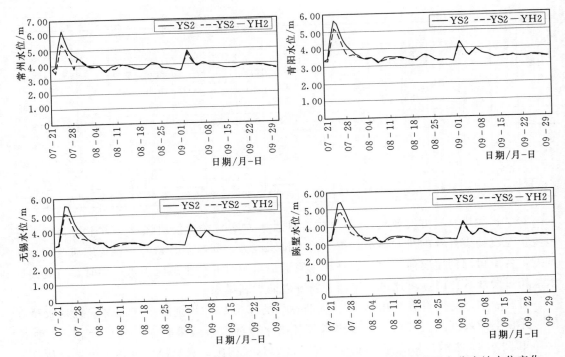

图 6.47 区域突发 100 年一遇暴雨情景下优化方案 YH2 实施前后武澄锡虞区各代表站水位变化

表 6.27　　　　　区域突发 50 年一遇暴雨情景下优化方案 YH2 与 YH1

实施后水位变化对比　　　　　　　　　单位：m

日期	常 州				青 阳				无 锡				陈 墅			
	警戒水位	YS1－YH1	YS1－YH2	水位变化正升负降	警戒水位	YS1－YH1	YS1－YH2	水位变化正升负降	警戒水位	YS1－YH1	YS1－YH2	水位变化正升负降	警戒水位	YS1－YH1	YS1－YH2	水位变化正升负降
07－21	4.30	3.75	3.75	0.00	4.00	3.31	3.31	0.00	3.59	3.26	3.26	0.00	3.90	3.24	3.24	0.00
07－22	4.30	3.46	3.45	(0.00)	4.00	3.27	3.27	(0.00)	3.59	3.30	3.28	(0.02)	3.90	3.30	3.25	(0.05)
07－23	4.30	4.34	4.31	(0.03)	4.00	4.10	4.06	(0.05)	3.59	4.13	4.07	(0.07)	3.90	4.04	3.91	(0.13)
07－24	4.30	5.16	5.11	(0.05)	4.00	4.95	4.87	(0.08)	3.59	4.98	4.84	(0.13)	3.90	4.77	4.55	(0.22)
07－25	4.30	4.97	4.85	(0.12)	4.00	4.90	4.76	(0.14)	3.59	5.00	4.80	(0.21)	3.90	4.90	4.61	(0.28)
07－26	4.30	4.58	4.41	(0.17)	4.00	4.55	4.37	(0.18)	3.59	4.69	4.44	(0.24)	3.90	4.66	4.36	(0.30)
07－27	4.30	4.14	3.96	(0.19)	4.00	4.10	3.91	(0.19)	3.59	4.27	4.02	(0.25)	3.90	4.24	3.95	(0.29)
07－28	4.30	3.83	3.63	(0.20)	4.00	3.78	3.57	(0.21)	3.59	3.96	3.71	(0.25)	3.90	3.90	3.61	(0.28)
07－29	4.30	4.23	4.16	(0.07)	4.00	3.71	3.54	(0.17)	3.59	3.80	3.60	(0.20)	3.90	3.70	3.46	(0.25)
07－30	4.30	4.10	4.04	(0.05)	4.00	3.69	3.55	(0.14)	3.59	3.71	3.56	(0.15)	3.90	3.61	3.46	(0.15)
07－31	4.30	3.95	3.91	(0.04)	4.00	3.59	3.50	(0.09)	3.59	3.62	3.51	(0.11)	3.90	3.53	3.43	(0.10)
08－01	4.30	3.86	3.83	(0.03)	4.00	3.52	3.49	(0.03)	3.59	3.55	3.48	(0.07)	3.90	3.44	3.41	(0.03)
08－02	4.30	3.74	3.72	(0.02)	4.00	3.43	3.46	0.03	3.59	3.47	3.45	(0.01)	3.90	3.35	3.41	0.06

日期	常州				青阳				无锡				陈墅			
	警戒水位	YS1－YH1	YS1－YH2	水位变化正升负降	警戒水位	YS1－YH1	YS1－YH2	水位变化正升负降	警戒水位	YS1－YH1	YS1－YH2	水位变化正升负降	警戒水位	YS1－YH1	YS1－YH2	水位变化正升负降
08－03	4.30	3.81	3.82	0.01	4.00	3.40	3.45	0.05	3.59	3.41	3.43	0.03	3.90	3.33	3.40	0.06
08－04	4.30	3.87	3.88	0.01	4.00	3.44	3.48	0.04	3.59	3.41	3.44	0.03	3.90	3.37	3.40	0.03
08－05	4.30	3.90	3.91	0.01	4.00	3.49	3.52	0.03	3.59	3.44	3.46	0.02	3.90	3.40	3.43	0.03
08－06	4.30	3.69	3.68	(0.00)	4.00	3.34	3.30	(0.04)	3.59	3.30	3.29	(0.00)	3.90	3.20	3.17	(0.03)

表 6.28　区域突发 100 年一遇暴雨情景下优化方案 YH2 与 YH1 实施后水位变化对比　单位：m

日期	常州				青阳				无锡				陈墅			
	警戒水位	YS2－YH1	YS2－YH2	水位变化正升负降	警戒水位	YS2－YH1	YS2－YH2	水位变化正升负降	警戒水位	YS2－YH1	YS2－YH2	水位变化正升负降	警戒水位	YS2－YH1	YS2－YH2	水位变化正升负降
07－21	4.30	3.75	3.75	(0.00)	4.00	3.31	3.31	(0.00)	3.59	3.26	3.25	(0.00)	3.90	3.24	3.24	0.00
07－22	4.30	3.47	3.47	(0.00)	4.00	3.29	3.29	(0.01)	3.59	3.32	3.30	(0.02)	3.90	3.32	3.27	(0.05)
07－23	4.30	4.53	4.51	(0.03)	4.00	4.26	4.22	(0.04)	4.30	4.30	4.23	(0.06)	3.90	4.19	4.06	(0.13)
07－24	4.30	5.43	5.38	(0.05)	4.00	5.21	5.13	(0.08)	3.59	5.25	5.11	(0.14)	3.90	5.02	4.79	(0.23)
07－25	4.30	5.23	5.11	(0.13)	4.00	5.15	5.00	(0.15)	3.59	5.28	5.06	(0.22)	3.90	5.14	4.84	(0.30)
07－26	4.30	4.75	4.58	(0.18)	4.00	4.73	4.54	(0.19)	3.59	4.89	4.62	(0.26)	3.90	4.84	4.52	(0.32)
07－27	4.30	4.29	4.09	(0.20)	4.00	4.24	4.04	(0.20)	3.59	4.43	4.15	(0.27)	3.90	4.38	4.07	(0.31)
07－28	4.30	3.97	3.75	(0.21)	4.00	3.91	3.69	(0.22)	3.59	4.09	3.83	(0.26)	3.90	4.01	3.72	(0.29)
07－29	4.30	4.39	4.40	0.01	4.00	3.83	3.62	(0.21)	3.59	3.92	3.69	(0.23)	3.90	3.80	3.54	(0.26)
07－30	4.30	4.30	4.33	0.03	4.00	3.77	3.66	(0.12)	3.59	3.80	3.66	(0.14)	3.90	3.63	3.53	(0.11)
07－31	4.30	4.12	4.16	0.04	4.00	3.65	3.59	(0.06)	3.59	3.68	3.61	(0.06)	3.90	3.46	3.49	0.02
08－01	4.30	3.96	4.04	0.08	4.00	3.55	3.51	(0.03)	3.59	3.58	3.55	(0.02)	3.90	3.32	3.42	0.11
08－02	4.30	3.83	3.94	0.11	4.00	3.43	3.43	0.00	3.59	3.48	3.50	0.02	3.90	3.22	3.35	0.13
08－03	4.30	3.84	3.86	0.02	4.00	3.40	3.43	0.03	3.59	3.39	3.43	0.04	3.90	3.24	3.34	0.10
08－04	4.30	3.88	3.88	0.01	4.00	3.43	3.45	0.02	3.59	3.39	3.42	0.04	3.90	3.30	3.38	0.08
08－05	4.30	3.86	3.91	0.05	4.00	3.48	3.52	0.03	3.59	3.40	3.43	0.04	3.90	3.35	3.41	0.06
08－06	4.30	3.63	3.71	0.09	4.00	3.32	3.35	0.03	3.59	3.28	3.30	0.03	3.90	3.17	3.21	0.04

此外，"扩大排水"方案下的区域代表站超警戒水位天数也较"控引强排"方案（YH1）有所缩短。50 年一遇区域突发暴雨情景下，澄锡虞高片的青阳、无锡站超警天数

分别缩短了 1 天和 2 天，无锡站也消除了超历史最高水位。100 年一遇区域突发暴雨情景下，常州、陈墅站的超警天数均缩短了 1 天，无锡、陈墅站均存在超历史最高水位现象，但天数缩短了 1 天。对比不同量级区域暴雨风险改善效果可知，与遭遇 100 年一遇区域突发暴雨情景相比，"扩大排水"方案（YH2）的预期目的在遭遇 50 年一遇区域突发暴雨时更易达到，可以有效降低澄锡虞高片高水位，抑制洪涝风险。

　　3）"提前预降"方案效果评估。实施"提前预降"方案（YH3），即暴雨发生前 3 天（7 月 18—20 日）利用走马塘张家港枢纽和常熟枢纽抽排预降地区水位，其中陈墅站水位降幅约 20cm。实施"扩大排水"方案（YH2）后，武澄锡虞区整体风险虽有大幅降低，但局部片区如澄锡虞高片仍存在较大风险，主要表现在片区代表站存在超历史最高水位。研究表明，7 月 18—20 日抽排武澄锡虞区河网内蓄水，在达到预降陈墅站水位目的的同时，未对常州、青阳、无锡站水位产生显著影响，不会产生新的风险。

　　从实施效果来看，与原有方案相比，"提前预降"方案（YH3）实施后，区域代表站水位峰值受到明显削减，如图 6.48 和图 6.49 所示；与"扩大排水"方案（YH2）相比，"提前预降"方案（YH3）实施后，各站水位均有不同程度的下降，见表 6.29 和表 6.30。从不同方案区域代表站超警天数变化来看，"提前预降"方案（YH3）对区域洪涝风险的抑制作用与"扩大排水"方案（YH2）相当。主要缘于这种预降在降雨初期 4 天内对水位抬升有较好抑制作用，但这种抑制作用随着降雨的持续逐渐减弱，对出现在降雨中后期峰值削减作用不明显，如图 6.50 所示。不同调度方案下各代表站超警戒水位天数、超历史最高水位天数见表 6.31 和表 6.32。

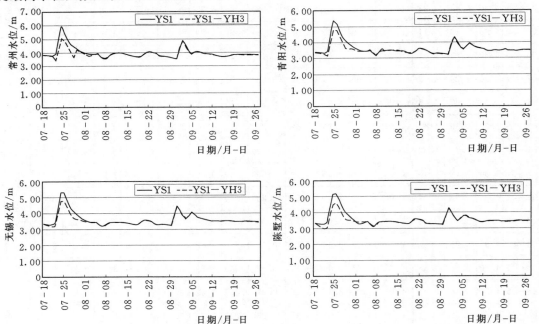

图 6.48　区域突发 50 年一遇暴雨情景下优化方案 YH3 实施前后
武澄锡虞区各代表站水位变化

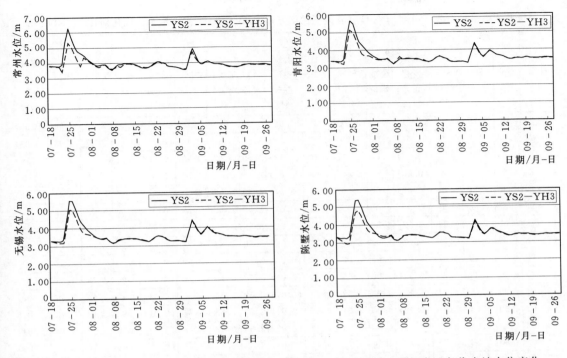

图 6.49　区域突发 100 年一遇暴雨情景下优化方案 YH3 实施前后武澄锡虞区各代表站水位变化

表 6.29　区域突发 50 年一遇暴雨情景下优化方案 YH3 与 YH2 实施后水位变化对比　单位：m

日期	常　州				青　阳				无　锡				陈　墅			
	警戒水位	YS1－YH2	YS1－YH3	水位变化正升负降	警戒水位	YS1－YH2	YS1－YH3	水位变化正升负降	警戒水位	YS1－YH2	YS1－YH3	水位变化正升负降	警戒水位	YS1－YH2	YS1－YH3	水位变化正升负降
07－21	4.30	3.75	3.74	(0.01)	4.00	3.31	3.23	(0.08)	3.59	3.26	3.15	(0.11)	3.90	3.24	2.94	(0.30)
07－22	4.30	3.45	3.41	(0.04)	4.00	3.27	3.15	(0.12)	3.59	3.28	3.14	(0.14)	3.90	3.25	2.95	(0.30)
07－23	4.30	4.31	4.21	(0.10)	4.00	4.06	3.93	(0.13)	3.59	4.07	3.93	(0.14)	3.90	3.91	3.71	(0.20)
07－24	4.30	5.11	5.05	(0.06)	4.00	4.87	4.80	(0.07)	3.59	4.84	4.75	(0.10)	3.90	4.55	4.43	(0.12)
07－25	4.30	4.85	4.85	0.00	4.00	4.76	4.75	(0.00)	3.59	4.80	4.76	(0.03)	3.90	4.61	4.57	(0.04)
07－26	4.30	4.41	4.41	0.00	4.00	4.37	4.39	0.01	3.59	4.44	4.44	(0.01)	3.90	4.36	4.35	(0.01)
07－27	4.30	3.96	3.97	0.01	4.00	3.91	3.93	0.02	3.59	4.02	4.02	0.00	3.90	3.95	3.95	0.00
07－28	4.30	3.63	3.65	0.02	4.00	3.57	3.60	0.03	3.59	3.71	3.71	0.00	3.90	3.61	3.62	0.01
07－29	4.30	4.16	4.17	0.01	4.00	3.54	3.57	0.03	3.59	3.60	3.61	0.01	3.90	3.46	3.47	0.01
07－30	4.30	4.04	4.06	0.01	4.00	3.55	3.56	0.01	3.59	3.56	3.57	0.01	3.90	3.46	3.47	0.01
07－31	4.30	3.91	3.92	0.00	4.00	3.50	3.51	0.01	3.59	3.51	3.52	0.01	3.90	3.43	3.43	0.00
08－01	4.30	3.83	3.83	0.00	4.00	3.49	3.46	(0.03)	3.59	3.48	3.48	(0.00)	3.90	3.41	3.37	(0.04)
08－02	4.30	3.72	3.72	(0.00)	4.00	3.46	3.42	(0.04)	3.59	3.45	3.42	(0.03)	3.90	3.41	3.34	(0.07)
08－03	4.30	3.82	3.80	(0.01)	4.00	3.45	3.40	(0.05)	3.59	3.44	3.40	(0.04)	3.90	3.40	3.36	(0.04)
08－04	4.30	3.88	3.86	(0.01)	4.00	3.48	3.44	(0.04)	3.59	3.44	3.40	(0.04)	3.90	3.40	3.36	(0.04)
08－05	4.30	3.91	3.90	(0.01)	4.00	3.52	3.49	(0.03)	3.59	3.46	3.43	(0.03)	3.90	3.43	3.40	(0.03)
08－06	4.30	3.68	3.68	(0.00)	4.00	3.30	3.33	0.03	3.59	3.29	3.28	(0.01)	3.90	3.17	3.19	0.02

表 6.30　区域突发 100 年一遇暴雨情景下优化方案 YH3 与 YH2 实施后水位变化对比　　单位：m

日期	常州				青阳				无锡				陈墅			
	警戒水位	YS2－YH2	YS2－YH3	水位变化正升负降	警戒水位	YS2－YH2	YS2－YH3	水位变化正升负降	警戒水位	YS2－YH2	YS2－YH3	水位变化正升负降	警戒水位	YS2－YH2	YS2－YH3	水位变化正升负降
07－21	4.30	3.75	3.75	(0.01)	4.00	3.31	3.23	(0.08)	3.59	3.25	3.15	(0.11)	3.90	3.24	2.94	(0.30)
07－22	4.30	3.47	3.43	(0.04)	4.00	3.29	3.17	(0.11)	3.59	3.30	3.16	(0.14)	3.90	3.27	2.98	(0.29)
07－23	4.30	4.51	4.42	(0.09)	4.00	4.22	4.10	(0.12)	3.59	4.23	4.10	(0.13)	3.90	4.06	3.86	(0.19)
07－24	4.30	5.38	5.33	(0.05)	4.00	5.13	5.08	(0.05)	3.59	5.11	5.03	(0.09)	3.90	4.79	4.69	(0.11)
07－25	4.30	5.11	5.08	(0.03)	4.00	5.00	4.99	(0.01)	3.59	5.06	5.01	(0.04)	3.90	4.84	4.81	(0.03)
07－26	4.30	4.58	4.58	0.00	4.00	4.54	4.55	0.02	3.59	4.62	4.62	0.00	3.90	4.52	4.52	0.00
07－27	4.30	4.09	4.11	0.02	4.00	4.04	4.07	0.03	3.59	4.15	4.16	0.00	3.90	4.07	4.08	0.01
07－28	4.30	3.75	3.78	0.02	4.00	3.69	3.73	0.04	3.83	3.83	3.84	0.01	3.90	3.72	3.73	0.01
07－29	4.30	4.40	4.33	(0.07)	4.00	3.62	3.64	0.02	3.59	3.69	3.70	0.01	3.90	3.54	3.56	0.01
07－30	4.30	4.33	4.21	(0.13)	4.00	3.65	3.64	(0.01)	3.59	3.66	3.66	0.00	3.90	3.53	3.53	(0.01)
07－31	4.30	4.16	4.04	(0.12)	4.00	3.59	3.58	(0.01)	3.59	3.61	3.60	(0.01)	3.90	3.49	3.49	(0.00)
08－01	4.30	4.04	3.91	(0.13)	4.00	3.51	3.50	(0.01)	3.59	3.55	3.54	(0.01)	3.90	3.42	3.42	(0.01)
08－02	4.30	3.94	3.79	(0.14)	4.00	3.42	3.42	(0.01)	3.59	3.48	3.46	(0.01)	3.90	3.35	3.34	(0.01)
08－03	4.30	3.86	3.70	(0.15)	4.00	3.41	3.41	(0.00)	3.59	3.40	3.40	(0.01)	3.90	3.34	3.33	(0.01)
08－04	4.30	3.88	3.81	(0.07)	4.00	3.43	3.42	(0.01)	3.59	3.38	3.36	(0.02)	3.90	3.38	3.36	(0.02)
08－05	4.30	3.91	3.90	(0.02)	4.00	3.49	3.47	(0.03)	3.59	3.45	3.43	(0.02)	3.90	3.41	3.39	(0.02)
08－06	4.30	3.71	3.70	(0.02)	4.00	3.35	3.33	(0.02)	3.59	3.30	3.28	(0.02)	3.90	3.21	3.19	(0.02)

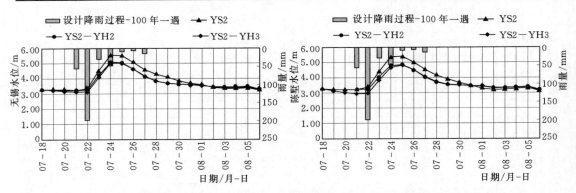

图 6.50　区域突发 100 年一遇暴雨情景下澄锡虞高片地区降雨与水位变化过程对比

表 6.31　　　　　区域突发 50 年一遇暴雨情景不同调度方案下各代表站
超警戒水位天数、超历史最高水位天数表

区域代表站	警戒水位/m	历史最高水位/m	超警戒水位天数				超历史最高水位天数			
			YS1	YS1－YH1	YS1－YH2	YS1－YH3	YS1	YS1－YH1	YS1－YH2	YS1－YH3
常州	4.30	5.52	9	6	6	5	1	0	0	0
青阳	4.00	5.29	8	7	6	6	1	0	0	0
无锡	3.59	4.87	20	20	18	18	3	2	0	0
陈墅	3.90	4.24	8	7	7	6	5	3	3	3

表 6.32 区域突发 100 年一遇暴雨情景不同调度方案下各代表站
超警戒水位天数、超历史最高水位天数表

区域代表站	警戒水位/m	历史最高水位/m	超警戒水位天数				超历史最高水位天数			
			YS2	YS2-YH1	YS2-YH2	YS2-YH3	YS2	YS2-YH1	YS2-YH2	YS2-YH3
常州	4.30	5.52	10	8	7	6	2	0	0	0
青阳	4.00	5.29	8	6	6	6	2	0	0	0
无锡	3.59	4.87	20	20	20	20	3	3	2	2
陈墅	3.90	4.24	9	7	6	5	5	4	3	3

（3）综合评价。综上所述，三个优化方案中，"提前预降"方案（YH3）效果最好。但从技术可行、经济合理的原则出发，在区域突发 50 年一遇设计暴雨情景下，"扩大排水"方案（YH2）即可起到较好的效果，降低常州、青阳、无锡等站的超历史最高水位，减少陈墅站的超历史最高水位天数。在区域突发 100 年设计暴雨情景下，在控制区域引水、扩大洪水出路的基础上，加强水雨情监测预警预报能力，提前预降地区水位，预留一定的调蓄空间，即采用"提前预降"方案（YH3）是必要的。

此外，以上三个优化方案并未彻底根除风险区域武澄锡虞区澄锡虞高片的风险，由于陈墅站地处澄锡虞区腹地，且周围地势相对低洼，排涝动力有限，是武澄锡虞区的主要风险点，可通过提高降雨的预报能力，适当降低洪涝风险。

6.2.4 遭遇流域性干旱风险评估与应对

6.2.4.1 风险情景模拟分析

（1）计算方案。根据前述水文情景设置和流域河湖连通规划工程体系及其调度方案，这里研究共设计了三个方案进行风险评估的模拟计算，见表 6.33。

表 6.33 取调水过程中遭遇流域性干旱枯水风险分析的计算方案

方案编号	方案简称	分析年型	计算工况	计算时段	降雨
QS1	1967 年型干旱	1967 年型（95%）	2020 年工况	全年期	实况
QS2	1978 年型干旱	1978 年型（98%）			
JC	基础方案	1990 年型（50%）			

（2）模拟结果分析。

1）太浦河下游供水风险分析。以太浦河沿线取水工程的水位、水量要求的满足程度为重点，分析太浦河下游供水风险。

图 6.51 是太浦河沿线金泽水库取水口断面和平湖、嘉善取水口断面不同年型逐日水位计算过程图。从图中可以看出，当流域遭遇 1967 年型干旱、1978 年型干旱时，金泽水库取水口断面和平湖、嘉善取水口断面在非汛期（1—4 月、10—12 月）水位过程明显下降，5—7 月水位过程略有下降，8—9 月水位过程呈现大幅下降，其中 9 月的各取水口水位下降幅度最大。可见，供水风险主要发生在非汛期和后汛期（7 月 21 日至 9 月 30 日）。

从图 6.51 可知，太浦河沿线取水口的最低水位均出现在非汛期。由非汛期太浦河沿线取水口特征水位变幅来看（表 6.34），遭遇 1967 年型干旱情景下，金泽水库取水口断面最低日均水位降低了 43.9cm，平均日均水位降低了 26.0cm，最低旬均水位降低了

39.2cm，但是均高于金泽水库运行最低水位1.91m；平湖、嘉善取水口断面最低日均水位降低了42.4cm，平均日均水位降低了26.0cm，最低旬均水位降低了38.2cm，但是均高于平湖、嘉善取水口高程－2.00m。当降雨条件变得更加不利，流域遭遇1978年型干旱时，金泽水库取水口断面最低日均水位比平水年降低了33.60m，平均日均水位降低了21.8cm，最低旬均水位降低了22.8cm，但是均高于金泽水库运行最低水位1.91m；平湖、嘉善取水口断面最低日均水位降低了28.9cm，平均日均水位降低了21.5cm，最低旬均水位降低了21.1cm，但是均高于平湖、嘉善取水口高程－2.00m。

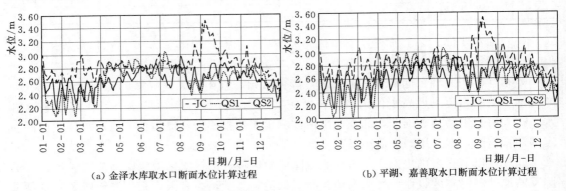

（a）金泽水库取水口断面水位计算过程　　　　（b）平湖、嘉善取水口断面水位计算过程

图6.51　不同干旱年型下太浦河沿线取水口断面水位计算过程图

可见，遭遇1967年型干旱和1978年型干旱情景下，太浦河沿线金泽水库、平湖、嘉善取水口断面的水位虽然都会受到一定的影响，在8—11月、1—4月水位明显降低，但仍高于各取水口最低运行水位。

进一步分析取水口断面水量，金泽水库水源地2020年设计供水能力为351万 m³/d，设计年取水量为12.8亿 m³，平湖、嘉善水源地2020年设计供水能力为95万 m³/d，设计年取水量为3.47亿 m³。从不同年型金泽水库、平湖、嘉善取水口断面水量（表6.35）来看，遭遇1967年型干旱和1978年型干旱，取水口断面的水量均呈现大幅下降，但是仍能满足各取水口的设计取水量要求。

表6.34　　　　　不同干旱年型情景下太浦河沿线取水口计算水位成果对比　　　　单位：m

方　案	特　征　水　位		金泽取水口断面	平湖、嘉善取水口断面	方　案　比　较		
					计算公式	金泽取水口断面	平湖、嘉善取水口断面
JC（基础方案，50%）	全年	最低日均	2.516	2.447			
		平均日均	2.853	2.861			
		最低旬均	2.624	2.601			
	汛期	最低日均	2.720	2.661			
		平均日均	2.938	2.961			
		最低旬均	2.789	2.802			
	非汛期	最低日均	2.516	2.447			
		平均日均	2.792	2.789			
		最低旬均	2.624	2.601			

续表

方案	特征水位		金泽取水口断面	平湖、嘉善取水口断面	方案比较		
					计算公式	金泽取水口断面	平湖、嘉善取水口断面
QS1（1967年型干旱，95%）	全年	最低日均	2.077	2.023	QS1－JC	−0.439	−0.424
		平均日均	2.614	2.622		−0.239	−0.239
		最低旬均	2.232	2.219		−0.392	−0.382
	汛期	最低日均	2.386	2.388		−0.334	−0.273
		平均日均	2.727	2.750		−0.211	−0.211
		最低旬均	2.504	2.527		−0.285	−0.275
	非汛期	最低日均	2.077	2.023		−0.439	−0.424
		平均日均	2.532	2.529		−0.260	−0.260
		最低旬均	2.232	2.219		−0.392	−0.382
QS2（1978年型干旱，98%）	全年	最低日均	2.180	2.158	QS2－JC	−0.336	−0.289
		平均日均	2.627	2.636		−0.226	−0.225
		最低旬均	2.396	2.389		−0.228	−0.212
	汛期	最低日均	2.457	2.432		−0.263	−0.229
		平均日均	2.701	2.722		−0.237	−0.239
		最低旬均	2.551	2.562		−0.238	−0.240
	非汛期	最低日均	2.180	2.158		−0.336	−0.289
		平均日均	2.574	2.574		−0.218	−0.215
		最低旬均	2.396	2.389		−0.228	−0.212

表 6.35　　　　不同干旱年型情景下太浦河沿线取水口水量计算成果　　　单位：亿 m³

名　称	方案 JC	方案 QS1	方案 QS2	方案 QS1－JC	方案 QS2－JC
金泽水库取水口	62.590	46.898	46.507	−15.692	−16.083
平湖、嘉善取水口	35.781	21.858	19.808	−13.923	−15.973

综上所述，无论是遭遇 1967 年型干旱还是 1978 年型干旱，都会对太浦河沿线金泽水库、平湖、嘉善取水口断面的水位、水量过程产生一定程度的影响，但是不会影响金泽水库水源地，平湖、嘉善水厂的正常取水，因此在取调水过程中遭遇流域性干旱枯水时，对太浦河下游供水的风险在可接受范围内。

2）流域河湖生态需水风险分析。太湖流域属于平原河网地区，地势平缓，河流水面比降较小，区域河网水位与太湖水位密切相关，且相关研究表明，流域内河湖生态需水主要以太湖和地区代表站允许最低旬均水位、黄浦江松浦大桥断面允许最小月净泄流量作为控制目标。因此，本节从太湖特征水位、区域代表站特征水位和黄浦江松浦大桥净泄流量几个方面，分析流域河湖生态需水风险。

a. 太湖水位分析。太湖水位受到降雨、蒸发等自然因素及用水、工程调度等人为因素的共同影响。太湖水位综合反映流域汛情及水资源状况，是流域工程控制运行的重要指标。《太湖流域水资源综合规划》将太湖旬均水位是否低于 2.65m 作为流域水资源量余缺情况的判别指标，并从提高太湖的供水能力以及水环境承载能力，有效改善太湖及下游地区水环境等角度出发，确定 2.80m 作为太湖最低旬均水位的规划目标。此外，相关研究❶提出流域水资源调度所需达到的基本目标：太湖汛期（5—9 月）水位为 2.70m，非汛期（10 月—次年 4 月）水位为 2.65m。综合考虑水资源和水生态环境需求，本次研究将 2.70m 和 2.65m 分别作为太湖汛期和非汛期的最低水位控制目标、2.80m 作为太湖适宜生态水位进行流域生态环境需水风险分析。

不同年型太湖水位计算过程如图 6.52 所示，太湖旬水位过程如图 6.53 所示，特征水位统计详见表 6.36。

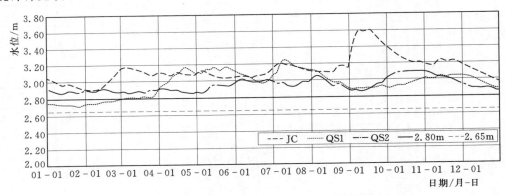

图 6.52   遭遇不同干旱年型下的太湖水位计算过程图

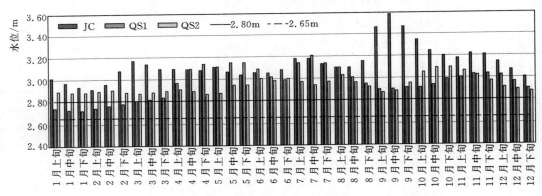

图 6.53   遭遇不同干旱年型下的太湖旬水位过程图

表 6.36   遭遇不同干旱年型下的太湖计算水位成果   单位：m

特　征　水　位		方案 JC	方案 QS1	方案 QS2	方案 QS1−JC	方案 QS2−JC
全年	最低日均	2.901	2.716	2.859	−0.185	−0.042
	平均日均	3.139	2.968	2.945	−0.171	−0.194
	最低旬均	2.910	2.721	2.864	−0.189	−0.046

❶ 引自水利部 2009 年度公益性行业科研专项经费项目"基于优化配置的平原河网地区水资源调度研究"。

续表

特 征 水 位		方案 JC	方案 QS1	方案 QS2	方案 QS1—JC	方案 QS2—JC
汛期	最低日均	3.032	2.893	2.862	−0.139	−0.170
	平均日均	3.186	3.053	2.954	−0.133	−0.232
	最低旬均	3.038	2.898	2.872	−0.140	−0.167
非汛期	最低日均	2.901	2.716	2.859	−0.185	−0.042
	平均日均	3.105	2.906	2.938	−0.199	−0.167
	最低旬均	2.910	2.721	2.864	−0.189	−0.046

遭遇 1967 年型干旱情景下，与平水年相比，在 1—3 月、8—12 月太湖水位过程明显下降，4—7 月太湖水位过程变化幅度不大。太湖汛期最低水位降低至 2.893m，高于最低水位控制目标 2.70m；非汛期最低水位降低至 2.716m，高于最低水位控制目标 2.65m。太湖最低旬均水位降低至 2.721m，低于《太湖流域水资源综合规划》规定的 2.80m，1—2 月旬均水位均低于 2.80m，但是高于 2.65m，给流域生态环境需水带来一定的风险。

遭遇 1978 年型干旱情景下，太湖全年水位过程均低于 1990 年型水位过程，3—12 月水位过程线明显下降，9 月水位降幅最大。太湖汛期最低水位降低至 2.862m，高于最低水位控制目标 2.70m；非汛期最低水位降低至 2.859m，高于最低水位控制目标 2.65m。太湖最低旬均水位降低至 2.864m，出现在 4 月下旬，高于《太湖流域水资源综合规划》规定的 2.80m，不会给流域生态环境需水带来风险。

可见，若流域遭遇 1967 年型干旱（95%枯水年），由于太湖上游区入湖水量减少，下游区供水需求量增加，且湖区蒸发量大于降雨量，在 1—2 月出现连续 2 个月太湖水位持续低于 2.80m 的现象，对太湖及区域生态环境需水带来一定的风险。

b. 区域代表站水位分析。河网地区代表站最低旬均水位是河网适宜水位的重要依据之一。《太湖流域水资源综合规划》根据 1956—2000 年平原河网区水位代表站年最低旬均水位系列，结合自来水厂取水、农田灌溉、航运、水生动植物等对水位的要求，规划提出各代表站河网允许最低旬均水位规划目标，以反映区域河网生态需水要求，见表 6.37。

表 6.37　　　　　　　　太湖流域主要水位代表站允许最低旬均水位　　　　　　　　单位：m

分　区	站　名	允许最低旬均水位	实测系列 $P=50\%$ 对应水位	分　区		站　名	允许最低旬均水位	实测系列 $P=50\%$ 对应水位
湖西区	坊前	2.87	2.87	阳澄淀泖区	阳澄片	湘城	2.60	2.59
浙西区	杭长桥	2.65	2.68		淀泖片	陈墓	2.55	2.47
武澄锡虞区	常州（二）	2.83	2.83	杭嘉湖区	运西片	南浔	2.55	2.54
	无锡	2.80	2.80		运西片	新市	2.55	2.57
	青阳	2.80	2.75		运东片	嘉兴（杭）	2.55	2.51

从各地区代表站全年水位过程和全年期特征水位来看，当遭遇 1967 年型干旱（95%枯水年）时，相对于平水年，各个代表站水位均呈现不同幅度的下降，水位下降主要出现在 1—4 月、9—11 月，其中 9 月的下降幅度最大；当遭遇 1978 年型干旱（98%枯水年）时，相对于平水年，各个地区代表站全年期水位均呈现明显的下降，9—12 月的下降幅度较大，且坊前站、陈墓站、嘉兴站均出现低于允许最低日均水位的现象，可能存在生态需水风险，如图 6.54 和表 6.38 所示。

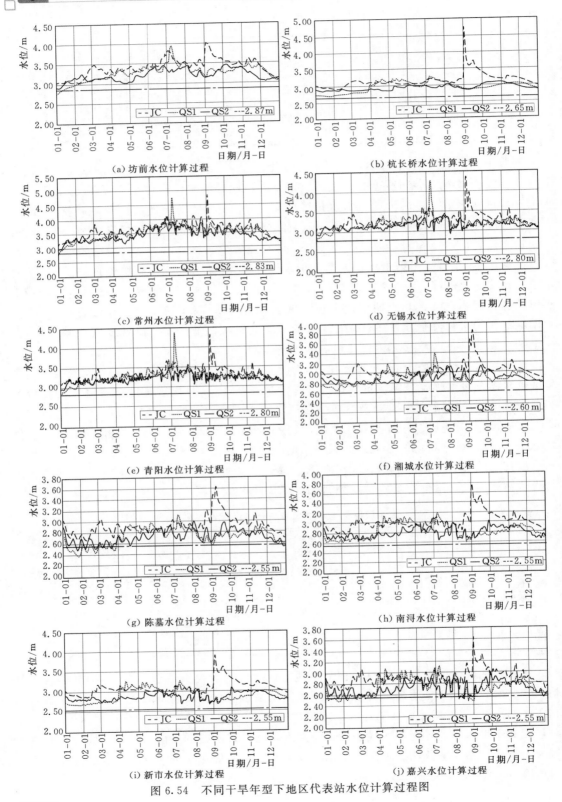

图 6.54　不同干旱年型下地区代表站水位计算过程图

表 6.38　　　　　不同干旱年型下地区代表站全年期特征水位表　　　　　单位：m

全　年		方案 JC			方案 QS1			方案 QS2		
站点名称		最低日均	平均日均	最低旬均	最低日均	平均日均	最低旬均	最低日均	平均日均	最低旬均
湖西区	坊前	3.044	3.412	3.058	2.755	3.267	2.807	2.917	3.209	2.930
浙西区	杭长桥	2.902	3.153	2.914	2.712	2.968	2.719	2.847	2.937	2.858
武澄锡虞区	常州	3.104	3.605	3.185	2.807	3.511	2.935	2.966	3.435	3.020
	无锡	3.029	3.283	3.093	2.778	3.173	2.863	2.939	3.145	2.954
	青阳	3.056	3.323	3.136	2.814	3.248	2.894	2.949	3.212	2.986
阳澄淀泖区	湘城	2.834	3.036	2.856	2.657	2.889	2.679	2.764	2.878	2.778
	陈墓	2.651	2.914	2.717	2.375	2.718	2.419	2.492	2.714	2.546
杭嘉湖区	南浔	2.778	3.015	2.822	2.611	2.831	2.649	2.641	2.794	2.689
	新市	2.836	3.106	2.902	2.678	2.919	2.700	2.690	2.880	2.761
	嘉兴	2.684	2.909	2.742	2.470	2.733	2.533	2.525	2.716	2.594

对于湖西区，坊前站平水年时全年最低旬均水位为 3.058m。当流域遭遇 1967 年型干旱时，该站最低旬均水位为 2.807m，低于允许最低水位 2.87m，出现在 1 月上旬。当流域遭遇 1978 年型干旱时，该站最低旬均水位为 2.930m，高于最低允许水位。可见，若流域遭遇 1967 年型干旱（95％枯水年），湖西区河网存在生态环境需水风险，且最可能出现在 1 月上旬；若流域遭遇 1978 年型干旱（98％枯水年），湖西区河网不存在河网生态环境需水风险，如图 6.55 所示。

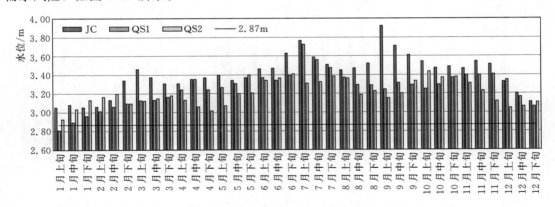

图 6.55　坊前站旬水位过程图

对于阳澄淀泖区，陈墓站平水年时全年最低旬均水位为 2.717m。当流域遭遇 1967 年型干旱时，陈墓站 1 月中下旬、2 月上旬、2 月下旬均出现低于允许最低水位 2.55m 的现象，其中 1 月中旬旬均水位最低，为 2.419m。当流域遭遇 1978 年型干旱时，陈墓站最低旬均水位为 2.546m，略低于允许最低水位 2.55m，出现在 2 月下旬。因此，若流域遭遇 1967 年型干旱（95％枯水年），阳澄淀泖区存在河网生态环境需水风险，最可能出现在 1 月中下旬、2 月上下旬；若流域遭遇 1978 年型干旱（98％枯水年），阳澄淀泖区存在河网生态环境需水风险，最可能出现在 2 月下旬，如图 6.56 所示。

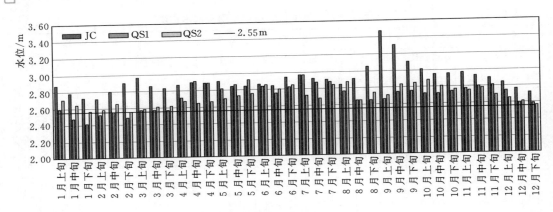

图 6.56　陈墓站旬水位过程图

对于杭嘉湖区，嘉兴站平水年时全年最低旬均水位为 2.742m。若流域遭遇 1967 年型干旱，嘉兴站 1 月中旬、1 月下旬、8 月下旬旬均水位分别为 2.541m、2.533m、2.548m，均低于允许最低水位 2.55m；若流域遭遇 1978 年型干旱，嘉兴站最低旬均水位为 2.594m，高于允许最低水位。因此，若流域遭遇 1967 年型干旱（95% 枯水年），杭嘉湖区河网存在生态环境需水风险，且最可能出现在 1 月中下旬、8 月下旬；若流域遭遇 1978 年型干旱（98% 枯水年），杭嘉湖区河网不存在河网生态环境需水风险，如图 6.57 所示。

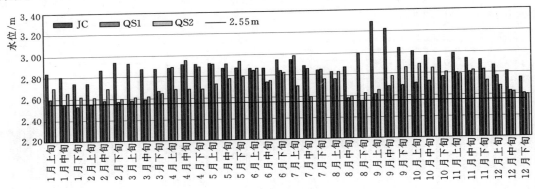

图 6.57　嘉兴站旬水位过程图

综上所述，当流域遇特殊干旱年，区域河网地区会出现不同程度的生态环境需水风险。若流域遭遇 1967 年型干旱（95% 枯水年），湖西区、阳澄淀泖区、杭嘉湖区河网存在生态环境需水风险；若流域遭遇 1978 年型干旱（98% 枯水年），阳澄淀泖区河网存在生态环境需水风险。

c. 黄浦江松浦大桥净泄流量分析。根据《太湖流域水资源综合规划》，选取黄浦江松浦大桥断面最小月平均净泄流量作为流域河道内需水的控制指标。为维持黄浦江基本生态和环境功能，以多年平均径流量的 30%（折合径流量约 90m³/s），作为黄浦江松浦大桥至吴淞口段河流生态需水量；加上下游取水口用水（耗水）需求约 69.5m³/s，确定松浦大桥断面允许最小月净泄流量规划目标为 160m³/s；同时指出，如果今后上海市供水水源调整，该指标则作相应调整。目前，上海市正在太浦河北岸建设金泽水库，预计 2016 年完工投入使用。根据《太湖流域水量分配方案》，在金泽水库水源地实施后松浦大桥断面允许最小月净泄流量相应调整为 100m³/s。本研究中的流域工程体系为 2020 年工况，因此选取 90m³/s 作为流域河流生态需水控制指标，100m³/s 作为河道内需水控制指标。

从太浦河沿线出入水量（表 6.39）来看，当流域遭遇 1967 年型干旱（QS1）时，太浦河出湖量比平水年减少 5.488 亿 m³，降幅为 27.17%；太浦河出口净泄量减少 15.503 亿 m³，降幅为 35.17%。当流域遭遇 1978 年型干旱（QS2）时，太浦河出湖量减少 4.441 亿 m³，降幅为 21.99%；太浦河出口净泄量减少 16.396 亿 m³，降幅为 37.19%。因此，若遭遇流域性干旱枯水，太浦河出湖水量、太浦河出口净泄量均大大减少。

表 6.39　　　　　　　　　不同方案下太浦河沿线出入水量计算成果表　　　　　　　　　单位：亿 m³

名　称		方案 JC	方案 QS1	方案 QS2	方案 QS1－JC	方案 QS2－JC
太浦河出湖		20.197	14.709	15.756	−5.488	−4.441
太浦河出口净泄量		44.085	28.582	27.689	−15.503	−16.396
北岸	出太浦河	0.004	0.004	0.026	0	0.022
	入太浦河	5.852	3.796	3.953	−2.056	−1.899
南岸	出太浦河	0.148	0.140	0.273	−0.008	0.125
	入太浦河	7.545	5.827	5.999	−1.718	−1.546

从不同年型黄浦江松浦大桥断面月净泄流量来看，平水年时，松浦大桥断面最小月净泄流量出现在 8 月，为 113.4m³/s，高于流域河流生态需水目标值 90m³/s，也高于河道内需水控制指标 100m³/s。当遭遇 1967 年型干旱（QS1）时，松浦大桥断面最小月净泄流量出现在 9 月，为 56.7m³/s，距离流域河流生态需水目标值和河道内需水目标值分别相差 33.3m³/s 和 43.3m³/s。当遭遇 1978 年型干旱（QS2）时，松浦大桥断面最小月净泄流量出现在 7 月，为 88.3m³/s，距离流域河流生态需水目标值和河道内需水目标值分别相差 1.7m³/s 和 11.7m³/s。此外，8 月松浦大桥断面月净泄流量也相对较小，为 106.0m³/s，高于流域河流生态需水目标值 90m³/s，接近河道内需水目标值 100m³/s。黄浦江松浦大桥断面月净泄流量计算成果见表 6.40，月净泄流量过程如图 6.58 所示。

表 6.40　　　　　　　　　松浦大桥断面月净泄流量成果对比表　　　　　　　　　单位：m³/s

方案 ＼ 月份	1	2	3	4	5	6	7	8	9	10	11	12
JC	429.0	480.3	429.0	371.9	373.5	232.7	213.2	113.4	469.6	305.2	384.9	490.6
QS1	317.8	318.8	336.1	544.2	443.7	305.2	322.9	178.2	56.7	163.1	408.1	467.1
QS2	439.3	396.0	324.0	385.3	324.6	290.2	88.3	106.0	168.1	302.5	413.0	352.5

因此，当流域分别遭遇 1967 年型干旱（95% 枯水年）、1978 年型干旱（98% 枯水年）时，太湖水位偏低，太湖向下游地区的供水能力不足，松浦大桥断面最小月净流量均低于河流生态需水目标值和河道内需水目标值，生态环境需水面临风险，且遭遇 95% 枯水年时的风险相对更大。

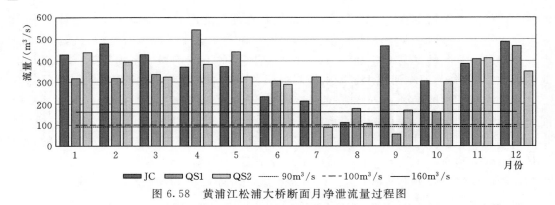

图 6.58 黄浦江松浦大桥断面月净泄流量过程图

（3）风险评估小结。综上所述，当取调水过程中遭遇流域性干旱枯水，会给太浦河下游河道水位和流量带来一定影响，但对太浦河沿线取水口正常取水尚不构成威胁，供水风险处在可接受范围内；然而会对流域河湖生态环境安全造成威胁，主要表现在太湖水位在1—2月低于太湖适宜生态水位，湖西区、阳澄淀泖区和杭嘉湖区等河网地区代表站最低旬均水位低于允许值，黄浦江松浦大桥断面月净泄流量低于河流生态需水目标值和河道内需水目标值。

6.2.4.2　风险应对措施研究

（1）研究思路。根据风险评估结果，流域取调水过程中遭遇不同频率的流域性干旱枯水时对太浦河沿线取水口正常取水不会产生风险，但是会对太湖及湖西区、阳澄淀泖区、杭嘉湖区等区域河网生态环境需水产生风险。为此，本节将重点针对太湖及区域生态环境需水风险进行应对措施研究。

由风险分析结果可知，流域河湖生态环境风险主要表现为太湖水位在1—2月低于太湖适宜生态水位，湖西区、阳澄淀泖区和杭嘉湖区等河网地区代表站最低旬均水位低于允许值，黄浦江松浦大桥断面月净泄流量低于河流生态需水目标值和河道内需水目标值。在流域规划工程体系下，河湖连通体系更为完善，可通过增加调水引流水量缓解流域性干旱，弥补本地水资源不足。

依据相关研究，在太湖遭遇流域性干旱枯水时，加大望虞河常熟枢纽、新孟河江边枢纽引长江水量，是流域水资源调配的重要手段。另外，太浦河是流域向下游的主要供水河道，依据《太湖流域洪水与水量调度方案》，太浦河常规下泄流量不低于50m³/s，但当太湖下游地区发生饮用水水源地水质恶化或突发水污染事件时，可加大太浦闸供水流量，必要时启动太浦河泵站增加流量。

因此，针对流域不同频率枯水年太湖及区域河网地区生态环境需水安全，设计加大望虞河常熟枢纽引长江水量、加大新孟河江边枢纽引长江水量、提高太浦河泵站下泄水量的调度方案，详见表6.41。

（2）效果分析。

1）"增引增供"方案效果评估。"增引增供"方案优化了太浦闸调度，实施水量分级调度，即当太湖水位高于2.50m，且低于2.80m时，太浦河泵站按50m³/s向下游供水；当太湖水位高于2.80m，且低于3.20m时，按80m³/s向下游供水；当太湖水位高于

3.20m，且低于太湖上调度线时，按100m³/s向下游供水。研究表明，"增引增供"方案对于缓解1—2月太湖水位偏低起到了相应的作用。与原有方案相比，遭遇1967年型干旱（95%枯水年）下，1—4月太湖水位有一定程度的抬升，且消除了2月中旬和下旬低于太湖适宜生态水位2.80m的风险，对流域生态环境需水风险发生起到一定抑制作用，如图6.59～图6.62所示。

表6.41　　　　　取调水过程中遭遇流域性干旱枯水风险的应急调度方案

方案类别	方案编号	分析年型	调度方式	计算工况	计算时段
增引增供	QS1A	1967年型（95%）	5—10月提高望虞河、新孟河引江量，同时优化太浦闸调度。其中，太浦河泵站，当太湖水位高于2.50m，且低于2.80m时，按50m³/s向下游供水；当太湖水位高于2.80m，且低于3.20m时，按80m³/s向下游供水；当太湖水位高于3.20m，且低于太湖上调度线时，按100m³/s向下游供水	2020年工况	全年期
	QS2A	1978年型（98%）			
强力增供	QS1B	1967年型（95%）	望虞河常熟枢纽：同优化方案一新孟河江边枢纽：同优化方案一太浦河泵站：在方案QS1A的基础上，枯水年份、特枯水年份有个别月份松浦大桥净泄流量不能满足要求，在7—9月提高太浦河泵站下泄量，按150m³/s向下游供水，并以75m³/s为泵站开启条件		
	QS2B	1978年型（98%）			

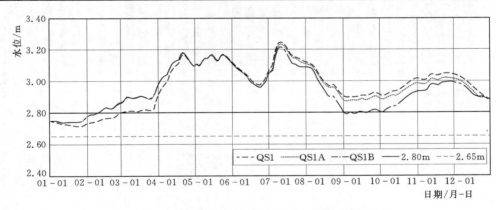

图6.59　不同调度方案下1967年型太湖日均水位变化

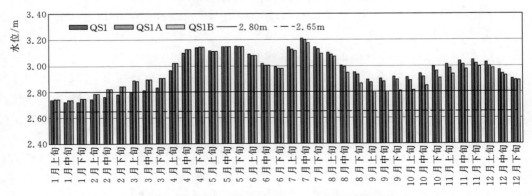

图6.60　不同调度方案下1967年型太湖旬水位过程图

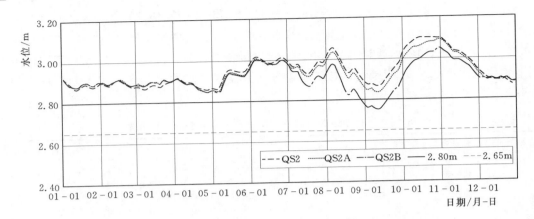

图 6.61　不同调度方案下 1978 年型太湖日均水位变化

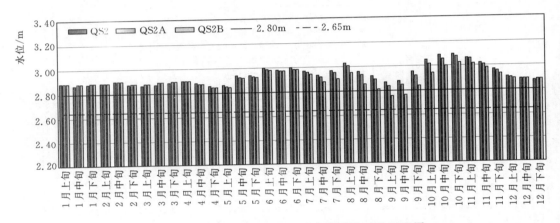

图 6.62　不同调度方案下 1978 年型太湖旬水位过程图

　　由风险评估结果可知，若流域遭遇 1967 年型干旱（95％枯水年），湖西区、阳澄淀泖区、杭嘉湖区河网存在生态环境需水风险，湖西区生态环境风险的最可能出现时间为 1 月上旬，阳澄淀泖区为 1 月中下旬和 2 月上下旬，杭嘉湖区为 1 月中下旬和 8 月下旬。"增引增供"方案实施后的区域代表站特征水位见表 6.42。从风险区域代表站最低旬均水位来看，湖西区（坊前站）和阳澄淀泖区（陈墓站）、杭嘉湖区（嘉兴站）的生态环境需水风险依然存在，出现低于《太湖流域水资源综合规划》提出的河网允许最低旬均水位规划目标的现象。从各站水位过程线和旬均水位来看（图 6.63～图 6.68），与原有方案相比，"增引增供"方案实施对各区域生态环境需水风险起到了缓解作用。其中，湖西区坊前站水位在 1—3 月有明显的抬升，阳澄淀泖区陈墓站水位在 1—5、7—12 月有轻微的抬升，杭嘉湖区嘉兴站全年水位过程均有轻微的抬升，并消除了 8 月的生态环境需水风险。

　　原有方案下，若流域遭遇 1978 年型干旱（98％枯水年），阳澄淀泖区存在河网生态环境需水风险，最可能出现时间为 2 月下旬。实施"增引增供"方案后，阳澄淀泖区陈墓站最低旬均水位高于允许最低水位 2.55m，原来 2 月下旬生态环境需水的风险得到了消除，如图 6.69 所示。

表 6.42　　　　不同调度方案下地区代表站 1967 年型全年期特征水位成果　　　　单位：m

全年，1967 年型		方案 QS1			方案 QS1A		
站点名称		最低日均	平均日均	最低旬均	最低日均	平均日均	最低旬均
湖西区	坊前	2.755	3.267	2.807	2.756	3.308	2.838
浙西区	杭长桥	2.712	2.968	2.719	2.735	2.970	2.736
武澄锡虞区	常州	2.807	3.511	2.935	2.808	3.541	2.971
	无锡	2.778	3.173	2.863	2.778	3.179	2.881
	青阳	2.814	3.248	2.894	2.814	3.254	2.914
阳澄淀泖区	湘城	2.657	2.889	2.679	2.685	2.895	2.707
	陈墓	2.375	2.718	2.419	2.396	2.728	2.444
杭嘉湖区	南浔	2.611	2.831	2.649	2.616	2.835	2.665
	新市	2.678	2.919	2.700	2.671	2.921	2.714
	嘉兴	2.470	2.733	2.533	2.474	2.740	2.546

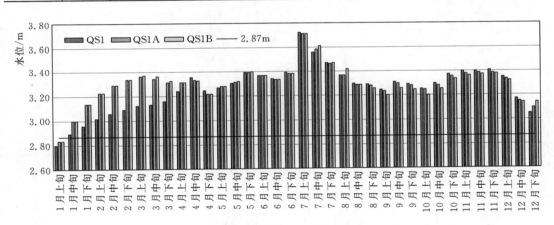

图 6.63　不同调度方案下坊前站 1967 年型旬水位过程图

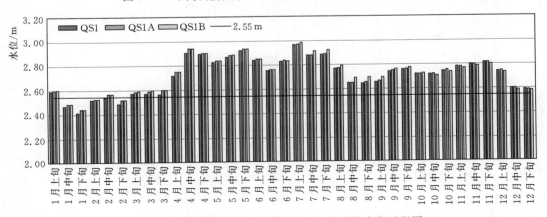

图 6.64　不同调度方案下陈墓站 1967 年型旬水位过程图

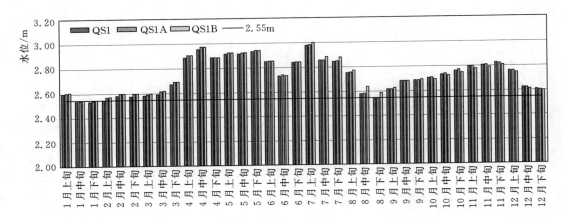

图 6.65　不同调度方案下嘉兴站 1967 年型旬水位过程图

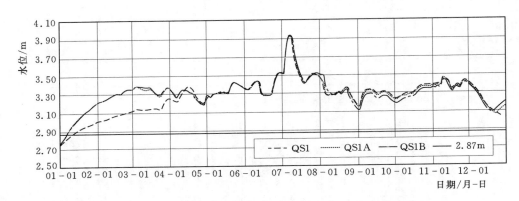

图 6.66　不同调度方案下坊前站 1967 年型日均水位过程图

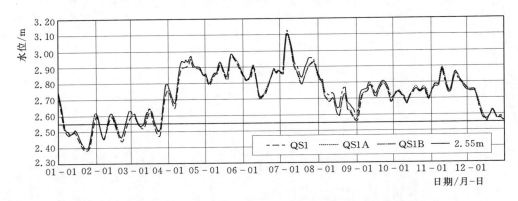

图 6.67　不同调度方案下陈墓站 1967 年型日均水位过程图

　　"增引增供"方案下，随着太浦河下泄量的增加，黄浦江松浦大桥断面月净泄流量有所增加。若流域遭遇 1967 年型流域性干旱（95％枯水年），与原有方案相比，松浦大桥断面最小月净泄流量提高至 68.6m³/s，出现在 9 月，但是仍低于河道生态需水目标值 90m³/s 和河道内需水目标值 100m³/s，河道生态环境需水风险仍然存在。若流域遭遇

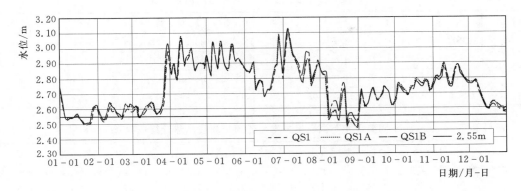

图 6.68　不同调度方案下嘉兴站 1967 年型日均水位过程图

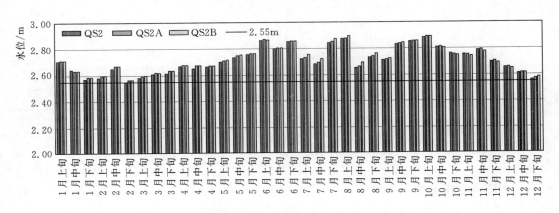

图 6.69　不同调度方案下陈墓站 1978 年型旬水位过程图

1978 年型流域性干旱（98% 枯水年），与原有方案相比，松浦大桥断面 7 月、8 月月净泄流量分别提高至 102.8m³/s、115.8m³/s，高于河道生态需水目标值 90m³/s 和河道内需水目标值 100m³/s，河道生态环境需水风险基本消除。不同调度方案下黄浦江松浦大桥月净泄流量过程如图 6.70 所示，月净泄流量计算成果见表 6.43，1967 年型（95% 枯水年）、1978 年型（98% 枯水年）太浦河控制线水量计算成果见表 6.44。

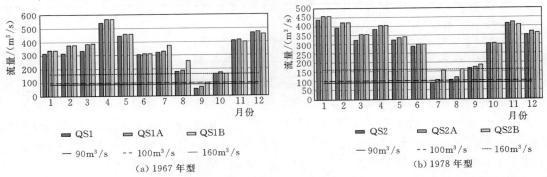

图 6.70　不同调度方案下黄浦江松浦大桥断面月净泄流量过程图

表 6.43 不同调度方案下松浦大桥断面月净泄流量对比表 单位：m³/s

年型	月份	1	2	3	4	5	6	7	8	9	10	11	12
1967 年型	QS1	317.8	318.8	336.1	544.2	443.7	305.2	322.9	178.2	56.7	163.1	408.1	467.1
	QS1A	338.6	375.2	383.5	568.2	459.7	313.5	331.4	191.1	68.6	172.2	416.0	473.6
1978 年型	QS2	439.3	396.0	324.0	385.3	324.6	290.2	88.3	106.0	168.1	302.5	413.0	352.5
	QS2A	456.7	423.0	355.0	403.7	338.9	300.7	102.8	115.8	175.8	305.6	422.3	370.3

表 6.44 不同典型年不同调度方案太浦河控制线水量计算成果

名　　称		1967 年型				1978 年型			
		QS1 /亿 m³	QS1A /亿 m³	QS1A−QS1 /亿 m³	变幅 /%	QS2 /亿 m³	QS2A /亿 m³	QS2A−QS2 /亿 m³	变幅 /%
太浦河出湖		14.709	24.291	9.582	65.14	15.756	25.191	9.435	59.88
太浦河出口净泄量		28.582	34.740	6.158	21.55	27.689	32.065	4.377	15.81
北岸	出太浦河	0.004	0.016	0.012	0.026	0.043	0.017	64.53	64.53
	入太浦河	3.796	3.678	−0.118	3.953	3.707	−0.246	−6.22	−6.22
南岸	出太浦河	0.140	0.235	0.096	0.273	0.401	0.128	46.95	46.95
	入太浦河	5.827	5.316	−0.511	5.999	5.276	−0.723	−12.05	−12.05

2)"强力增供"方案效果评估。"强力增供"方案是在"增引增供"的基础上，进一步提高 7—9 月太浦河下泄量，见表 6.45。原有方案下，若流域遭遇 1967 年型干旱，太湖水位会在 1—2 月出现低于适宜生态水位的现象，"强力增供"方案可消除这一风险，但是由于太浦河全年出湖水量增加显著，增幅为 140%，使得 8—12 月太湖水位明显下降，如图 6.71~图 6.73 所示。尤其是 9 月，部分时间会低于太湖适宜生态水位 2.80m，给太湖生态环境需水造成新的风险，由于 9 月最低旬均水位仅低于太湖适宜生态水位（2.80m）0.2cm，风险在可承受的范围内。同样的，若流域遭遇 1978 年型干旱，"强力增供"方案也会给太湖生态环境需水造成新的风险，与原有方案相比，7—11 月太湖水位大幅降低，尤其在 8 月 29 日至 9 月 19 日出现太湖水位持续低于 2.80m，可能给太湖生态环境需水造成新的风险，但是高于汛期最低控制目标 2.65m，风险在可承受的范围内。

表 6.45 不同调度方案下 1967 年型太浦河出湖水量对比

名　称	QS1 /亿 m³	QS1A /亿 m³	QS1B /亿 m³	QS1A−QS1 /亿 m³	变幅 /%	QS1B−QS1 /亿 m³	变幅 /%
太浦河出湖	14.709	24.291	35.307	9.582	65.14	20.598	140.04

研究表明，"强力增供"方案对于区域河网生态环境需水风险的改善效果与"增引增供"方案相当。遭遇 1967 年型干旱情景下，湖西区（坊前站）和阳澄淀泖区（陈墓站）、杭嘉湖区（嘉兴站）的生态环境需水风险依然存在，出现低于《太湖流域水资源综合规划》提出的河网允许最低旬均水位规划目标的现象，如图 6.74~图 6.76 所示。遭遇 1978 年情景下，原有方案下阳澄淀泖区 2 月下旬的生态环境需水风险得到消除。

"强力增供"方案在"增引增供"方案的基础上，继续加大 7—9 月太浦河泵站下泄水

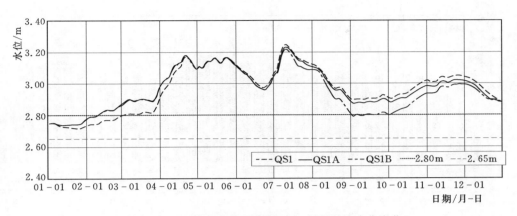

图 6.71　不同调度方案下太湖 1967 年型日均水位变化

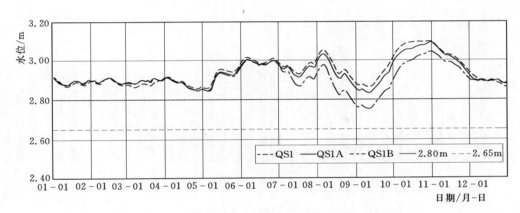

图 6.72　不同调度方案下太湖 1978 年型日均水位变化

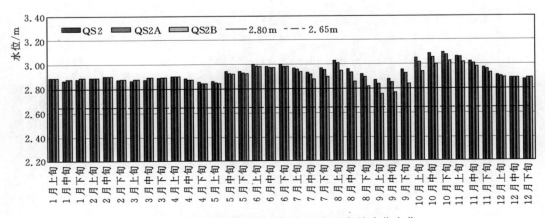

图 6.73　不同调度方案下太湖 1978 年型旬均水位变化

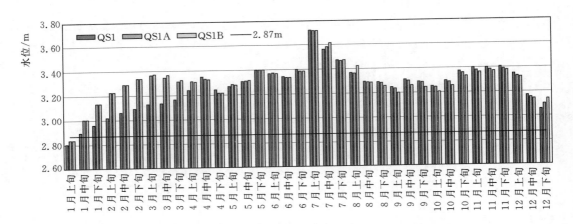

图 6.74　不同调度方案下坊前站 1967 年型旬水位过程图

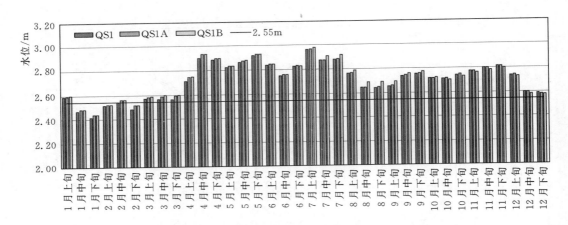

图 6.75　不同调度方案下陈墓站 1967 年型旬水位过程图

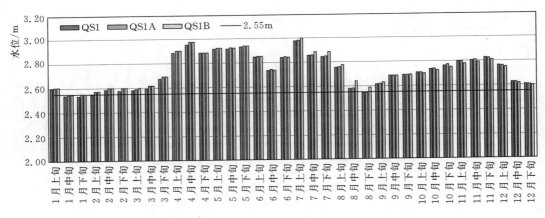

图 6.76　不同调度方案下嘉兴站 1967 年型旬水位过程图

量，松浦大桥断面最小月净泄流量随着进一步增加，参见表6.46。1967年型干旱情景下，松浦大桥断面最小月净泄流量较原有方案增加9.201亿 m³，松浦大桥断面最小月净泄流量提高至94.8m³/s，出现在9月，满足河道生态需水目标值90m³/s的要求，低于河道内需水目标值100m³/s，河道生态环境需水风险基本得到改善。1978年型干旱情景下，太浦河出口全年净泄量较原有方案增加6.920亿 m³，松浦大桥断面7月、8月月净泄流量分别提高至155.1m³/s、159.5m³/s，满足河道生态需水目标值90m³/s、河道内需水目标值100m³/s的要求，河道生态环境需水风险进一步消除。

表 6.46　　　　　　　不同调度方案下松浦大桥断面月净泄流量对比表　　　　　单位：m³/s

年型	月份	1	2	3	4	5	6	7	8	9	10	11	12
1967年型	QS1	317.8	318.8	336.1	544.2	443.7	305.2	322.9	178.2	56.7	163.1	408.1	467.1
	QS1B	338.6	376.3	387.4	568.8	459.6	312.6	373.3	259.3	94.8	162.4	400.3	457.0
1978年型	QS2	439.3	396.0	324.0	385.3	324.6	290.2	88.3	106.0	168.1	302.5	413.0	352.5
	QS2B	456.7	423.2	354.9	404.1	341.3	300.0	155.1	159.5	188.4	299.0	408.3	364.5

（3）综合评价。从以上分析可知，从改善原有方案下可能存在的风险角度来看，"强力增供"方案稍优于"增引增供"方案，如河网整体水位略有抬升、松浦大桥断面最小月净泄流量要求得到满足。但是，实施"强力增供"方案，有可能给流域生态环境带来新的风险，如9月太湖水位低于适宜生态水位，一般情况不建议采用。

6.2.5　遭遇流域水环境风险情景评估与应对

6.2.5.1　风险情景模拟分析

（1）太浦河突发水污染风险分析。

1）计算方案。京杭运河与太浦河相连，是流域内重要的水上运输通道，现状航道等级为4～5级，规划航道等级为3级，若遇船舶泄漏等突发事件极易影响太浦河水源地的水质。因此，结合太浦河"清水走廊"的定位和京杭运河航道规划，本次突发水污染事件情景依据近年发生的水污染事件，设计京杭运河近太浦河断面处发生10t NH_3-N 泄漏事件，发生时间为7月1日12时，在30min之内排入河道，模拟分析突发水污染事件对太浦河沿程水质产生的风险，尤其是对太浦河水源地水质的影响，具体计算方案见表6.47。

表 6.47　　　　　　　太浦河突发水污染风险分析的计算方案

方案编号	方案简称	分析年型	计算工况	计算时段	基础污染源	污染事件模拟
HJ2	太浦河突发污染	1990年型	2020年	事故发生后	水利普查	10t NH_3-N 在30min内排入河道
JC	基础方案	（50%）	工况	两个月	数据	—

2）模拟结果分析。水质分析断面主要选择了太浦河沿程4个断面及金泽水库，平湖、嘉善水源地，松浦大桥备用水厂3个太浦河水源地，如图6.77所示。

规划工况2020年，遇1990年型降雨条件下，7月1日12时京杭运河发生 NH_3-N 泄漏后，在不采取任何应急调度措施的情况下，太浦河沿程 NH_3-N 浓度变化情况如图6.78所示。选取事发前6月30日和事发后7月2日、3日、5日、10日和21日太浦河沿

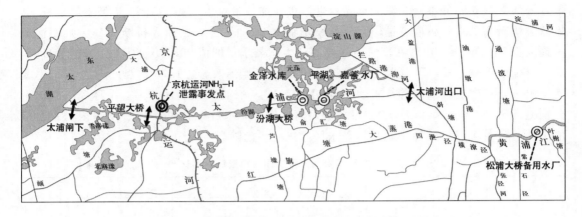

图 6.77 突发水污染事件发生点及水质分析断面示意图

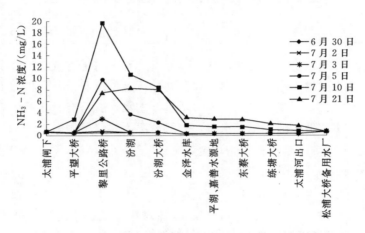

图 6.78 事故发生后太浦河沿程 NH_3-N 浓度变化情况

程 NH_3-N 浓度变化进行对比分析，受影响最大的范围是京杭运河入太浦河断面开始至下游金泽水库断面段约 25km 以内，其次为金泽水库断面至下游练塘大桥附近段约 12km 以内，京杭运河入太浦河断面上游及练塘大桥断面下游受影响较小，水质浓度均值基本在Ⅲ类左右。

a. 对水源地的影响。规划太浦河沿线主要有浙江省嘉善平湖太浦河原水厂、上海市金泽水库以及黄浦江上游的松浦大桥备用水源地，分别承担向浙江嘉善、平湖和上海西南五区的供水任务，这里主要分析京杭运河 NH_3-N 泄漏对这三个水源地水质安全的影响。

图 6.79 和表 6.48 分别为太浦河水源地 NH_3-N 浓度变化计算结果。分析可见，突发水污染事件发生后第 5 天影响波及金泽水库，平湖、嘉善水源地，7 月 5 日开始各水源地监测断面 NH_3-N 浓度逐渐升高，至 7 月 21 日（第 21 天），达到峰值，金泽水库和平湖、嘉善水源地断面分别为 3.10mg/L、2.85mg/L，此后浓度逐渐降低，直至 8 月 7 日（第 38 天），水质恢复到Ⅲ类以上；NH_3-N 浓度超过Ⅲ类的时间为 30 天。松浦大桥备用水厂断面 NH_3-N 浓度相比无突发水污染事件发生（基础方案）的情况下略有升高，但峰值未超过Ⅲ类线。因此认为事故对黄浦江上游备用水源地水质没有威胁。

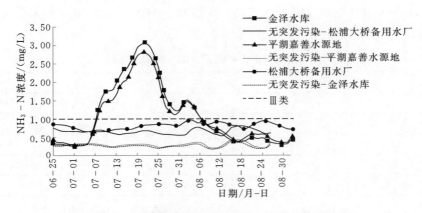

图 6.79　太浦河水源地 NH_3-N 浓度变化过程图

表 6.48　　　　　　　　　　　太浦河水源地 NH_3-N 浓度情况

NH_3-N		太浦河水源地		
		金泽水库	平湖、嘉善水源地	松浦大桥备用水厂
峰值	浓度/(mg/L)	3.10	2.85	0.97
	出现日期	7 月 21 日	7 月 21 日	8 月 3 日
	水质类别	劣 V 类	劣 V 类	Ⅲ 类
超Ⅲ类天数		30	30	0

　　b. 对其他断面的影响。图 6.80 和表 6.49 分别为太浦河沿程各分析断面 NH_3-N 浓度计算结果。由图表分析可见，从太浦河沿程各分析断面水质变化模拟情况来看，7 月 1 日 12 时京杭运河发生 NH_3-N 泄漏后，从事故发生点至太浦河下游练塘大桥约 37km 范围内的水质受到了突发水污染事件的影响。汾湖大桥断面 NH_3-N 浓度急剧上升，7 月 13 日（第 13 天）达到峰值 9.46mg/L，此后浓度逐渐降低，直至 8 月 7 日（第 38 天），水质恢复到Ⅲ类水标准，NH_3-N 浓度超过Ⅲ类水标准的时间为 33 天；太浦河出口断面 NH_3-N 浓度也出现了 17 天的超标；最靠近事发点的上游平望大桥断面受感潮水流交换

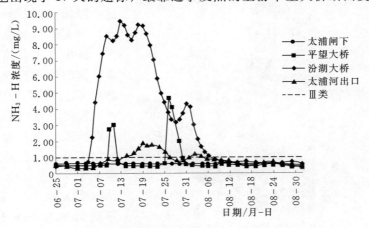

图 6.80　太浦河沿程各分析断面 NH_3-N 浓度变化过程图

的影响，NH_3-N 浓度也出现了少许波动；太浦闸下 NH_3-N 浓度基本未受突发水污染事件的影响。

表 6.49 太浦河沿程各分析断面 NH_3-N 浓度情况

NH_3-N		太浦河沿程断面			
		太浦闸下	平望大桥	汾湖大桥	太浦河出口
峰值	浓度/(mg/L)	0.7	4.69	9.46	1.84
	出现日期	8月12日	7月26日	7月13日	7月19日
	水质类别	Ⅲ类	劣Ⅴ类	劣Ⅴ类	Ⅴ类
超Ⅲ类天数		0	6	33	17

综上分析，此次在京杭运河发生 $10t$ NH_3-N 泄漏事件后，从事故发生点至太浦河下游约 $37km$ 范围内的水质受到了突发水污染事件的影响，其中金泽水库和平湖、嘉善水源地 2 个水源地 NH_3-N 浓度超过Ⅲ类的时间达到 30 天，浓度峰值达到Ⅲ类水标准值的 2.5 倍以上，存在较大的风险；松浦大桥备用水厂 NH_3-N 浓度略有升高，但未超过Ⅲ类水标准值，基本无风险；事发点后太浦河沿程水质受影响的程度随距离的增加逐渐降低。

（2）太湖蓝藻暴发的河湖连通风险分析。

1）太湖蓝藻暴发现状。蓝藻又称蓝绿藻，是最原始、最古老的单细胞藻类浮游植物。蓝藻以氮、磷作为营养物质，在环境条件适宜时会大量繁殖，引发蓝藻暴发，形成"水华"。蓝藻"水华"和湖泊富营养化密切相关。当湖泊水体处于富营养化时，水体中氮、磷等营养物质含量丰富，容易诱发藻类及其他浮游生物迅速繁殖，形成"水华"。湖泊发生蓝藻"水华"后，藻毒素通过食物链影响人类和相关动物的健康，直接威胁饮用水源，且蓝藻暴发后，通过藻类快速代谢和腐烂，会直接造成水体缺氧，河湖的底泥加速释放磷、氮等营养物质，造成水体腥臭，水生动物死亡，破坏水生态体系的自净和平衡，影响供水安全，破坏湖泊生态系统，影响河湖生态健康。

根据太湖流域水环境监测中心近年来的水质监测资料，太湖各湖区氮、磷营养盐分布情况如图 6.81～图 6.83 所示，2010—2013 年太湖 TP、TN 浓度平均值分别为 0.079mg/L、2.27mg/L。几个湖区中，竺山湖、西部沿岸

图 6.81 太湖各湖区划分示意图

区水质较差，其 TP、TN 均高于太湖均值；梅梁湖 TP 与太湖均值相近，TN 略高于太湖均值，近年来梅梁湖水质有明显改善；南部沿岸区、湖心区、贡湖、东部沿岸区、东太湖水质较好，TP、TN 均低于太湖均值。可见，太湖氮、磷营养盐浓度分布呈现自西向东逐渐降低的特点。

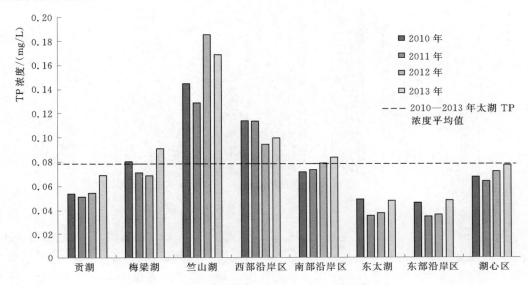

图 6.82 2010—2013 年太湖湖区 TP 浓度分布

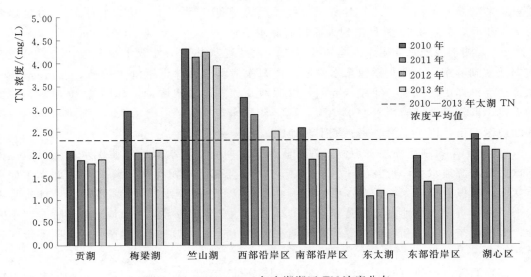

图 6.83 2010—2013 年太湖湖区 TN 浓度分布

根据近 3 年太湖健康状况报告，太湖蓝藻密度有上升的趋势。与藻类生长密切相关的表征因子叶绿素 a 也呈现相似趋势，如图 6.84 所示。2010—2013 年太湖叶绿素 a 浓度平均值为 25.02mg/L，梅梁湖、竺山湖、西部沿岸区叶绿素 a 高于太湖均值。可见，近年来太湖蓝藻密度分布也呈现自西向东逐渐降低的趋势。

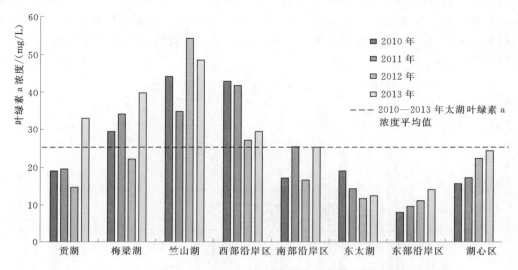

图 6.84　2010—2013 年太湖湖区叶绿素 a 浓度分布

同时，2010—2013 年的卫星遥感影像显示（图 6.85，文后附彩图），在区域分布上，近年来太湖蓝藻水华主要集中在竺山湖、西部沿岸区、梅梁湖等西北部湖区；有关研究也表明，太湖湖流总体流向为西北—东南，同时太湖夏秋季以东南风为主，使藻类趋向聚集于西北部，因此夏秋季西北部湖区更易大规模暴发蓝藻。在时间分布上，由于气温上升，夏秋季节蓝藻密度高，近几年蓝藻大面积暴发的时间有所推后，由以往的 5—7 月延迟到了 7—11 月，7 月和 11 月易出现大面积蓝藻水华。

2）太湖水源地水质供水安全风险分析。太湖现状共有 7 处取水水源地，主要分布在贡湖及太湖的东侧，即贡湖锡东水源地、贡湖沙诸水源地、金墅港水源地、上山（镇湖）水源地、渔洋山水源地、浦庄（寺前）水源地及太湖庙港水源地，如图 6.86 所示，主要为无锡、苏州等地城镇用水取水水源，2013 年供水规模为 400 万 t/d。太湖供水范围包括环湖地区城市，以及上海、嘉兴等下游地区。

以 2007 年太湖蓝藻暴发为例，分析蓝藻暴发期间太湖水源地水质供水安全风险。根据饮用水水源地水质评价方法，分析 2007 年太湖蓝藻暴发期间（5—7 月）太湖水源地水质状况，可以看出，太湖贡湖水源地和梅梁湖水源地全年期水质评价指数为 4，评价为不安全，其中贡湖水源地湖库富营养化评价结果为不安全，梅梁湖水源地三类指标全部不安全；太湖湖东水源地和庙港水源地全年期水质评价指数为 3，评价为安全。水质评价详见表 6.50。

（3）湖区及相邻河网区域污染物迁移风险分析。为缓解太湖蓝藻暴发引起的水源地供水危机，流域会采取大规模引调水来冲刷和稀释蓝藻水华浓度。由于大规模引调水，也可能导致湖内污染物迁移，影响其余湖区及周边地区河网水环境安全，带来二次污染的风险。根据 2010—2013 年太湖蓝藻水华面积最大日、望虞河引江量最大日的太湖蓝藻暴发点位和相应时段的太湖湖流形态对太湖蓝藻暴发后河湖连通引起的湖区及相邻区域污染物迁移风险进行分析。

图 6.85　2010—2013 年太湖卫星遥感影像

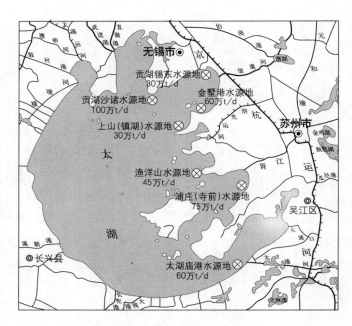

图 6.86　太湖现状水源地（设计供水规模）示意图

表 6.50   2007 年太湖水源地水质状况评价表

序号	水源地名称	供水城市	供水规模/(万 t/d)		水质安全评价指数				评价结果
			设计	现状	一般污染	有毒物污染	富营养评价	综合评价	
1	太湖贡湖水源地	无锡市	130.0	75.0	3	3	4	4	不安全
2	太湖梅梁湖水源地	无锡市	86.6	66.6	3	3	4	4	不安全
3	太湖湖东水源地	苏州市	153.5	143.5	2	3	3	3	安全
4	太湖庙港水源地	吴江市	50.0	30.0	2	3	3	3	安全

1）湖区污染物迁移风险分析。以 2007 年为例，2007 年引江济太应急调水期间贡湖水源地水质变化过程如图 6.87 所示，可以看出，5 月 11 日望亭水利枢纽开闸引水入湖，位于贡湖的金墅湾水源地由于距离引江济太望亭立交入湖口较近，直接受引江济太入湖影响，水质一直保持良好。锡东水厂水质在应急调水后有所好转。位于贡湖和梅梁湖交界处的南泉水厂取水口，在应急调水后水质明显好转，NH_3-N 浓度则由调水前的 6mg/L 以上下降到 1mg/L 以下，并保持稳定；TP 浓度也有较大程度的下降并保持稳定。总体来看，应急调水对太湖湖区水质改善明显，由于调水引起的污染物迁移现象并不明显，大规模引水对湖泊水体的稀释作用远大于污染物迁移的风险。

2）相邻河网区域污染物迁移风险分析。阳澄淀泖区为太湖的下游地区，区域出入湖口门常年处于敞开状态，与太湖水量自由交换密切。对 2007 年流域应急调水期间成果分析，阳澄淀泖区西部相邻望虞河片区水质改善现象十分明显，进入阳澄湖断面的 TP 和 NH_3-N 浓度明显下降，10 天内 TP 浓度下降了 65%，NH_3-N 浓度下降了 23%。主要是由于本次引江期间望虞河东岸分流量较大，大量的长江清水通过望虞河东岸口门进入望

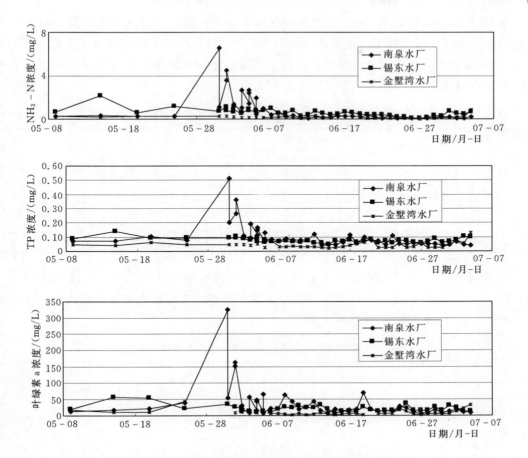

图 6.87 2007 年引江济太期间太湖水源地水质指标变化图

虞河东岸河网地区，从而改善相邻片区水环境质量。除了望虞河邻近片区之外，阳澄淀泖区其他片区水质变化幅度较小，出入太湖河道及苏沪省界断面的水质在本阶段主要水质指标有升有降，但升降幅度较小。因此，流域应急调水改善太湖水质后，对太湖下游地区水质影响不大，污染物迁移风险较小，不会对相邻片区水环境造成灾变影响。

6.2.5.2 风险应对措施研究

（1）太浦河沿程突发水污染事件风险应对。

1）研究思路。根据前述章节太浦河沿程突发水污染事件风险分析结果，规划工况 2020 年，遇 1990 年型降雨条件下，在京杭运河发生 10t NH_3-N 泄漏事件后，从事故发生点至太浦河下游约 37km 范围内的水质受到了突发水污染事件的影响，其中金泽水库和平湖、嘉善水源地两个水源地 NH_3-N 浓度超过Ⅲ类的时间达到 30 天，金泽水库 NH_3-N 浓度峰值为 3.10mg/L，平湖、嘉善水源地 NH_3-N 浓度峰值为 2.85mg/L，存在较大的风险。

应急调度方案设计的原则和目标是：保障太浦河水源地水质全程在Ⅲ类水标准以上，尽可能降低太浦河沿程其余断面的水质风险。因此，在太浦河突发污染方案（方案 HJ3）基础上，采取适时关闭太浦河两岸口门、加大太浦河下泄流量等措施，设计应急调度方案，方案设计详见表 6.51。对比分析各应急调度方案对降低突发水污染风险的效果；在应急调度持续时长的选择上，根据突发污染方案中金泽水库和平湖、嘉善水源地 NH_3-N 浓度均有 30 天时间劣于Ⅲ类水标准值，为了确保太浦河水源地供水安全不受突发污染事件的影响，调度时长为 30 天，即事故发生当天至 8 月 1 日。

表 6.51   太浦河突发水污染事件风险应急调度方案设计

方案简称	太浦闸工程	太浦河两岸口门
基础方案	常规调度	常规调度
突发污染方案	常规调度	常规调度
方案 1	常规调度	除京杭运河口门外，其余口门关闭
方案 2	加大流量（泵全开）	常规调度
方案 3	加大流量（泵全开）	除京杭运河口门外，其余口门关闭

2）效果分析。规划工况 2020 年，遇 1990 年型降雨条件下，7 月 1 日 12 时在京杭运河上发生 10t NH_3-N 泄漏后，太浦河立即采取应急调度方案，太浦河沿程 NH_3-N 浓度变化情况见表 6.52、图 6.88 和图 6.89。

表 6.52   太浦河各断面采取应急调度方案后 NH_3-N 浓度比较表

方　案	断　面	太浦闸下	平望大桥	汾湖大桥	金泽水库	平湖、嘉善水源地	太浦河出口
突发污染方案	峰值/(mg/L)	0.703	4.691	9.456	3.10	2.851	1.84
	超Ⅲ类天数	0	6	33	30	30	17
方案 1	峰值/(mg/L)	0.654	14.428	13.836	2.967	2.52	1.83
	超Ⅲ类天数	0	31	36	30	30	12
方案 2	峰值/(mg/L)	0.735	1.012	5.559	1.621	1.52	1.118
	超Ⅲ类天数	0	1	31	14	13	4
方案 3	峰值/(mg/L)	0.742	1.01	1.56	0.679	0.658	0.576
	超Ⅲ类天数	0	1	9	0	0	0

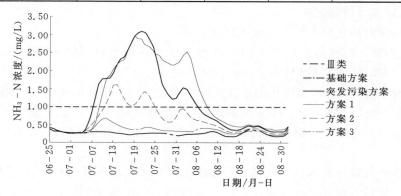

图 6.88   太浦河金泽断面各方案 NH_3-N 浓度变化过程

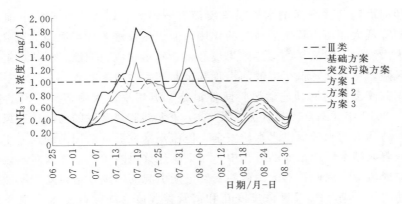

图 6.89　太浦河出口断面各方案 NH_3-N 浓度变化过程

a. 关闭两岸口门的效果。从太浦河沿程 NH_3-N 浓度变化情况来看，若在事故发生后，立即采取应急调度方案 1，即在 7 月 1 日至 8 月 1 日关闭太浦河两岸口门（除京杭运河口门），金泽水库断面 NH_3-N 浓度峰值为 2.967mg/L，超Ⅲ类水质线天数为 30 天，与突发污染方案相比，NH_3-N 浓度峰值略微降低，污染持续时间并没有缩短，对于金泽水库断面，风险并未降低；太浦河出口断面 NH_3-N 浓度峰值为 1.83mg/L，超Ⅲ类水质线天数为 12 天，风险有所降低。因此，仅关闭两岸口门的效果不明显。

b. 加大太浦河下泄流量的效果。根据表 6.52 及图 6.88 和图 6.89，事故发生后，立即采取应急调度方案 2，即在 7 月 1 日至 8 月 1 日加大太浦河下泄流量（泵全开），金泽水库和太浦河出口断面 NH_3-N 浓度峰值分别为 1.621mg/L 和 1.118mg/L，超Ⅲ类水质线天数分别为 14 天和 4 天，与突发污染方案相比，两个断面的 NH_3-N 浓度峰值都有较大程度的降低，污染持续时间也有所缩短。可见，仅加大太浦河下泄流量（泵全开）即可降低本次突发水污染事件对太浦河沿程水质的风险。

c. 关闭两岸口门同时加大太浦河下泄流量的效果。根据表 6.52 及图 6.88 和图 6.89，事故发生后，立即采取应急调度方案 3，即在 7 月 1 日至 8 月 1 日关闭太浦河两岸口门（除京杭运河口门）并加大太浦河下泄流量（泵全开），金泽水库和太浦河出口断面 NH_3-N 浓度峰值分别为 0.679mg/L 和 0.576mg/L，全程均未超过Ⅲ类水质线，与突发污染方案相比，两个断面的 NH_3-N 浓度峰值都大大降低，基本未受到污染。可见，关闭太浦河两岸口门（除京杭运河口门）并加大太浦河下泄流量（泵全开）可以大大降低本次突发水污染事件对太浦河沿程水质的风险，对金泽取水口和平湖、嘉善水源地基本没有影响。

应急调度方案 3 效果达到了本次应急调度方案设计的目标，即保障了太浦河水源地的水质安全，大幅降低了太浦河沿程其余断面的水质风险。但是，长时间关闭两岸口门和加大太浦闸流量必然会对太浦河的正常运行造成影响，能耗和费用也会增加，从经济角度来考虑，在达到应急效果的前提下，应急调度的时间越短越好。因此，实际操作中，可根据效果来调控应急调度的持续时长。

3）应急调度效果综合评价。综上，规划工况 2020 年，遇 1990 年典型年时，当京杭运河近太浦河断面处发生 10t NH_3-N 泄漏事件后，仅关闭太浦河两岸口门基本达不到应急效果，太浦河沿程某些断面的水质风险反而有所增大；仅加大太浦河下泄流量（泵全开）可以起到降低太浦河沿程水质风险的作用，但仍然很难解除水源地的风险；关闭两岸口门同时加大太浦河下泄流量的应急效果最好，达到本次应急调度目标，即解除了太浦河水源地水质风险，尽可能降低了太浦河沿程其余断面水质风险。

（2）太湖蓝藻暴发的河湖连通风险防控措施。近年来，太湖蓝藻暴发的势态依然严重，对 2010—2013 年太湖营养盐状况以及 2007 年太湖蓝藻暴发的河湖连通风险分析，蓝藻暴发严重威胁到太湖水源地供水水质安全。但蓝藻暴发后，启用河湖连通工程进行流域应急调水来改善太湖水源地水质的过程中，污染物迁移风险较小，并未对湖区和下游地区水环境安全造成风险。因此针对太湖蓝藻暴发可能引起的河湖连通风险，要做好有效的防控措施，密切关注太湖 TP、TN 浓度变化和富营养程度，加强蓝藻水华跟踪监测，制定太湖污染物限制排放总量，研究探讨合理的应对方案。

1）常规调度。在望亭立交小流量入湖条件下，望亭立交入湖水质浓度的变化对水源地水质影响不显著，仅对南泉水厂水源地水质有一定影响；在望亭立交大流量引水时，望亭立交入湖水质对贡湖水源地水质浓度影响作用增加，为保证望亭立交引水对改善贡湖水源地水质的效果，需严格控制望亭立交引水期入湖水质浓度。

引江济太增加了水体流动，可促进太湖湖内水体的流动与交换，贡湖和东太湖与大太湖交接处水体流速增加，抑制藻类生长。在保持合理水位的条件下，即使在引水阶段水质指标浓度略有升高，也因水体流动和水量增加抑制蓝藻暴发，并随着时间的推移、自净能力的增加，水质指标浓度逐渐降低。

2）应急调度。在南泉水厂水源地遭遇突发污染事件时，建议望亭立交以大流量引水入湖以快速消除因突发污染事件而造成的水源地水质污染，与此同时，应密切监控立交入湖水质，避免因引水入湖水质较差而对锡东水厂水源地和金墅湾水源地的水质产生不利影响。同时，在望亭立交小流量入湖条件下，梅梁湖泵站抽水对南泉水厂水源地水流引流有一定作用。

3）建立健全太湖水源地监测预警体系。充分利用流域已形成的水资源监测设施和工程运行现状条件，在太湖流域防汛抗旱指挥系统、太湖流域水资源实时监控与调度管理系统等流域水利信息化项目建设的基础上，整合通信骨干网络、水文水资源监测系统、工情采集系统、流域水资源数据中心、业务管理系统等资源，进行系统的扩建与完善，建立太湖水源地监控与保护预警系统：建设水量水质信息采集系统和工程信息监测系统，实现流域与区域的信息共享；通过通信传输网络系统建设，实现水资源、水环境、工程运行等信息的安全、可靠传输；建设国家级流域水环境信息共享平台，实现流域内各省市相关部门水资源、水环境信息的共享交换；建设水资源监控与保护预警中心，完善数据中心建设，为流域水资源预测预报、水资源保护、水资源管理、调度会商等提供决策支持。

4）综合管理措施。

a. 严格控制排污总量，实施入湖河流断面水质浓度控制。在满足太湖水功能区达标条件下，以允许入湖污染负荷量为基础，提出环太湖入湖河道限制排污总量意见。由于太湖现状水质与水功能区水质目标差距较大，短期内全部达标较为困难，需要规划分阶段提出环太湖主要入湖河流入湖水质浓度控制。

　　b. 控制陆域污染和航运污染。太湖周边 300～500m 内，集中式饮用水水源地取水口周围 1.5km 内，划为"红线"区。"红线"区以外 1km 范围内划为"黄线"区，两区域分别禁止和限制陆域污染排放。

　　太湖岸线内及其外延 5km 区域，太浦河、望虞河、新孟河等流域性骨干河道及其沿岸两侧各 1km 区域，其他太湖入湖河道上溯 10km 河段及其沿岸两侧各 1km 区域范围内，禁止设置入河排污口；禁止从事水上餐饮经营；禁止新建和扩建高尔夫球场、水上游乐场、畜禽养殖场等；禁止设置废物回收（加工）场、有毒有害物品仓库和堆栈或者垃圾填埋场；禁止行驶储运剧毒物质或者国家规定禁止运输的危险化学品的船舶。

　　太湖周边地区应加快调整产业结构，发展循环经济，转变经济发展方式，减少污染物排放，使环湖河流入湖污染负荷达到太湖限排总量意见的要求。

　　加强太湖水源地附近航运污染控制，运输有毒有害危险化学品的船舶不得进入太湖，保护区范围内禁止停靠船舶。

　　c. 开展蓝藻打捞。建立属地负责的蓝藻打捞工作机制，通过市场运作和政府财力支持，组建专业打捞公司，负责重点水域打捞。在指定场所堆放打捞上岸的蓝藻，建立蓝藻储存、堆放集中地，通过制成有机肥料等多种回收利用方式，进行无害化处理，避免二次污染。

6.3　应急调控预案

　　根据《国家突发环境事件应急预案》，突发环境事件是指由于污染物排放或自然灾害、生产安全事故等因素，导致污染物或放射性物质等有毒有害物质进入大气、水体、土壤等环境介质，突然造成或可能造成环境质量下降，危及公众身体健康和财产安全，或造成生态环境破坏，或造成重大社会影响，需要采取紧急措施予以应对的事件，主要包括大气污染、水体污染、土壤污染等突发性环境污染事件和辐射污染事件。流域内的突发事件包括突发水雨情事件和突发水体污染事件。其中，流域突发水雨情事件主要由自然原因引起，根据流域水文气象及水资源开发利用特点，考虑未来规划工况条件，重点研究了两类突发水雨情事件，分别是流域遇特殊干旱年（$P=98\%$ 和 $P=95\%$），流域河网水位偏低、供水量不足；引水过程中，流域骨干引水河道附近区域突发地区性暴雨（重现期 50 年一遇和 100 年一遇）。突发水污染事件重点研究两类事件：新孟河、望虞河等主要引水通道沿线河网引水初期水质较差的累积性污染风险事件和太湖、太浦河等流域重要水源地受到污染等突发性水污染事件。

6.3.1　流域引水过程遭遇区域突发性暴雨风险应急预案

　　（1）响应分级。本次研究对引水过程引水通道周边区域遭遇区域 50 年一遇暴雨、100 年一遇暴雨事件进行了分析，具体雨量见表 6.53。参照《太湖流域水量调度应急预案》响应等级，本次风险响应分级如下：日降雨量达到 150mm 或 7 日降雨量达到 300mm 为较大事件（Ⅱ级），日降雨量达到 200mm 或 7 日降雨量达到 350mm 为重大事件（Ⅰ级）。

表 6.53 设计暴雨雨量

降雨条件				
降雨类型	暴雨叠加区域	叠加雨量/mm		
		1 日	3 日	7 日
实况＋50 年一遇降雨	湖西区	165.2	237.5	311.6
	武澄锡虞区	174.4	251.3	323.1
	阳澄淀泖区	169.1	240.7	315.8
实况＋100 年一遇降雨	湖西区	184.9	263.5	345.6
	武澄锡虞区	197.5	282.5	360.8
	阳澄淀泖区	191.7	270.6	353.4

（2）应急措施。根据风险评估结果可知，流域引水期间遭遇区域突发暴雨，一般不会引起大的流域性洪涝风险，风险防范应以区域为主体。此时，应加强流域和区域统筹调度；加强临近降雨预报能力建设，提高暴雨预报精度；在暴雨来临前，利用排涝设施预降地区水位；暴雨来临时，停止引水，畅通排水通道，加大排水力度，适当控制区域外来水。

Ⅱ级响应：控制区域引水并扩大排水出路。本次设计情景下，武澄锡虞区各代表站存在超历史最高水位的风险，是主要风险区域。若遇 50 年一遇 7 日设计暴雨，暴雨开始时，立即将武澄锡西控制线北部 4 个闸门关闭，区域沿太湖口门停止引水，沿长江各口门全力抽排，并将望虞河改为排水调度，西岸口门可向望虞河排水，张家港退水闸打开分排地区涝水。同时，当无锡站水位超过警戒水位时，可通过大溪港、新开港向太湖排水。

Ⅰ级响应：在暴雨临近前 3 天，预降地区水位，暴雨期间控制区域引水并扩大排水出路。本次研究情景下，武澄锡虞区陈墅站水位风险较大。若遇 100 年一遇 7 日设计暴雨时，在暴雨临近前 3 天，预降以陈墅站为主要代表的地区水位。流域配合区域排水，走马塘全力抽排的同时，停止通过望虞河引江，西岸口门敞开向望虞河排水，常熟枢纽抽排区域来水。暴雨期间，控制区域引水并扩大排水出路，参照Ⅱ级响应情景调度。

6.3.2 取调水过程遭遇流域性干旱枯水风险应急预案

（1）响应分级。选取 1967 年型干旱（频率为 95%）和 1978 年型干旱（频率为 98%），以太湖水位、松浦大桥最小月净泄流量、区域代表站旬均水位和取水口水位为判别指标进行了干旱年的生态环境风险分析及应对措施研究。参照《太湖流域水量调度应急预案》响应等级，本次风险响应分级如下：太湖水位低于 2.65m、区域代表站水位低于允许最低旬均水位且松浦大桥最小月净泄流量低于 100m³/s，为较大事件（Ⅱ级）；太湖水位低于 2.65m、区域代表站水位低于允许最低旬均水位、松浦大桥最小月净泄流量低于 90m³/s 且相关水源地水位低于取水工程最低运行水位，为重大事件（Ⅰ级）。

（2）应急措施。

Ⅱ级响应：实施"增引增供"方案，优化了太浦闸调度，实施水量分级调度，即当太湖水位高于 2.50m，且低于 2.80m 时，太浦河泵站按 50m³/s 向下游供水；当太湖水位高于 2.80m，且低于 3.20m 时，按 80m³/s 向下游供水；当太湖水位高于 3.20m，且低于太湖上调度线时，按 $100\mathrm{m}^3/\mathrm{s}$ 向下游供水。

Ⅰ级响应：实施"强力增供"方案，在"增引增供"的基础上，根据松浦大桥最小月净泄流量达标要求，进一步提高太浦河下泄量。

另外，为了更好地应对流域特殊干旱期，在实施综合调度措施的同时，尚需统筹流域与区域用水需求，统筹生活、生产、生态用水之间的关系。

在本次设计情景下，若流域遭遇干旱（保证率超过95％的枯水年）时，通过加大望虞河常熟枢纽引长江水量、加大新孟河江边枢纽引长江水量、提高太浦河泵站下泄水量等综合调度措施，遇1967年型（保证率超过95％的枯水年）对于太湖1—2月上旬生态环境需水，湖西区、阳澄淀泖区、杭嘉湖区等区域河网的生态环境需水风险不能完全消除，太湖生态环境需水风险和松浦大桥河道生态环境需水风险不能同时得到改善，如果为了保障松浦大桥最小净泄流量满足要求，可能会导致太湖部分时间产生新的风险；但遇1978年型（保证率超过98％的枯水年）时，可以消除阳澄淀泖区河网生态环境需水风险，以及改善松浦大桥河道生态环境需水风险。从流域整体角度出发，需要保证太湖最低旬均水位达到2.80m，因此推荐在1—2月进一步加大望虞河常熟枢纽、新孟河江边枢纽的引长江水量，改善太湖生态环境需水风险。

6.3.3 引供水过程遭遇流域水环境风险应急预案

流域河湖连通工程体系引供水过程中，主要面临的水环境风险有三类：引水初期引水河道沿线河网水质较差的水环境风险、太浦河突发水污染风险和太湖蓝藻暴发的河湖连通风险。

（1）污染迁移风险应对。面临的引水初期引水河道沿线河网水质较差可能存在的污染迁移风险应对，可根据不同水平年进行响应分级，1990年型下水环境风险为一般级（Ⅱ级），1971年型下水环境风险为较大级（Ⅰ级）。①Ⅱ级响应为适度加大引水，本次设计情景下，遇平水年1990年型，关闭新孟河支流口门，加大新孟河引江量至泵半开，加大望虞河引水且打开走马塘退水闸。②Ⅰ级响应为全力引水，加快区域水体流动性。本次设计情景下，遇枯水年1971年型，则关闭新孟河支流口门，同时加大新孟河引江量至泵全开。

（2）太浦河突发水污染事件风险。设计情景下，京杭运河发生 $10\mathrm{t}$ NH_3-N 泄漏，将影响事故发生点至太浦河下游约 $37\mathrm{km}$，太浦河沿程突发水污染事件对沿程水源地和取水口水质存在较大威胁。为抵御突发水污染事件对太浦河干流水质及水源地产生的风险，建议加大太浦闸下泄流量，并适时关闭太浦河两岸口门。

（3）太湖蓝藻暴发应急与防控。太湖水体的问题主要在于太湖存在蓝藻暴发的可能性。经过综合治理太湖水体质量虽有较大好转，但根据太湖健康报告，太湖仍处于亚健康状态，太湖蓝藻暴发的势态依然严重。2007年太湖蓝藻暴发的河湖连通风险分析显示，蓝藻暴发会严重威胁太湖水源地供水水质安全。由2007年应急调水效果分析可知，蓝藻暴发后，启用"引江济太"等河湖连通工程进行流域应急调水，污染物迁移风险较小，且不会对湖区和下游地区水环境安全造成风险。因此，蓝藻暴发可通过应急调水改善水源地水质，但只是治标之策，重点是进行有效防控。具体防控措施主要包括加强蓝藻水华跟踪监测，密切关注太湖TP、TN浓度变化和富营养程度，制定太湖污染物限制排放总量等。

7 河湖连通工程综合调控技术与策略研究

7.1 改善河网水环境的河湖连通工程体系调控技术

7.1.1 新孟河延伸拓浚工程引水初期调控技术

经数值模拟，新孟河延伸拓浚工程引水需要经过滆湖及湖西区河网，从江边枢纽到达太湖需要较长的时日。当江边界牌枢纽引水流量为100m³/s时，入太湖需要38天；当江边界牌枢纽引水流量为150m³/s时，入太湖需要23天；当江边界牌枢纽引水流量为200m³/s时，入太湖需要18天；当江边界牌枢纽引水流量为300m³/s时，入太湖需要13天。

引水初期入湖水体污染总量将与引水流量密切相关。引水流量大小关系到引水初期长江水到达太湖的时间，也影响引江济太历时的长短。入湖水体污染物总量与引江时间内湖西区的污染排放量及河网、滆湖内的污染水体纳污总量有关。但引水周期短、流量大时，期间湖西区排放的总量也相对较少，水体自净能力增强，但是入湖前自净的历时缩短了，自净后水体剩余污染物总量也增加了。根据不同降解系数的污染物降解规律（图7.1），河网内综合降解系数为0.1/d的污染物如COD_{Mn}、NH_3-H等，经过5天可降解约40%，经过10天可降解约63%，经过20天可降解约86%。而作为难降解的TN和TP，河网降解系数约为0.05/d，经过10天可降解约40%，经过20天可降解约63%。同时，注意到从滆湖西部河网河道输入滆湖的磷经滆湖调蓄后降解作用较大，据不完全统计，湖泊对TP的降解作用非常强，综合降解系数可达0.1～0.2/d，经过滆湖后TP的剩余量不超过原来的30%。由此可见，入太湖的水体主要污染物来自滆湖与太湖之间的河网地区，该区域内的河网水体入太湖仅需要1～2天。

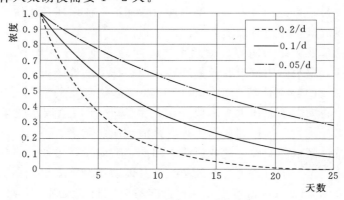

图7.1 不同降解系数的污染物降解规律

经统计分析，当江边界牌枢纽引水流量为 $100m^3/s$ 时，引水初期入太湖水体 COD_{Mn} 6970t，NH_3-N 1540t，TN 4850t，TP 197t，比非引水期时增加了约 40%；当江边界牌枢纽引水流量为 $150m^3/s$ 时，引水初期入太湖水体 COD_{Mn} 4140t，NH_3-N 1120t，TN 3010t，TP 135t，比非引水期时增加了约 50%；当江边界牌枢纽引水流量为 $200m^3/s$ 时，引水初期入太湖水体 COD_{Mn} 4070t，NH_3-N 980t，TN 2820t，TP 120t，比非引水期时增加了约 57%；当江边界牌枢纽引水流量为 $300m^3/s$ 时，引水初期入太湖水体 COD_{Mn} 3240t，NH_3-N 790t，TN 2270t，TP 105t，比非引水期时增加了约 65%。可见，随着引水流量的增加，引水初期入湖水体污染物总量也相应减少，但是相对于平时入湖负荷而言，增加得更多一些，就是说引水流量越大，入湖流量增加较多，入湖负荷增加，但入湖总量减少。

为了减少新孟河延伸拓浚工程引水初期入太湖的污染物总量，尝试启用新沟河延伸拓浚工程外排长江，且开启武澄锡西控制线各个闸门。但由于直湖港、武进港水位较高，太滆运河的水位要比直湖港、武进港水位低 2~10cm，即使江边枢纽抽排，直武地区的水位仍然做不到比太滆运河水位低，造成太滆运河的引水往直武地区流动的水量几乎没有。但数值模拟结果发现，如果新沟河延伸拓浚工程在武澄锡西控制线各个闸门关闭的情况下外排长江，与新孟河延伸拓浚工程引水入滆湖相比，新沟河提前 3 天以 $100m^3/s$ 的流量外排，则直武地区水位能降低约 30cm，然后待太滆运河水位受引水影响明显抬高时，开启武澄锡西控制线各个闸门，可以将引水初期的大量水质较差的河网水体通过新沟河延伸拓浚工程外排。经统计分析，当新孟河延伸拓浚工程江边枢纽引水流量为 $100m^3/s$ 时，引水初期入太湖水体污染物总量可削减约 22%；当江边枢纽引水流量为 $150m^3/s$ 时，引水初期入太湖水体污染物总量约削减 28%；当江边枢纽引水流量为 $200m^3/s$ 时，引水初期入太湖水体污染物总量约削减 37%；当江边枢纽引水流量为 $300m^3/s$ 时，引水初期入太湖水体污染物总量约削减 45%。可见，随着引水流量的增加，引水初期入湖水体污染物总量削减越多。

综上，为了减少新孟河延伸拓浚工程引水入太湖水体污染物总量，应尽量以较大的流量引水，在引水总量需求不变的情况下，尽可能缩短引水期。同时，为了减少引水初期入太湖水体污染物的总量，应在武澄锡西控制线各个闸门关闭的情况下利用新沟河工程提前外排直武地区河网的水量，使得直武地区河网水位预降 30cm，使得引水初期部分受污染的河网水体通过武澄锡西控制线各个闸门排入直武地区，并通过新沟河工程外排长江。需要注意的是，这里未考虑滆湖的环境容量问题，即大流量水体入滆湖，势必造成滆湖西侧包括湟里河在内的重污染河流大量的污染水体短时间内流入滆湖，会加重滆湖水体污染负荷量。

从根本上说，要解决入湖污染量的问题，还得进一步治理流域污染源，包括生活污水、农业面源污染量。而不能仅仅仰仗工程调度，通过工程调度让污染物人为地搬移到别的区域。这种通过新沟河工程和新孟河工程联合调度将引水初期污水外排长江的做法只是权宜之计。

7.1.2　湖西区入太湖水质控制调控技术

2011 年 9 月，国务院颁布了《太湖流域管理条例》，自 2011 年 11 月 1 日起施行。其中第二十一条规定，太湖流域县级以上地方人民政府水行政主管部门和太湖流域管理机构应当加强对水功能区保护情况的监督检查，定期公布水资源状况；发现水功能区未达到水质目标的，应当及时报告有关人民政府采取治理措施，并向环境保护主管部门通报。主要入太湖河道控制断面未达到水质目标的，在不影响防洪安全的前提下，太湖流域管理机构应当通报有关地方人民政府关闭其入湖口门并组织治理。

根据太湖流域管理局公布的《太湖健康状况报告 2014》，2014 年，太湖流域管理局逐月对 22 条主要入湖河流开展监测。其中江苏省境内 15 条，4 条达到或优于Ⅲ类，1 条为Ⅳ类，9 条为Ⅴ类，1 条为劣Ⅴ类（太滆运河）；主要超标指标为 NH_3 - N、BOD_5、石油类等。新孟河引江入太湖的主要河道太滆运河、漕桥河、殷村港等河流水质类别基本在Ⅴ类和劣Ⅴ类，达不到入湖河道Ⅲ类水质的标准。且主要的引江流量经过太滆运河、漕桥河，约剩 20% 的流量经殷村港入太湖。在新孟河延伸拓浚工程引水初期，这几条河流的入湖水质较差，影响新孟河引水功能的发挥，如能按照《太湖流域管理条例》要求，在水质未达标时关闭太滆运河、漕桥河、殷村港三条河道入湖口门（两个口门），开启武澄锡西控制线各个闸门，并通过新沟河工程抽排达到控制引水初期河网受污染水体入太湖的目的。经计算，当新孟河延伸拓浚工程江边枢纽引水流量为 $100m^3/s$ 时，通过入湖闸门控制，可抬高引水初期太滆运河、漕桥河水位 $8\sim12cm$，入太湖污染物总量可削减约 78%；当江边枢纽引水流量为 $150m^3/s$ 时，可抬高引水初期太滆运河、漕桥河水位 $11\sim15cm$，入太湖污染物总量约削减 65%；当江边枢纽引水流量为 $200m^3/s$ 时，可抬高引水初期太滆运河、漕桥河水位 $14\sim19cm$，入太湖污染物总量约削减 58%；当江边枢纽引水流量为 $300m^3/s$ 时，可抬高引水初期太滆运河、漕桥河水位 $20\sim27cm$，入太湖污染物总量约削减 52%。可见，随着引水流量的增加，引水初期入湖污染物总量削减的工程作用有所降低，原因是随着引水流量的增大，水位抬升增大，从烧香河绕道经沙塘港入太湖的流量增多。

从上面的计算结果分析可以看出，如果仅封闭太滆运河、殷村港的入湖口门，比较适宜且经济的江边枢纽引水流量为 $100\sim150m^3/s$，引水初期入湖污染物总量削减量可达到 65% 以上。如有可能，进一步封闭沙塘港入贡湖湾的口门，可更为有效地控制引水初期入太湖的污染物总量。

7.1.3 望虞河与走马塘联合调度技术

望虞河西岸控制工程实施后，望虞河引江期水质得到了保证，澄锡虞片河网水体可通过走马塘外排长江，但由于西岸控制工程实施后，将使西岸地区九里河、羊尖塘、锡北运河等河网水体流动性下降，望虞河水体补给这些河流的水量大幅削减，而该河网区生活污染、农业面源污染又聚集在小河浜内，会加剧该河网区水质恶化趋势。

为了改善望虞河以西、走马塘以东河网水质状况，在大力治理该区域生活污染、实施生活污染集中处理、限排工业废水的同时，可以适时打开西岸控制闸门，利用望虞河水流补充流入望虞河以西、走马塘以东河网区域，增强该区域水体流动性，缓解水环境恶化趋势。

7.2 太湖流域河网区水体有序流动的调控对策探讨

太湖流域独特的自然地理、气候条件和平原河网水文水资源特性决定了流域水资源配置的复杂性，流域水利工程体系的科学调度是实现流域水资源优化配置的重要手段。通过对太湖流域主要控制线（沿长江控制线、环太湖控制线、望虞河工程、太浦河工程、武澄锡西控制线、白屈港控制线、东苕溪控制线、沿杭州湾控制线）等水利工程状况及现行调度方式调研，分析现状水资源调度方案、调度管理和工程体系等存在的问题，分别对各控制线的现状调度、规划调度原则等不同调度方案进行方案对比计算，最终提出基于优化配置的平原河网地区水资源调度方案。得出的结论主要有以下几点：

对策一：流域现行水资源调度尚待完善，不同调度目标、不同区域间协调性有待提高，需进一步研究改善流域水资源条件的调度方案。

根据水资源调度现状调研情况，太湖流域内主要控制线现行调度在水资源调度方案、调度管理及工程体系方面存在诸多问题。水资源调度方案有待完善，尚未形成系统的水资源综合调度模式；防洪、水资源、水环境不同调度目标性协调尚待提高；流域与区域、区域与区域、区域内部之间调度存在不协调；水资源调度指标参数不完善。调度管理存在缺陷，部分工程调度管理与工程服务范围不匹配，难以有效发挥工程效益；调度管理较为粗放；调度缺乏统筹联动与协商机制。水资源工程体系尚不完善；流域内重要控制线未完全设控，影响效益发挥；河道淤积严重，调蓄能力下降。

根据现状调度模拟分析，随着流域治太工程及"引江济太"水资源调度的实施，在现状工况及调度下，遇90%频率枯水典型年，流域水资源条件得到相应改善，但浙西平原和杭嘉湖区河网水位仍明显偏低。望虞河东岸分流较大，而西岸又有大量污水汇入，难以保证引江入湖水量和水质。黄浦江松浦大桥断面8—9月净泄流量明显偏低，远远不能满足下游生活和工业取水流量要求。

因此，需进一步研究现状工况下改善流域水资源条件的调度方式，考虑加大湖西区引江入湖水量、望虞河西岸排水出路、望虞河东岸地区引江水量及太浦河泵站的启用条件等，进一步改善流域供水条件。

对策二：开发流域平原河网地区水资源配置和有序流动模型，提高流域水资源配置分析效率，为流域水资源调度与管理提供有效的技术手段。

针对目前流域水资源配置分析中，需水控制与流域平原河网模型系统相分离，存在配置管理效率低、一体化程度不高以及交互式手段单一等问题，开发形成流域水资源配置数学模型系统。主要包括：考虑平原河网地区的"三生"用水需求，开发平原河网地区用水配置模块，对现有太湖流域水动力模型系统进行功能扩充，实现取排水及污染物排放入河量配置的前处理；根据流域水资源配置的优先原则，并与流域水资源综合规划水资源供需分析及水资源配置成果相衔接，以水田灌溉保证度为重点，开发配置参数模块，可按水位和时段分别设置水田用水保证度曲线，实现对流域河道外用水限制措施的模拟，提高流域水资源配置分析效率及配置成果的合理性；在GIS与太湖流域水动力模型支撑下，开发流域水动力模型系统与配置模块的耦合接口；实现水资源配置模块、分布式水资源配置模型子系统与太湖流域水动力模型系统的集成，并通过人机交互的方式，开发形成面向需水管理的平原河网地区交互式水资源配置系统平台。模型验证计算表明，开发形成的水资源配置模型系统计算结果合理，可有效提高流域水资源配置分析效率，为流域水资源调度、配置分析与管理提供了有效的技术手段。

对策三：对调度代表站进行调整是必要的，研究提出的流域及区域代表站及调度目标

参数基本合理，可作为水资源优化配置和有序流动的判断依据。

各区域现行调度代表站不统一，为发挥水利工程的综合效益，统一管理和调度水资源，对调度代表站进行调整是必要的。根据流域平原区各水资源分区的地形地势特点、水文站网分布、所在河道水系特征等情况，结合目前流域及区域水利工程调度主要参照站点，通过典型年水文资料，采用相关性分析法综合确定流域及区域代表站，与规划的各区水位代表站基本一致。

流域及区域水资源调度目标参数拟定，根据流域水资源综合规划确定的流域水资源配置原则、配置格局和河道内需水控制指标等相关研究成果，结合流域及区域历史水文条件、水位特征值、各类用水户取水限制条件等综合考虑。同时，根据太湖流域水情、雨情等地理气象条件并结合用水特点分汛期（5—9月）、非汛期（10月—次年4月）两个时段研究提出流域及区域主要控制线水资源调度目标参数，即水资源调度所需达到的基本目标，并以航运水位、生态水位等进行复核。

对策四：扩大排江能力，开拓阳澄淀泖区洪水排江通道，做到上游引得进，下游排得出。

战国以前太湖之水由松江、娄江、东江三江分流入海。《禹贡》中"三江既入，震泽底定"即指对太湖流域几条主要泄水道的整治。松江（今吴淞江）、娄江（今浏河）与今流路大致相同，东江则经今澄湖、白蚬湖，东南入海。随太湖周围地区的不断下沉和沿海边缘因泥沙堆积而抬高，遂使太湖周围形成碟形洼地，向东排水发生困难。至嘉靖年间，黄浦江逐渐开阔，终于成为太湖下游最大泄水道，而吴淞江反成其支流。清初亦曾多次疏浚吴淞江。乾隆二十八年（1763年）开凿黄渡越河后，吴淞江全同今道，但因受潮汐影响，旋浚旋淤，又疏浚了白茆、七浦、茜泾、浏河各河道，同时起分泄太湖下游积水的作用，但均不能与黄浦江的作用相比。

新中国成立后，太湖流域水利大兴。太湖洪水，南路来自天目山的东、西苕溪，此路洪水70%进入太湖，30%流入吴兴、吴江、嘉兴平原；西路来自茅山冈坡地及湖西平原，此路水绝大部分进入太湖，少量由北段运河转东流或北注长江。太湖南面及北面平原地区积水，也有部分进入太湖。

目前阳澄淀泖区洪水排江能力不足，原有的吴淞江的排洪能力非常小，而京运河的水基本要靠浏河、白茆、七浦塘北排长江，其中浏河下游10km处为上海重要饮用水水源地陈行水库，洪水的下泄对陈行水库取水水质影响非常大，浏河闸的运行受限，造成阳澄淀泖区洪水排江能力不足。应进一步增大阳澄淀泖区洪水排江能力，做到洪水出得去。

同时，上游引江的水量通过武澄锡虞区、阳澄淀泖区后北排长江，逐步做到引排有序。

7.3 规避或降低风险的应急调控对策及应对策略

太湖流域是我国著名的平原水网地区，河网如织，湖泊棋布。受平原地势低洼、坡降小和潮汐顶托等影响，流域排水速度慢，难度大，太湖水位易涨难消，流域洪涝灾害频繁。新中国成立以来，太湖流域开展了大规模的水利建设，流域河湖连通工程体系不断完善，为流域应对水生态环境问题、保障防洪安全和供水安全创造了基础条件。河湖连通工程调度是一项复杂的系统工程，在调水引流过程中，受到各种不确定性因素的影响，潜伏着不同程度的风险。通过分析流域现有及规划河湖连通工程布局、调度原则，采用故障树分析方法，识别了水资源调配过程中可能存在的风险因子，利用数学模型模拟计算手段，定量评估了各类风险大小，提出规避风险的策略，为流域综合治理与管理提供技术支撑。

规避或降低风险的应急调控对策及应对策略如下：

（1）按照《太湖流域综合规划》确定的 2020 年流域综合治理工程布局实施，太湖流域河湖流通工程体系将进一步完善，连通性能进一步提高，河湖水系的社会服务功能也进一步发挥。望虞河、太浦河等流域骨干引排通道规模继续扩大，流域内外水流交换速度进一步加快，据估算太湖的换水周期将较现状缩短约 7 天。新增新孟河和新沟河两条骨干引排河道，直接联系长江与太湖，并可通过太嘉河引排通道、扩大杭嘉湖南排，进一步沟通太湖与杭嘉湖东部平原河网间、杭嘉湖平原与钱塘江间的水力联系，流域水环境改善和防洪能力进一步提高。流域上、下游河湖连通工程体系的不断完善还将持续增强水资源统筹调配能力，有效保障流域及区域供水安全。

（2）流域调度最可能遇到的风险有四类，分别是流域引供水过程中污染物迁移风险、引水过程遭遇区域突发暴雨、取水过程遭遇流域性特殊干旱、引供水通道沿线发生突发水污染等风险。

（3）规划河湖连通工程体系下，骨干引水河道引水期间可能存在污染物迁移风险，其中，沿岸污水汇入导致的污染物迁移入湖的风险较大，相邻区域的污染物迁移风险较小。新孟河主要的风险河段在干流运河以南段和太滆运河段，主要污染来自西南岸孟津河、夏溪河和东北岸永安河、锡溧漕河、武进港 5 条河流污水汇入。如新孟河入湖断面水质劣于Ⅲ类水标准时，关闭新孟河支流口门，加大新孟河引江量，改善入湖水质。望虞河西岸沿线口门除张家港口门外，都实行有效控制，故而望虞河沿线污水汇入风险较小，且主要来自未受控制的张家港。若引供水过程水质不达标，可通过关闭引水通道沿线口门、加大引江量或下泄量等综合措施改善水质。望虞河西岸控制工程实施后西岸污水仅通过张家港汇入望虞河，平水年或枯水年下，望亭闸下水质劣于Ⅲ类水标准时，可加大望虞河引水且打开走马塘退水闸，开展走马塘联合调度改善水质。

（4）流域引水期间遭遇区域突发性暴雨会形成短暂、小型洪峰，抬升太湖水位，最大抬升幅度 19cm。在规划工程实施情形下，该风险在可接受范围内，不会造成流域性洪涝问题，但对降雨区域当地产生较大影响，主要表现在地区水位短历时升高，超出警戒水位天数拉长，甚至超过历史最高水位。在几个受影响区域中，面临风险最大的区域位于武澄锡虞区，该区域水位代表站常州、青阳、无锡、陈墅均出现了超过历史最高水位的现象。若流域引水期间遭遇区域突发性暴雨，导致地区水位过高，可通过控制区域引水、扩大排水出路、预降地区水位等"控引增排"措施，降低地区水位。具体措施包括：①若遇 50 年一遇 7 日设计暴雨时，建议：暴雨开始时，立即将武澄锡西控制线北部 4 个闸门关闭，区域沿太湖口门停止引水，沿长江各口门全力抽排，并将望虞河改为排水调度，西岸口门可向望虞河排水，张家港退水闸打开分排地区涝水。同时，当无锡站水位超过警戒水位时，可通过大溪港、新开港向太湖排水。②若遇 100 年一遇 7 日设计暴雨时，建议在暴雨临近前 3 天，预降地区水位。流域配合区域排水，走马塘全力抽排的同时，停止通过望虞河引江，西岸口门敞开向望虞河排水，常熟枢纽抽排区域来水。暴雨期间按 50 年一遇设计暴雨情景调度。

（5）取调水过程中遭遇流域性干旱枯水，会给太浦河下游河道水位和流量带来一定影响，但对太浦河沿线取水口正常取水尚不构成威胁，供水风险处在可接受范围内；然而会对流域河湖生态环境安全造成威胁，主要表现在太湖水位在 1—2 月低于流域生态需水风险分析参考指标值，湖西区、阳澄淀泖区和杭嘉湖区等河网地区代表站最低旬均水位低于《太湖流域水资源综合规划》确定允许最低旬均水位，黄浦江松浦大桥断面月净泄流量低于河流生态需水目标值和河道内需水目标值（90m³/s），会给太湖及区域生态环境安全带来较大的风险。若遭遇流域性特枯水，可通过加大望虞河常熟枢纽引长江水量、加大新孟河江边枢纽引长江水量、提高太浦河泵站下泄水量等综合措施规避风险。具体包括：望虞河常熟枢纽在 5—10 月提高枢纽引江量，按 144m³/s 引江，并以 115.2m³/s 为泵站开启条件；新孟河江边枢纽在 5—10 月提高枢纽引江量，按 272m³/s 引江，并以 217.6m³/s 为泵站开启条件；太浦河泵站当太湖水位高于 2.50m，且低于 2.80m 时，按 50m³/s 向下游供水；当太湖水位高于 2.80m，且低于 3.20m 时，按 80m³/s 向下游供水；当太湖水位高于 3.20m，且低于太湖上调度线时，按 100m³/s 向下游供水。

（6）引供水过程中突发水污染事件，如京杭运河靠近太浦河断面发生 NH₃ - N 泄漏，会影响太浦河沿线水质，影响最重的是京杭运河入太浦河断面至下游金泽水库断面段约 25km 内，其次为金泽水库断面至下游练塘大桥附近段约 12km 以内，并会对下游金泽水库和平湖、嘉善取水口产生影响，影响持续约 30 天，在污染事件发生后 20 天，NH₃ - N 浓度达到峰值，水质为劣 V 类。因此，当突发水污染事件对太浦河干流水质及水源地产生影响时，可通过适时关闭太浦河两岸口门同时加大太浦河下泄流量，解除太浦河水源地水质风险，并尽可能降低太浦河沿程其余断面水质风险。

（7）在 2007 年应对太湖蓝藻暴发而实施的引江济太应急调水中，调水并未引起大的污染物迁移风险，成功缓解了太湖蓝藻暴发引起的水源地供水危机。同样，应急调水改善太湖水质后，对太湖下游地区水质影响也不大，污染物迁移风险较小，不会对相邻片河网区水环境造成灾变影响。随着太湖流域多项水环境综合治理措施的实施，太湖蓝藻暴发态势得到一定控制，但由于多年来污染负荷过大，积重难返，太湖蓝藻暴发的风险依然存在，故而需针对太湖蓝藻暴发可能引起的河湖连通风险，做好防控，建立健全水源地水质预警监测体系，密切关注太湖 TP、TN 浓度变化和富营养程度，加强蓝藻水华跟踪监测，制定太湖污染物限制排放总量意见等。

7.4　河湖连通工程体系调控策略

7.4.1　常态调控策略

引江济太工程已经在改善太湖水环境方面发挥积极作用。2007 年以来，引江济太共调引长江水 113.98 亿 m³，入太湖水量 52.98 亿 m³，通过太浦闸向下游地区增加供水

77.94 亿 m³,不仅缓解了流域水资源紧张状况,也促进了水体流动,有效抑制了蓝藻暴发,有利于太湖水质改善。在总结成功经验的基础上,利用后续工程扩大引江济太能力,促进流域水体有序流动,提高流域河网自净能力,为改善湖泊富营养化及水质提供必要的工程技术。

(1)污染物入河(湖)总量控制是连通调控的重要保障。污染物入河(湖)总量控制目标是污染物排放总量控制目标考核的参考依据,也是太湖流域水质目标考核的重要参考。

认真总结近年来太湖综合治理的成功经验,抓住影响太湖流域水环境质量提升的重点地区、重点领域、重点环节,进行集中整治和重点攻关。与此同时,坚持水域和陆域污染协调治理,点、线、面一体推进。

综合考虑现实基础、未来需要和操作能力,合理确定各阶段水环境质量改善的总体目标及污染物排放总量、入河(湖)总量控制目标,对 COD、NH_3-N、TP 和 TN 等关键性指标按分期、分级、分类确定控制目标。

继续坚持流域地方政府对水环境负总责的责任制度,将总量要求、分项指标和各项治理任务逐级分解落实。进一步健全地方性法规和规章制度,制定严格科学的考核办法,强化落实情况的监督管理,相应建立健全责任追究机制。

坚持上下联动、内外结合的治理机制,全面发挥政府、市场的积极性,最大限度地动员社会公众参与。与时俱进,积极创新投融资、排污权交易、生态补偿等机制,健全法律法规和执法体系,推动形成促进太湖水环境质量不断改善的长效机制。

(2)积极试验望虞河西岸控制工程实施后西岸水质性补水水量要求。平水年现状污染源条件下,相对现状引江水平,西岸控制工程实施后引江期间将使西岸地区河网水体流动性下降,大量的生活污染、农业面源污染将聚集在小河浜内,难以被稀释和扩散,随着引水期时间的推移,当持续引水期超过 25 天时,大多数断面水质呈恶化趋势。产生水质恶化的断面主要是九里河、羊尖塘、锡北运河等位于走马塘工程与望虞河之间河网河段,主要原因是西岸控制后,向西岸补水的规模远小于现状敞开进入该区域的水量,流动性也降低。

走马塘工程与望虞河之间的河网区域上控制农业面源污染和生活污染,做到生活污染集中处理,农业面源污染利用前置库等技术进行初步处理的基础上外排河道。严控该区域工业污染点源,做到达标排放。

在截污治污的基础上,应在西岸控制工程实施完成后,进行较大规模的试验,寻求在引水期间向西岸补充多少水量满足改善区域性河网水质的要求。

(3)积极试验直湖港枢纽与梅梁湾泵站交替运行排水。在武澄锡虞区西控的基础上,利用直湖港枢纽排水可明显改善直武地区河网水体水质。鉴于此,可积极试验直湖港枢纽与梅梁湾泵站交替排水运行方式。排水期间直湖港两岸口门不控制,以期达到利用太湖水体改善河网水体水质的要求。

(4)新沟河引江时应严格控制江边枢纽 TP 浓度含量。由于新沟河工程应急引水时,两岸口门采取全线封闭的方式。长江水体 TP 浓度偏高,沿线没有天然的前置库或湿地可供水体磷降解,势必造成入湖 TP 浓度偏高。由于磷控制是湖泊富营养化控制和治理的关键因素,应引起足够的重视。

由于新沟河引江定位为应急引水,引江时间不宜超过 15 天,以免造成直武地区河网水流缓流甚至滞流，局部水质恶化。

（5）新孟河延伸拓浚工程引水应重视洮滆污染的问题。2007年，根据省政府指示精神，为推进太湖流域水环境综合治理，武进区启动了滆湖退田（渔）还湖工程，开展了滆湖生态清淤工程，一期150万m³、二期180万m³；退圩还湖完成了3.9km²；围网压缩到1.1万亩，拆除了3.84万亩围网。

滆湖水体污染较严重，夏季透明度下降，pH值降低，DO降至3.01mg/L，TN、TP分别增至1.37mg/L、0.209mg/L，富营养化面积超过全湖面积的1/2，富营养状态指数已达70。水质恶化导致污染事故频发，从1990年开始经常发生大面积死鱼事件。滆湖北部水草资源消失，蓝绿藻增多，水体转为藻型湖泊。一方面应重视洮滆湖本身污染对引水水质的影响，同时还应注意目前滆湖污染经常造成围网养殖死鱼事件，引水工程应保证入滆湖水质的要求，避免影响滆湖围网养殖业。

（6）加强入湖河道的水质监控。根据《太湖流域管理条例》，两省一市人民政府环境保护主管部门负责本行政区域的水环境质量监测和污染源监督性监测。太湖流域管理机构和两省一市人民政府水行政主管部门负责水文水资源监测；太湖流域管理机构负责两省一市行政区域边界水域和主要入太湖河道控制断面的水环境质量监测，以及太湖流域重点水功能区和引江济太调水的水质监测。

目前，主要入湖河道控制断面水质监测为巡测，且监测频次较少。新沟河、新孟河延伸拓浚实施后，应在引水期间进一步加强对主要入湖河道控制断面的水质监测，并对直湖港、武进港、太滆运河、漕桥河、殷村港5条入湖河道进行实时水质监控，当发现超标水体入湖时，应及时关闭直湖港、武进港枢纽闸门。太滆运河、漕桥河、殷村港入湖水质超标时，应及时上报和通知当地政府。

（7）加强入湖河道的生态清淤工作。生态清淤又称环保清淤，是为改善水质和水生态环境而进行的清淤，目的是减少二次污染，不同于为改善航行和排涝行洪条件而进行的疏浚。生态清淤就是在满足环保要求的前提下，利用合适的机械，清除污染底泥，消除湖泊的内污染源，以改善湖区水质和底栖环境，促进水生态系统的恢复。太湖流域县级以上地方人民政府应当按照太湖流域综合规划和太湖流域水环境综合治理总体方案等要求，组织采取环保型清淤措施，对太湖流域湖泊、入湖河道进行生态疏浚，并对清理的淤泥进行无害化处理。

（8）建设入湖河道的生态前置库。新孟河延伸拓浚工程与望虞河调水引流工程都有天然前置库，望虞河有鹅真荡、漕湖作为前置库，而新孟河延伸拓浚工程有滆湖作为前置库，但是新沟河工程没有前置库，给调水引流工程的效益带来了一定的影响。可以考虑在直湖港、武进港入湖之前的雪堰与白芍山之间建立一个人工的前置库，以期达到降低磷含量的作用。

7.4.2 应急调控策略

当望虞河引江入湖流量为200m³/s时，长江水进入贡湖湾后全面向湾口推进。10天后到贡湖湾湾口的位置，开始影响无锡南泉水厂取水水域。20天后，长江水开始影响梅梁湖湾口水域并通过梅梁湖湾口向马山、竺山湖推进，开始影响马山附近水域，梅梁湖东岸附近水域分布一条狭长的长江水。30天后长江水通过梅梁湖湾口向马山、竺山湖推进，开始影响竺山湖马山附近水域。但直湖港入湖口以北、五里湖以西沿岸水域长江水的成分仍然较少。

贡湖湾在望虞河应急引水入湖流量为200m³/s时，能在10天内快速将贡湖湾内的太湖水置换成长江水。常态的引江水量条件下，能在20天内快速将贡湖湾内的太湖水置换成长江水。

利用新沟河延伸拓浚工程应急引水入湖流量达到180m³/s时，仅需10天就能用长江水替换梅梁湖的太湖水，而利用新沟河延伸拓浚工程应急排水，望虞河应急引水200m³/s入湖时，需要20天长江水可影响梅梁湖全湖面积的约2/3。从水体流动方向看，利用新沟河延伸拓浚工程应急引江入湖的方案也有利于蓝藻向湾外漂移。故应对梅梁湖蓝藻水华暴发，调度方案首先应是利用新沟河延伸拓浚工程应急引水入湖，其次才是望虞河应急引水入湖并利用新沟河延伸拓浚工程应急排水。

在夏季盛行风条件下，新孟河引江入湖长江水的混合过程相对独立，置换竺山湖的太湖水只有新孟河引江入湖调度方案。入湖水量达到50m³/s时，在东南风作用下，10天后长江水可沿竺山湖西岸推进到湾口位置，竺山湖大部分水域的太湖水就可被置换成长江水。以常态水量利用新孟河引江入湖，长江水可在约30天后影响湖心区太湖水体水质，而其他工程以常态水量引江难以影响湖西区太湖水体水质，尤其是竺山湖湾水体水质。

望虞河引水对贡湖湾流速大小影响甚微，但是改变了贡湖湾的湖流结构，贡湖湾西岸水流由原来的多个逆时针回流结构改变为由湾顶流向湾口的相对单向顺流，实际上入湖水体推动了贡湖湾水体向大太湖区流动，加快湖湾水体与大太湖区水体交换速度。长江水由贡湖沿北岸向梅梁湖扩散。这有利于将东南风期间推移到贡湖湾西岸的蓝藻推移到湾外，从而降低蓝藻密度，缓解藻华灾害。望虞河引水入湖能显著改善无锡锡东水厂、无锡南泉水厂取水口水域水质，保证饮用水源地水质安全。

随着调水入湖流量的增加，湖流结构基本与望虞河入湖流量达到50m³/s时的湖流结构保持不变，但是贡湖西岸沿岸由湾顶流向湾口的单向顺流流速增大，向湾口推移蓝藻的速度和作用加强，改善水质、湖泛发生时输入COD速度也进一步提升。

如果梅梁湖发生藻华暴发，不宜采取新沟河延伸拓浚工程大流量应急排水的应对措施。如果梅梁湖直湖港以南的西岸沿岸蓝藻发生藻华暴发，应采取新沟河延伸拓浚工程大流量应急引水的应对措施，收效甚好。因此，应对梅梁湖蓝藻水华暴发，首先方案应是利用新沟河延伸拓浚工程应急引水入湖，其次才是望虞河应急引水入湖并利用新沟河延伸拓浚工程应急排水。

当竺山湖发生藻华暴发时，新孟河延伸拓浚工程引水入湖流量达到90m³/s时，可有效推移湾内蓝藻水华向大太湖运移，避免其在湾内大量聚集和堆积。在夏季盛行风条件下，新孟河引江入湖长江水的混合过程相对独立，置换竺山湖的太湖水只有新孟河引江入湖这个调度方案。入湖水量达到50m³/s时，在东南风作用下，10天后长江水可沿竺山湖西岸推进到湾口位置，竺山湖大部分水域的太湖水就可被置换成长江水。以常态水量利用新孟河引江入湖，长江水可在约30天后影响湖心区太湖水，而其他工程以常态水量引江难以影响湖西区太湖水水质。

8 河湖连通工程综合调控效果与对策

　　太湖流域是我国著名的平原水网地区，河网如织，湖泊棋布。受平原地势低洼、坡降小和潮汐顶托等影响，流域排水速度慢，排水难度大，太湖水位易涨难消，流域洪涝灾害频繁。新中国成立以来，太湖流域开展了大规模的水利建设，流域河湖连通工程体系不断完善，为流域应对水生态环境问题、保障防洪安全和供水安全创造了基础条件。河湖连通工程调度是一项复杂的系统工程，在调水引流过程中，受到各种不确定性因素的影响，潜伏着不同程度的风险。通过分析流域现有及规划河湖连通工程布局、调度原则，利用数学模型模拟计算手段，分析了不同情景下河湖连通工程体系调度对水环境影响，采用故障树分析方法，识别了水资源调配过程中可能存在的风险因子，定量评估了各类风险大小，提出河湖连通工程体系调控技术与策略，为流域综合治理与管理提供技术支撑。

　　主要成果总结如下：

　　(1) 按照《太湖流域综合规划》确定的 2020 年流域综合治理工程布局实施，太湖流域河湖流通工程体系将进一步完善，连通性能进一步提高，河湖水系的社会服务功能也进一步发挥。望虞河、太浦河等流域骨干引排通道规模继续扩大，流域内外水流交换速度进一步提升，据估算太湖的换水周期将较现状缩短约 7 天。新增新孟河和新沟河两条骨干引排河道，直接联系长江与太湖，并可通过太嘉河引排通道、扩大杭嘉湖南排，进一步沟通太湖与杭嘉湖东部平原河网间、杭嘉湖平原与钱塘江间的水力联系，流域水环境改善和防洪能力进一步提高。流域上、下游河湖连通工程体系的不断完善还将持续增强水资源统筹调配能力，有效保障流域及区域供水安全。

　　(2) 湖西区沿江口门引排的实践表明：每年引入大量的、优质的长江水，对湖西区乃至太湖地区的水动力情势和水生态环境产生重要影响。长江上游来水量较多的年份，沿江口门引江水量相对较大，对湖西区"引江济太"工程规模及相应的河湖水力连通性的影响也相对较大。多年以来，长江来水在湖西区水资源补给和水生态环境改善方面所起到的作用占 40％左右。长江的上游来水量和潮汐运动不同程度地影响了沿江口门的引江水量，影响了湖西区的河湖水力连通性。

　　京杭运河等骨干河湖在试验期间的流速变化与其相对于沿江口门的位置有关。一般情况下，相对接近沿江口门的河湖，受感潮水流的影响程度越大，流速变化也相对越大，在特定的时段内水生态环境改善效果最明显。湖西引江水量主要通过京杭运河、丹金溧漕河、武宜运河、太滆运河以及南河进入太湖，对这些河流的水动力影响也相对较大。

　　通过湖西区调水试验，引江水从湖西区进入太湖，主要有 4 条入太通道，分别为："京杭运河—丹金溧漕河—南河—太湖"通道、"京杭运河—扁担河—殷村港、烧香港、湛渎港—太湖"通道、"京杭运河—武宜运河—南河—太湖"通道以及"京杭运河—武进港（直湖港）—太滆运河—太湖"通道。试验结果表明，湖西区引江水量和降水地表径流中，有 73%的水量进入了太湖 。"京杭运河—武宜运河—南河—太湖"通道入太湖水量最大，约占总入太湖水量的 17.1%。

引江对湖西区水环境影响，与水动力影响相一致，距离沿江口门越近，受影响程度越大，京杭运河以北区域水环境明显改善，京杭运河以南的洮滆间及滆东区域影响较小。试验表明，引水对水环境变化效果而言，河湖（断面）相对于引江口门的距离、水体本底污染物含量、引水量、引水历时等均为重要影响因素。

（3）望虞河引江的实践表明：自 2002 年开展望虞河引江济太以来，年均引江水量约 19.6 亿 m^3，平均年入湖水量 9.1 亿 m^3，多年来的入湖水量相当于太湖正常水位下水量的 2.6 倍，同时使受益区河网水体部分被置换。多年资料分析表明，调水期与非调水期相比，望虞河水质有明显好转；调水期距离望虞河干流较近的入河支流水体水质明显好于非调水期，离望虞河干流较远的入河支流水体水质变化不大，甚至有恶化的趋势。

当望虞河引江济太时，望虞河干流水位升高，导致西岸地区水位明显抬升，西岸北部部分水流压向南部河网，地区水流东排受阻。在望虞河不同引江工况下，不同河段支河水流情况有所差异。当望虞河自引时，嘉菱荡以北的锡北运河、张家港等河道的水流受长江潮汐的影响，水流出现两进两出的现象；嘉菱荡以南的伯渎港、九里河等河道流向较为稳定，以入望虞河为主。在望虞河启用江边枢纽泵站向太湖大、中流量送水时，水流主要由望虞河入西岸；嘉菱荡以南的西岸河道受望亭立交入湖水量的影响，仍有部分水流入望虞河。

望虞河和梅梁湖大渲河泵站联合引调改善了贡湖、梅梁湖水体流动状态，特别是在梅梁湖大渲河泵站工作情况下，湖区流速有明显增加，在一定程度上改变了湖体的流态，而且在较短的时间内使贡湖水厂取水口水质得到了改善。

根据多年野外实际观测资料与分析，调水引流水体入湖后，TP、溶解性 TP 影响水域主要集中于距入湖口 900～1500m 扇形水域区域内，受锡东水厂取水影响，最大影响距离近 2000m，浓度衰减率为每千米 10%左右；悬浮物影响范围在 600～1200m 扇形水域，浓度衰减率基本为每千米 20%。调水引流的入湖水体所携带污染物对贡湖影响极小，随着沿程衰减或降解，对贡湖水源地所在水体主要污染物浓度无负面影响，当前和今后一段时期内，调水引流仍是维护太湖流域河湖健康的重要措施。

（4）走马塘工程实施后的效果。走马塘工程、望虞河西岸控制工程实施后，在 1975 年型 5 年一遇雨型条件下，将改变锡北运河（包含锡北运河）以北区域洪水东排望虞河并通过望虞河外排长江的局面，而改走马塘北排长江，望虞河以西河网因此水位有所抬升，南部河网水位抬升 3cm，而望虞河南段水位降低 2cm。在 1990 年型 50 年一遇雨型条件下，望虞河西岸控制工程闸门全线打开，望虞河西部河网地区的洪水经走马塘下泄后多余的洪水全经望虞河外排长江，防洪排涝格局未变。但与走马塘工程实施前相比，增加了区域洪水北排长江的能力，减轻了望虞河下泄洪水的压力，也减轻了流域防洪压力。

常熟望虞闸引江流量为 200 m^3/s 时，张家港、锡北运河入望虞河的平均流量占引江流量的 10%左右，且水质较差，张家港、锡北运河两河是造成望虞河干流望虞闸断面至甘露大桥沿线水质指标特别是 NH_3-N 和 TN 发生较大变化的主要影响因素之一。西岸控制工程实施后，引水期间望虞河沿线 TN、NH_3-N 浓度将降低 30%以上。TP 经过嘉菱荡等湖荡后由于随泥沙沉降而浓度降低较快，但经降解后，TP 入太湖的浓度仍然难以达到湖泊Ⅲ类水要求。

望虞河引江期间，规划工况条件下，除张家港外，西岸各口门均处于控制状态。平水年型下，在望虞河连续引江济太期间，规划工况较现状工况望虞河入湖 COD_{Mn} 的降幅为 25%，规划工况条件下入湖水质 COD_{Mn} 能达到Ⅱ类水标准，较现状工况入湖水质提高一个等级。规划工况较现状工况入湖 NH_3-N 浓度降幅约为 40%，入湖水质 NH_3-N 浓度达到Ⅳ类水标准；TN 入湖浓度降幅约为 30%，入湖 TN 浓度达到Ⅳ类水标准；TP 入湖浓度降幅约为 20%，入湖 TP 浓度达到河流水质标准的Ⅲ类水标准（湖库的Ⅳ类水质标准）；DO 入湖浓度变化不大。

与现状工况相比，走马塘工程的实施可在较大程度上缓解引水期间走马塘以西河网的水质恶化问题。其中锡北运河以南、以西地区河网的 COD_{Mn} 浓度下降最多，九里河、锡北运河、伯渎港上游走马塘以西河段 NH_3-N、TN、TP 浓度下降较多，NH_3-N、TN 浓度下降 20%～40%，TP 浓度下降约 30%，COD_{Mn} 浓度约下降 20%。走马塘工程及望虞河西岸工程的主要受益河段有伯渎港、九里河、锡北运河等上游走马塘以西河段。

（5）新沟河工程实施后的效果。在 1975 年型 5 年一遇雨型条件下，现状工况下直武地区涝水大部分经直湖港、武进港排入太湖梅梁湖水域，流量分别约为 60m³/s 和 40m³/s，而迁回太滆运河排入太湖的涝水流量约 15m³/s。新沟河延伸拓浚工程实施后，直武地区涝水改为北排长江，且通过武澄锡西控制线和新建的永胜闸控制区间涝水迁回太滆运河进入太湖竺山湖，水质条件较差的水流被限制入太湖，改为北排长江，对改善太湖水环境具有非常重要的意义。

在现状污染源状况下，平水年条件下入梅梁湖的 COD_{Mn}、NH_3-N、TP 和 TN 污染负荷分别约减少了 3500t、1800t、50t 和 2200t，相当于入太湖的污染负荷分别减少 5.0%、8%、3% 和 6%。在现状污染负荷条件下，梅梁湖湖区的 COD_{Mn}、TP 和 TN 浓度较控制前分别降低 9%、8% 和 10%，竺山湖湖区分别降低 7%、4% 和 6%。

抽排梅梁湖水流量约 50m³/s 将显著改善直武地区河网水质。水质改善幅度总体呈现由直湖港、武进港枢纽向北逐步递减的趋势。改善最多的指标是 NH_3-N，武进港、前黄、阳山、雅浦港桥等处改善幅度最大，达到 40%～70%。其次是 TN，武进港、前黄、阳山、雅浦港桥等处 TN 浓度降幅达到 10%～50%。COD_{Mn} 浓度未见明显改善，且有的区域浓度还上升，表明部分地区的 COD_{Mn} 发生了迁移。运北片水质在开始的 5 天内水质略有变差的趋势，在持续 15 天后运北片水质变化达到稳定。达到稳定后与未抽排梅梁湖水的条件相比，水质略有好转。

新沟河引水时，现新沟河、漕河—五牧河、直湖港沿线口门实行控制，造成引水沿线两岸运北片河网和直武地区河网水体流动性降低。引水线路西岸运北片河网水位有所抬升，水位抬升最多的是西横河，水位抬升 7cm，水体流动性大幅降低，流速由原来的 0.2m/s 降低到滞流。直武地区本来非汛期水体流动性较差，引水封闭口门的影响较小，两岸河网水位抬升不明显。由于新沟河引水仅在应急条件下运行，故引水时间不会长，考虑不超过 15 天，对水环境而言，这种影响还是短暂的，不会对区域水环境造成重大不利影响。

新沟河延伸拓浚工程向梅梁湖应急引水 180m³/s 持续时间 15 天后,直武地区和运北片河网水质均有所恶化,但由于平时直武地区河网水体流动性不大,故由于引水而封闭直湖港沿线口门的影响不大。影响较大的是锡溧运河、采菱港、洋溪河、永安河等河流,浓度变化较大的是 TN、NH₃-N,TN 浓度增加最大为采菱港,增幅 20%。应急引水后 COD_{Mn} 浓度也有不同程度的增加。

直武地区 5 年一遇涝水北排,造成运北片水质普遍较现状工况排涝时差。其中变化最大的是 TN 和 NH₃-N,排涝期间漕河、三山港 TN、NH₃-N 浓度增加 10%~20%。TP 和 COD_{Mn} 变化均较小,一般小于 5%。

(6) 新孟河工程实施后的效果。新孟河引水时,运河以北两岸支河口门有效控制。引水期间,京杭运河以北新孟河水位将抬高 20cm 左右,甚至可增加向两岸补充的长江水量。运河以南新孟河延伸河段水位将比工程前相近河网水位增加约 24cm。

在 5 年一遇雨型条件下,新孟河延伸拓浚工程北排水量约 190m³/s。在 50 年一遇雨型条件下,丹阳水位下降 0.04m,金坛水位下降 0.23m,坊前水位下降 0.11m,宜兴水位下降 0.05m,常州水位下降 0.09m。可见,新孟河延伸拓浚工程实施后,不仅降低了湖西区运河以南河网洪涝灾害的风险,也降低了运河排涝的压力,降低了常州、无锡等地的防洪压力,还在一定程度上降低了南部南河水系的防洪压力。减少了湖西区洪水入滆湖和太湖的水量,减少了洪水期间入太湖的污染物量。

从排水格局看,原来京杭运河、西部茅山及丹阳、金坛一带高地来水、宜溧山区和南部茅山山区高地来水均通过湖西区往太湖汇流的大格局有所改变,以新孟河延伸拓浚工程为界,西部茅山及丹阳、金坛一带高地来水、京杭运河来水可经新孟河延伸拓浚工程外排长江,为湖西区洪涝水量提供了一条新出路。

新孟河延伸拓浚工程排涝期间,太滆运河、漕桥河承纳武宜运河水流将变多,而滆湖出湖水量将减少,排涝期间太滆运河、漕桥河水质也将有所恶化。而北干河、湟里河、夏溪河等受新孟河排水的影响,水质改善较明显,NH₃-N 浓度降低 20%~30%,TN 浓度降低 10%~30%,TP 浓度降低 5%~15%。长期来看,由于降低了排涝期间滆湖的入湖污染量,对湖西区入太湖河道的水质改善是有利的。

新孟河延伸拓浚工程常态引水流量 100m³/s 时,九曲河、德胜河等周边主要引水河道水质变化不大,而新孟河两岸水质改善幅度较大,NH₃-N 浓度降低约 50%,TN 浓度降低约 30%,TP 浓度降低约 15%,COD_{Mn} 浓度降低约 10%。湖西区运南片河网水质有不同程度的改善。皇塘河、湟里河、北干河、太滆运河、漕桥河等河流水质明显好转,尤其是 NH₃-N、TN、COD_{Mn} 等指标改善较为明显,NH₃-N 浓度降低 10%~30%,TN 浓度降低 10%~25%,COD_{Mn} 降低 10%~45%。扁担河、武宜运河等河流主要受京杭运河水流的影响,水质基本没有变化,但 COD_{Mn} 浓度略有下降。

平水年,工程实施后滆湖平均水质浓度 COD_{Mn}、TN 和 TP 分别降低了 19%、34% 和 15%。太滆运河出湖 COD_{Mn}、TN 和 TP 浓度比现状分别降低了 32%、61% 和 54%,漕桥河出湖 COD_{Mn}、TN 和 TP 浓度比现状分别降低了 38%、45% 和 36%。竺山湖湾水质 COD_{Mn}、TP 和 TN 浓度分别降低了 56%、40% 和 44%。

(7) 规划河湖连通工程体系下,骨干引水河道引水期间可能存在污染物迁移风险,其中，沿岸污水汇入导致的污染物迁移入湖的风险较大，相邻区域的污染物迁移风险较小。新孟河主要的风险河段在干流运河以南段和太滆运河段，主要污染来自西南岸孟津河、夏溪河和东北岸永安河、锡溧漕河、武进港 5 条河流污水汇入。规划工程体系下，望虞河西岸沿线口门除张家港口门外，都实行有效控制，故而望虞河沿线污水汇入风险较小，且主要来自未受控制的张家港。若引供水过程水质不达标，可通过关闭引水通道沿线口门、加大引江量或下泄量等综合措施改善水质。如新孟河入湖断面水质劣于Ⅲ类时，关闭新孟河支流口门，加大新孟河引江量，改善水质。望虞河西岸控制工程实施后，西岸污水仅通过张家港汇入望虞河，平水年或枯水年下，望亭闸下水质劣于Ⅲ类时，可加大望虞河引水且打开走马塘退水闸，开展走马塘联合调度改善水质。

（8）在 2007 年应对太湖蓝藻暴发而实施的引江济太应急调水中，调水并未引起大的污染物迁移风险，成功缓解太湖蓝藻暴发引起的水源地供水危机。同样，应急调水改善太湖水质后，对太湖下游地区水质影响也不大，污染物迁移风险较小，不会对相邻片区水环境造成灾变影响。随着太湖流域多项水环境综合治理措施的实施，太湖蓝藻暴发态势得到一定控制，但由于多年来污染负荷过大，积重难返，太湖蓝藻暴发的可能性依然存在，故而需针对太湖蓝藻暴发可能引起的河湖连通风险，做好防控，建立健全水源地水质预警监测体系，密切关注太湖 TP、TN 浓度变化和富营养程度，加强蓝藻水华跟踪监测，制定太湖污染物限制排放总量意见等。

为有效规避河湖连通工程风险，保障应急调度方案实施效果，建议：

（1）工程措施。一是加强调水沿线干流、支流水环境综合整治。譬如望虞河干流、望虞河西岸、湖西引江主要通道等。二是新建清水通道等水利工程。对于湖西地区，加快推进新孟河延伸拓浚工程，提高湖西区乃至太湖流域水资源配置能力；对于江阴引江改善澄东南片水环境时，为提升引水效果，提升河道连通性，可考虑在部分河段新建立交工程，保障清水畅通。三是进一步完善工程体系，增强水环境调控手段。新孟河入湖口无控制性建筑物，对防御新孟河沿线污染汇入不利，建议在新孟河入湖口建设控制性建筑物或建立人工湿地，增加引水入湖水质改善手段。张家港入望虞河口未规划控制工程，影响西岸污水控制效果，建议在与望虞河交汇处建闸控制，纳入望虞河西岸控制工程中。

（2）非工程措施。一是执行最严格水资源管理制度，强化水功能区达标考核；二是完善流域防洪和水资源统一调度方案，进一步优化引江方案，确保河湖连通工程效益最大化；三是研究建立引排通道长效良性管护机制；四是强化河湖连通工程调控专题科研，譬如开展新沟河、新孟河调度方案研究，望虞河、走马塘联合调度研究、湖西污染物入湖控制方案研究等，提升河湖连通工程调控效益；五是加强水文气象预报预警能力建设，特别是临近降雨预报精度，为预降地区水位提供时间参考；六是加强新孟河、望虞河、太浦河等流域引供水通道沿线地区的点面源治理，从根源上杜绝污染。

参 考 文 献

[1] 杨凯. 平原河网地区水系结构特征及城市化响应研究 [D]. 上海：华东师范大学，2006.

[2] 崔国韬. 人类活动对河湖水系连通影响及量化评估 [D]. 郑州：郑州大学，2013.

[3] 李原园，李宗礼，黄火键，等. 河湖水系连通演变过程及驱动因子分析 [J]. 资源科学，2014，36 (6)：1152 - 1157.

[4] 崔国韬，左其亭，窦明. 国内外河湖水系连通发展沿革与影响 [J]. 南水北调与水利科技，2011，4：73 - 76.

[5] 崔国韬，左其亭. 河湖水系连通与最严格水资源管理的关系 [J]. 南水北调与水利科技，2012，2：129 - 132.

[6] 长江水利委员会. 维护健康长江，促进人水和谐 [R]. 武汉：长江水利委员会，2005.

[7] 张欧阳，熊文，丁洪亮. 长江流域水系连通特征及其影响因素分析 [J]. 人民长江，2010，1：1 - 5.

[8] 夏军，高扬，左其亭，等. 河湖水系连通特征及其利弊 [J]. 地理科学进展，2012，1 (1)：26 - 31.

[9] 窦明，崔国韬，左其亭，等. 河湖水系连通的特征分析 [J]. 中国水利，2011，16：17 - 19.

[10] 李宗礼，李原园，王中根，等. 河湖水系连通研究：概念框架 [J]. 自然资源学报，2011，26 (3)：513 - 522.

[11] 徐宗学，庞博. 科学认识河湖水系连通问题 [J]. 中国水利，2011，16：13 - 16.

[12] 刘伯娟，邓秋良，邹朝望. 河湖水系连通工程必要性研究 [J]. 人民长江，2014，16：5 - 6.

[13] 李宗礼，郝秀平，王中根，等. 河湖水系连通分类体系探讨 [J]. 自然资源学报，2011，26 (11)：1975 - 1982.

[14] 李原园，郦建强，李宗礼，等. 河湖水系连通研究的若干问题与挑战 [J]. 资源科学，2011，3 (3)：386 - 391.

[15] 崔国韬，左其亭，李宗礼，等. 河湖水系连通功能及适应性分析 [J]. 水电能源科学，2012，2：1 - 5.

[16] 李原园，黄火键，李宗礼，等. 河湖水系连通实践经验与发展趋势 [J]. 南水北调与水利科技，2014，4：81 - 85.

[17] 王光谦. 世界调水工程 [M]. 北京：科学出版社，2009.

[18] 汪秀丽. 国外流域和地区著名的调水工程 [J]. 水利电力科技，2004，1：1 - 25.

[19] 臧超，左其亭，马军霞. 地区性河湖水系连通脆弱性评价方法及应用 [J]. 水电能源科学，2014，9：28 - 30.

[20] 徐建安，彭驰，刘丹. 水系连通对水生态的影响 [J]. 城市建设理论研究（电子版），2013，35.

[21] 左其亭，崔国韬. 河湖水系连通理论体系框架研究 [J]. 水电能源科学，2012，1：1 - 5.

[22] 董春雨，薛永红. 从系统论的观点看我国河湖水系连通工程的得失 [J]. 自然辩证法研究，2014，11：38 - 45.

[23] 李原园，李宗礼，郦建强，等. 水资源可持续利用与河湖水系连通 [C]. 中国水利学会 2012 学术年会特邀报告汇编，2012.

[24] 马芳冰，王烜. 调水工程对生态环境的影响研究综述 [J]. 水利科技与经济，2011，10：20 - 24.

[25] 季笠，陈红，蔡梅，等. 太湖流域江河湖连通调控实践及水生态环境作用研究 [M]. 北京：中国水利水电出版社，2013.

[26] 冯顺新，李海英，李翀，等. 河湖水系连通影响评价指标体系研究 I——指标体系及评价方法

[J]. 中国水利水电科学研究院学报，2014，12：386-393.

[27] 向莹，韦安磊，茹彤，等. 中国河湖水系连通与区域生态环境影响 [J]. 中国人口·资源与环境，2015，5：139-142.

[28] Trawick P. Against the privatization of water：an indigenous model for improving existing laws and successfully governing the commons [J]. World Development，2003，31 (6)：977-996.

[29] Salman M A. Inter-states water disputes in India：an analysis of the settlement process [J]. Water Policy，2002，4 (3)：223-237.

[30] 周余华，胡和平，李赞堂. 美国加州水资源开发管理历史与现状的启示 [N]. 中国水利网，2003-9-24.

[31] 马爽爽. 基于河流健康的水系格局与连通性研究 [D]. 南京：南京大学，2013.

[32] 陈家其，施能. 全球增暖下我国旱涝灾害可能情景的初步研究 [J]. 地理科学，1995，3：201-207.

[33] 潘佩佩，杨桂山，苏伟忠，等. 太湖流域土地利用变化对耕地生产力的影响研究 [J]. 地理科学，2015，8：990-998.

[34] 王柳艳，许有鹏，余铭婧. 城镇化对太湖平原河网的影响——以太湖流域武澄锡虞区为例 [J]. 长江流域资源与环境，2012，2：151-156.

[35] 向速林，朱梦圆，朱广伟，等. 太湖东部湖湾大型水生植物分布对水质的影响 [J]. 中国环境科学，2014 (11)：2881-2887.

[36] 秦伯强. 太湖生态与环境若干问题的研究进展及其展望 [J]. 湖泊科学，2009，21：445-455.

[37] 吴挺峰，朱广伟，秦伯强，等. 前期风场控制的太湖北部湖湾水动力及对蓝藻水华影响 [J]. 湖泊科学，2012，24 (3)：409-415.

[38] 吕学研. 调水引流对太湖富营养化优势藻的生长影响研究 [D]. 南京：南京水利科学研究院，2013.

[39] 范成新，袁静秀，叶祖德. 太湖水体有机污染与主要环境因子的响应 [J]. 海洋与湖沼，1995，26：13-20.

[40] 冯胜，高光，秦伯强，等. 太湖北部湖区水体中浮游细菌的动态变化 [J]. 湖泊科学，2006，18：636-642.

[41] Jones S E，Newton R J，McMahon K D. Evidence for structuring of bacterial community composition by organic carbon source in temperate lakes [J]. Environmental Microbiology，2009，11：2463-2472.

[42] Jansson M. Nutrient limitation and bacteria-phytoplankton interactions in humic lakes [J]. Aquatic Humic Substances，1998，133：177-195.

[43] Beadle C L. Growth analysis [A]. Photosynthesis and Production in a Changing Environment，1993.

[44] 李雅娟，王起华. 氮、磷、铁、硅营养盐对底栖硅藻生长速率的影响 [J]. 大连海洋大学学报，1998，13 (4)：7-14.

[45] Reynolds C S，Huszar V，Kruk C，et al. Towards a functional classification of the freshwater phytoplankton [J]. Journal of Plankton Research，2002，24：417-428.

[46] Elser J，Marzolf E R，Goldman C R. Phosphorus and nitrogen limitation of phytoplankton growth in the freshwaters of North America：a review and critique of experimental enrichments [J]. Canadian Journal of Fisheries and Aquatic Sciences，1990，47：1468-1477.

[47] Halemejko G Z，Chrost R. The role of phosphatases in phosphorus mineralization during decomposition of lake phytoplankton blooms [J]. Archiv Fur Hydrobiologie，1984，101 (4)：489-502.

[48] Pearsall W H. Phytoplankton in the English Lakes：II the composition of the phytoplankton in relation to dissolved substances [J]. The Journal of Ecology，1932：241-262.

[49] 王真真. 基于敏感性分析的项目风险评估方法研究 [D]. 长沙：湖南大学，2006.

[50] Ralph L Keliem，Irwin S Ludin. Reducing Project Risk [M]. Science & Culture Publishing House

LTD. 1997：157－160.

[51] Alfred K. Currency Risk Management ［M］. New York：Wiley. 1981：97－99.

[52] Ambion. Approaches to hazard identification ［R］. Health & Safety Executive HSE Books，1997.

[53] 韩传峰，何臻，马良河. 基于故障树分析的建设工程风险识别系统 ［J］. 自然灾害学报，2006，05：183－187.

[54] 孙建平，李胜. 蒙特卡洛模拟在城市基础设施项目风险评估中的应用 ［J］. 上海经济研究，2005，02：90－96.

[55] Fragola J R，Maggio G，Frank M V，et al. Probabilistic risk assessment of the Space Shuttle. Phase 3：A study of the potential of losing the vehicle during nominal operation，volume 1 ［J］. Unknown，1995，2（5）：726－31.

[56] Hertz D B. Risk analysis in capital investment ［J］. Harvard Business Review，1964，42（1）：95－106.

[57] 刘涛，邵东国. 水资源系统风险评估方法研究 ［J］. 武汉大学学报：工学版，2005，38（6）：66－71.

[58] 程卫帅，陈进，刘丹. 洪灾风险评估方法研究综述 ［J］. 长江科学院院报，2010，27（9）：17－24.

[59] 李然然. 查干湖湿地水环境演变及生态风险评估 ［D］. 长春：中国科学院研究生院东北地理与农业生态研究所，2014.

[60] 付在毅，许学工，林辉平，等. 辽河三角洲湿地区域生态风险评价 ［J］. 生态学报，2001，21（3）：365－373.

[61] 付在毅，许学工. 区域生态风险评价 ［J］. 地球科学进展，2001，16（2）：267－271.

[62] Zandbergen P A. Urban watershed ecological risk assessment using GIS：a case study of the Brunette River watershed in British Columbia，Canada ［J］. Journal of Hazardous materials，1998，61（1）：163－173.

[63] Crawford C. Qualitative risk assessment of the effects of shellfish farming on the environment in Tasmania，Australia ［J］. Ocean & coastal management，2003，46（1）：47－58.

[64] Astles K L，Holloway M G，Steffe A，et al. An ecological method for qualitative risk assessment and its use in the management of fisheries in New South Wales，Australia ［J］. Fisheries research，2006，82（1）：290－303.

[65] Wang X L，Zhang J. A nonlinear model for assessing multiple probabilistic risks：A case study in South five－island of Changdao National Nature Reserve in China ［J］. Journal of environmental management，2007，85（4）：1101－1108.

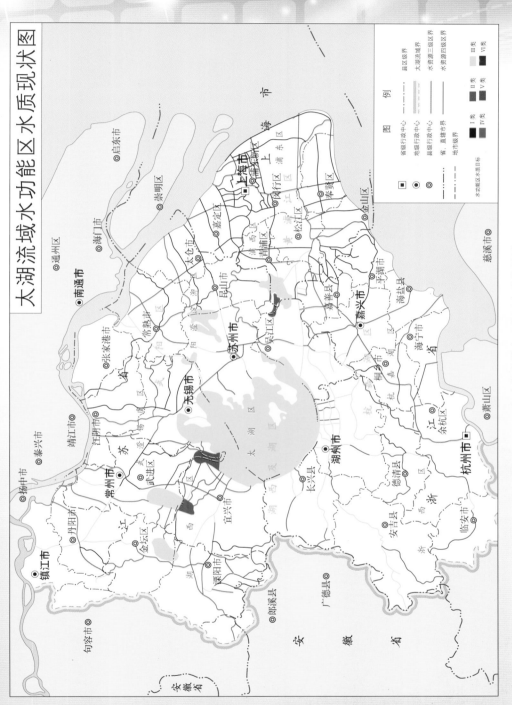

图 2.5　2013 年太湖流域水功能区水质状况图

（评价方法：年均值法；评价指标：COD_{Mn} 和 NH_3-N）

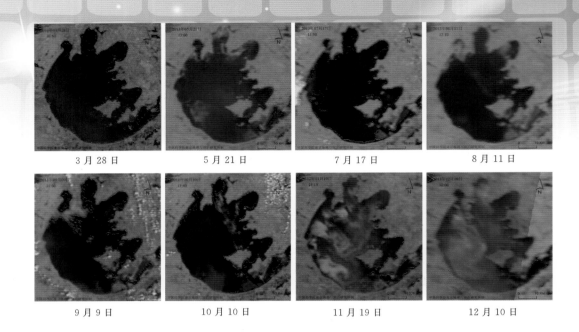

图 2.6   2013 年典型月份太湖蓝藻水华状况

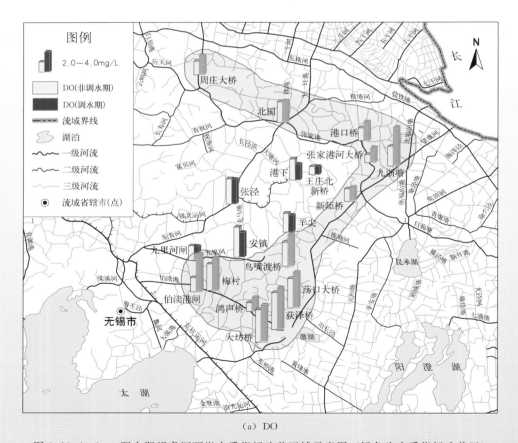

（a）DO

图 3.13（一）   调水期望虞河西岸水质指标改善区域示意图（绿色为水质指标改善区）

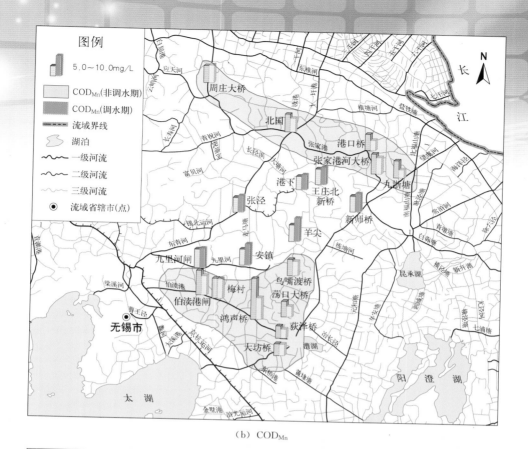

（b）COD$_{Mn}$

（c）NH$_3$-N

图 3.13（二） 调水期望虞河西岸水质指标改善区域示意图（绿色为水质指标改善区）

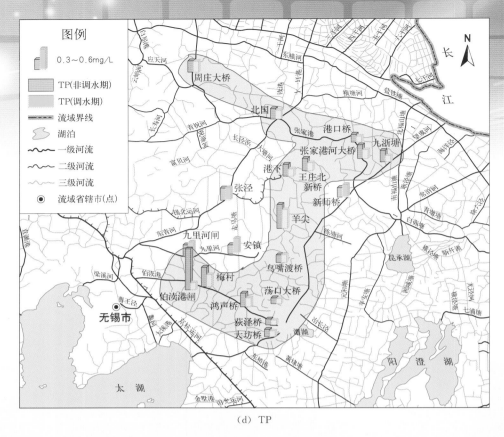

（d）TP

（e）TN

图 3.13（三）　调水期望虞河西岸水质指标改善区域示意图（绿色为水质指标改善区）

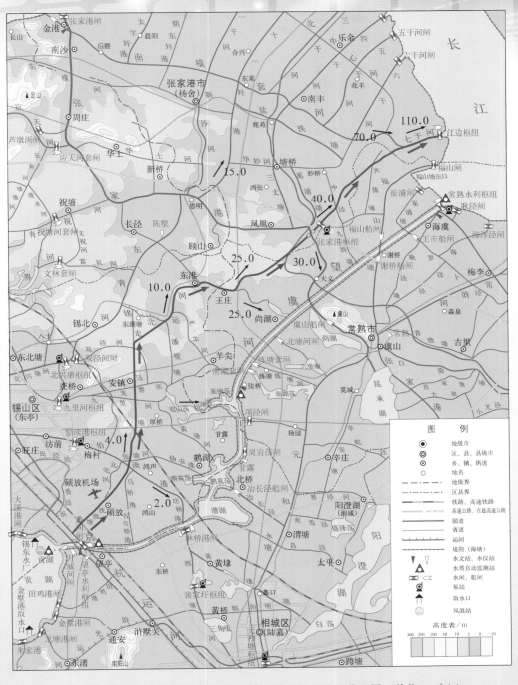

图 5.1　现状工况条件下 5 年一遇雨型时排水平均流量分配图（单位：m³/s）

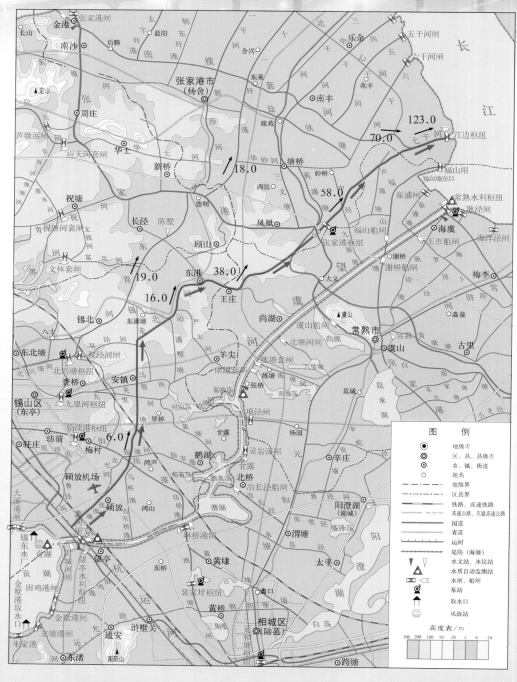

图 5.2　规划工况条件下 5 年一遇雨型时排水平均流量分配图（单位：m³/s）

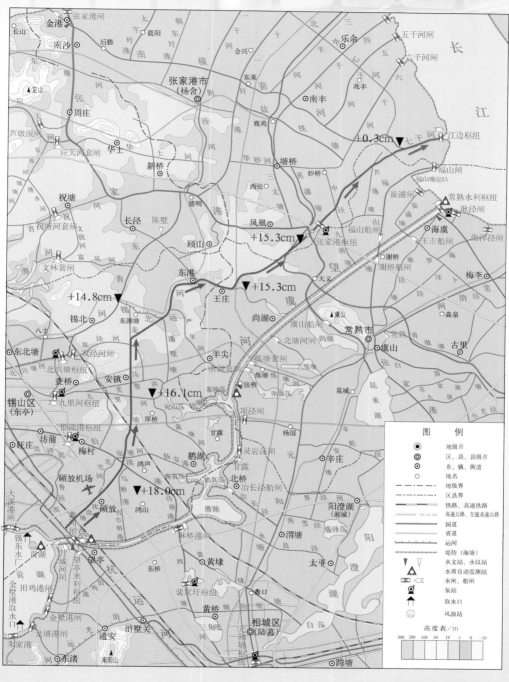

图 5.3　现状工况平水年条件下望虞河引水 100m³/s 时西岸河网平均水位抬升情况

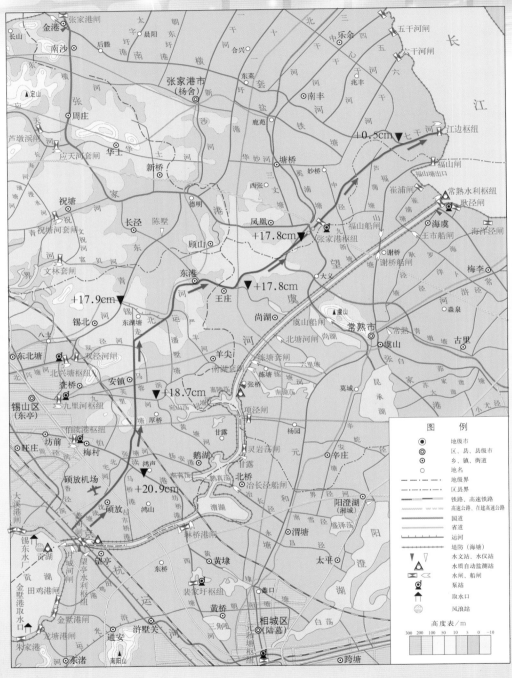

图 5.4　现状工况平水年条件下望虞河引水 200m³/s 时西岸河网平均水位抬升情况

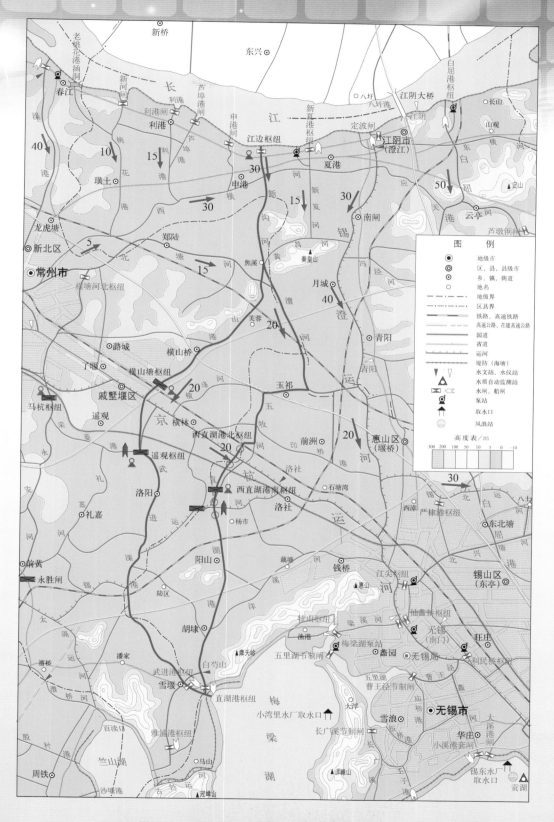

图 5.5　现状工况下引水流量分配图（单位：m³/s）

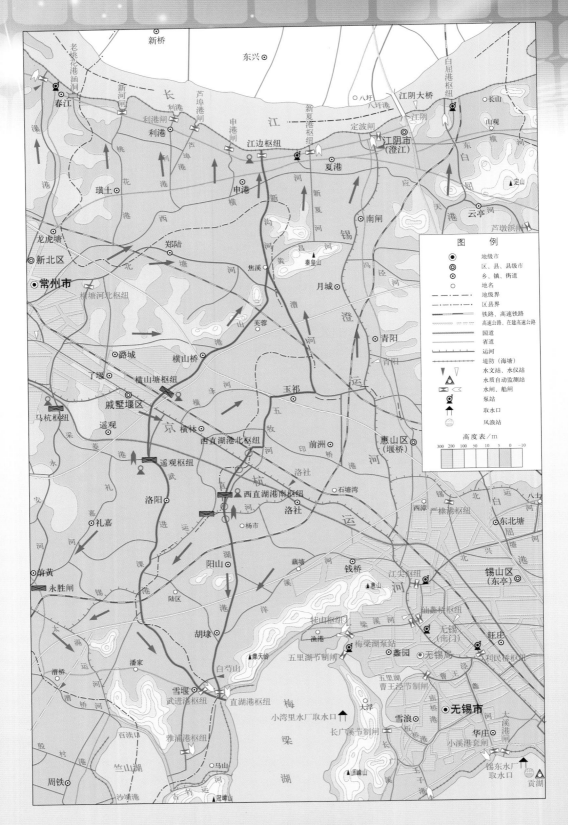

图 5.6　现状排水路径图

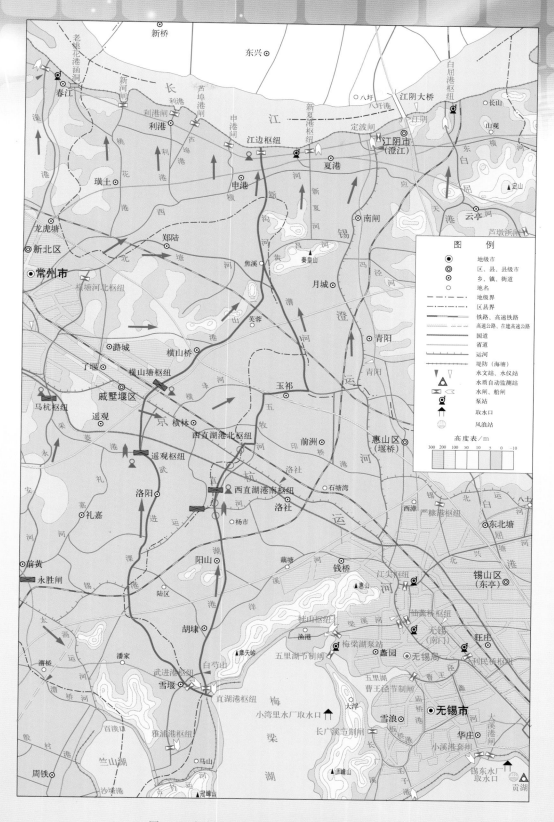

图 5.7　规划工况 5 年一遇以下涝水排水路径图

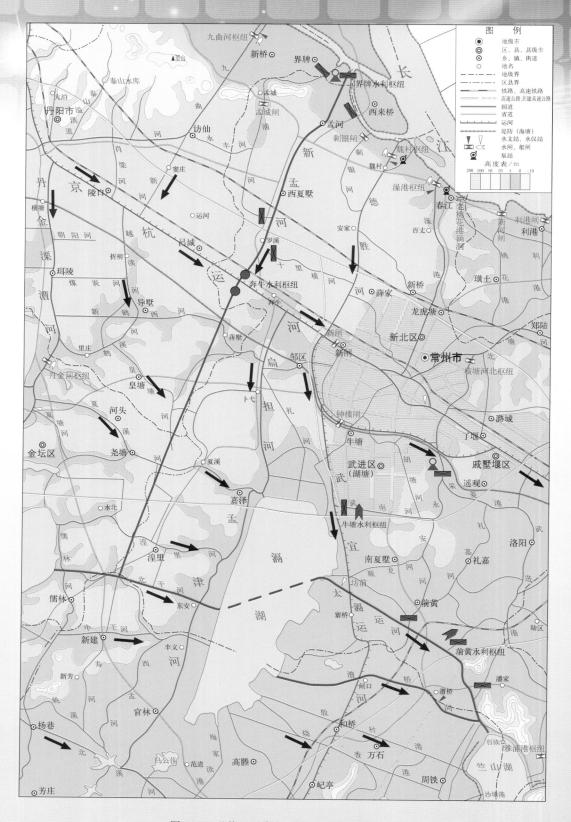

图 5.8　现状工况条件下湖西区引水路径图

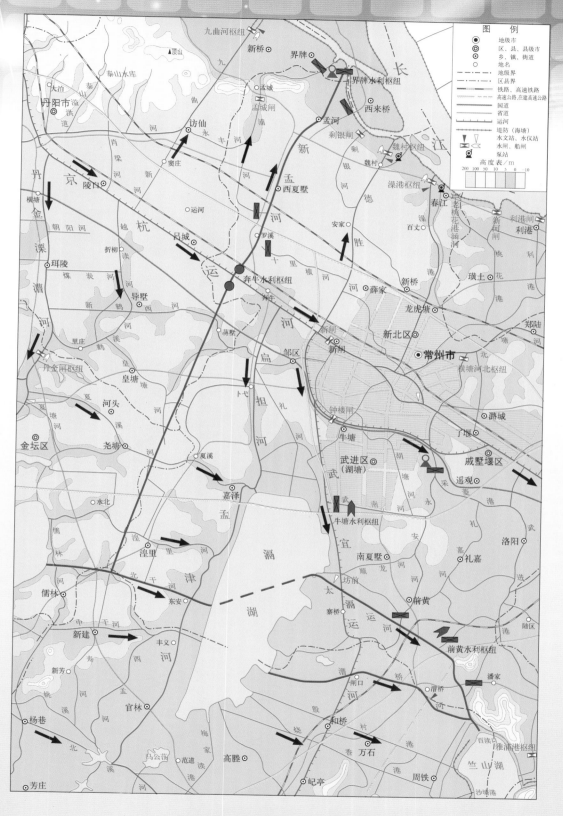

图 5.9　现状工况条件下湖西区防洪排涝路径图

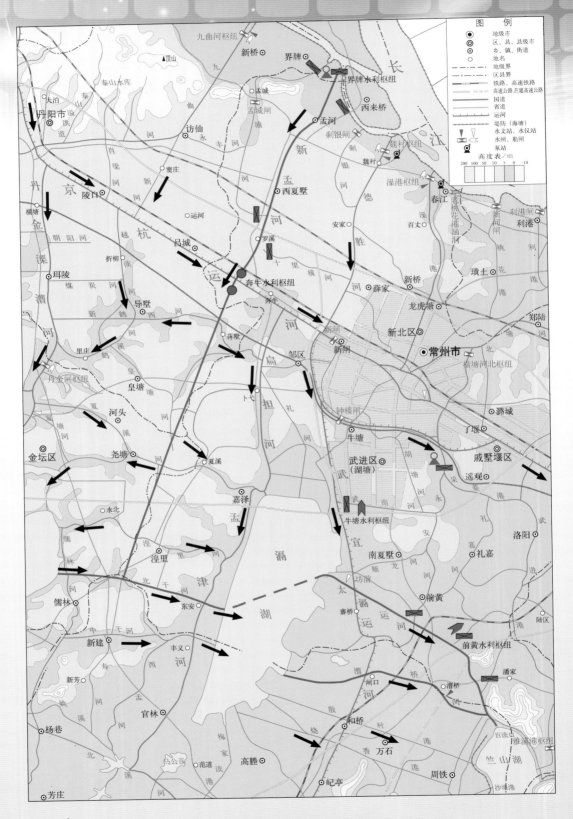

图 5.10　规划工况条件下引水路径图

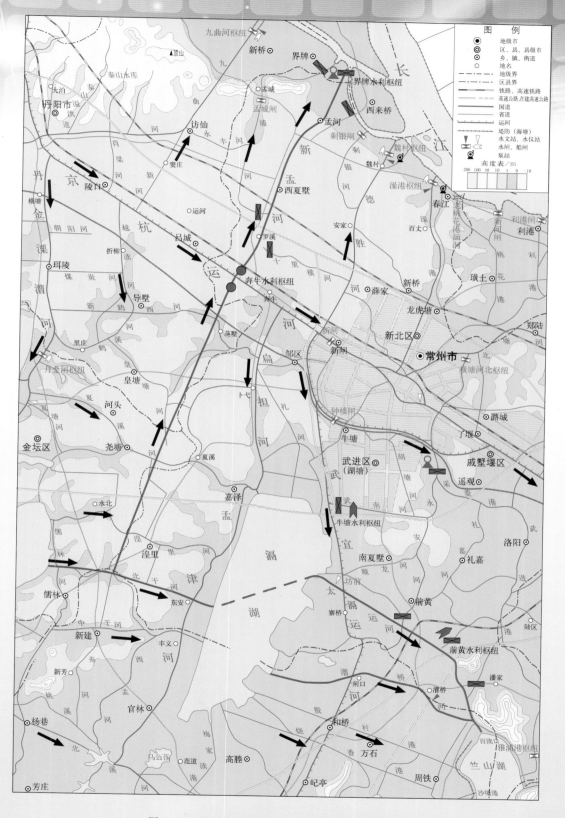

图 5.11　规划工况条件下湖西区防洪排涝路径图

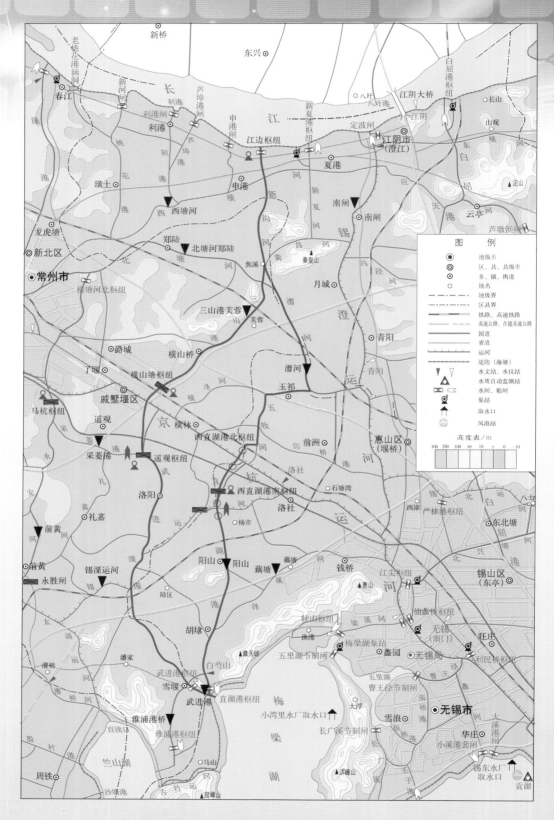

图 5.21 新沟河延伸拓浚工程对河网水质影响的考察断面位置

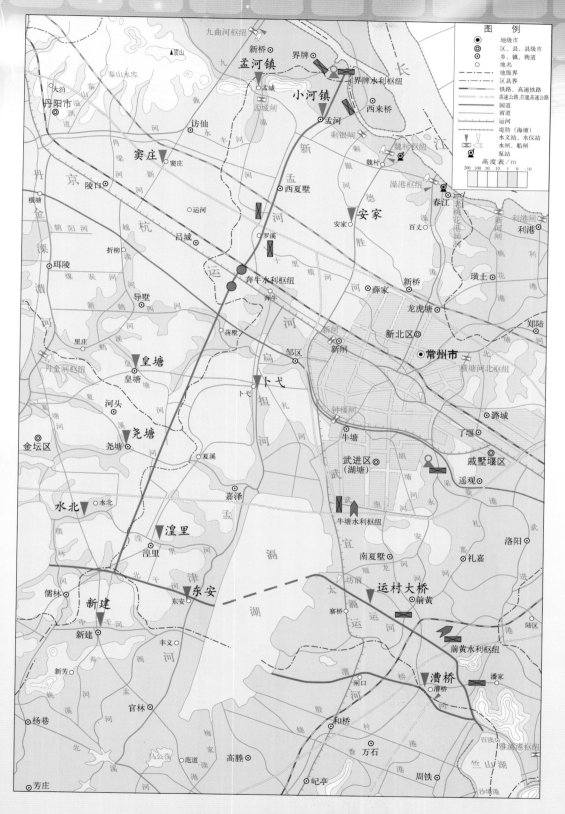

图 5.27　新孟河工程对河网水质的影响分析站位示意图

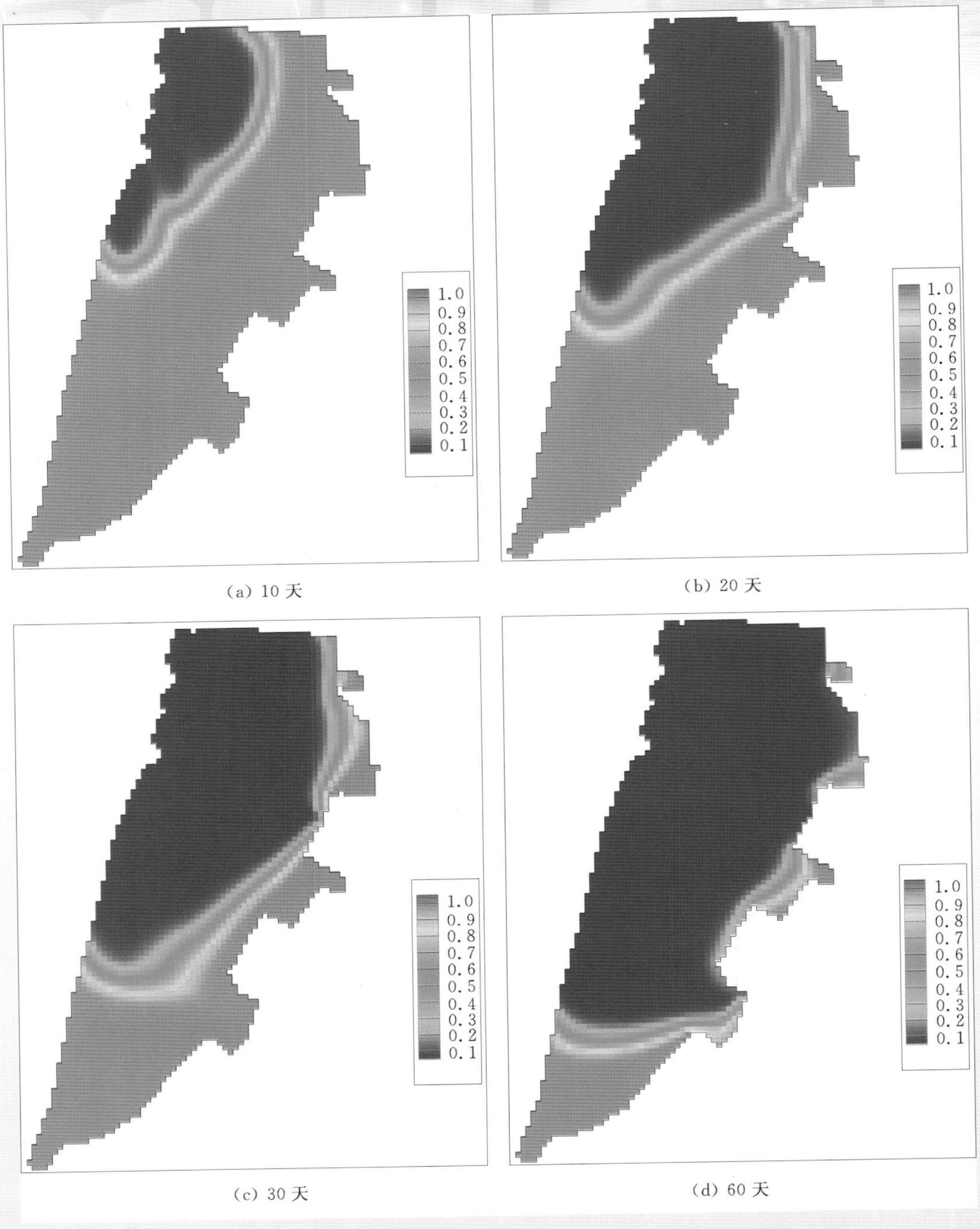

(a) 10 天

(b) 20 天

(c) 30 天

(d) 60 天

图 5.33　东南风条件下潟湖长江水的混合过程（蓝色为长江水）

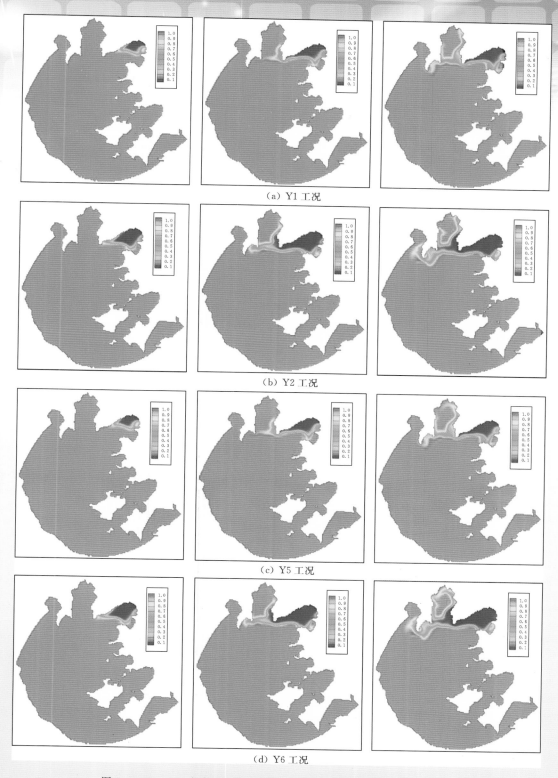

（a）Y1 工况

（b）Y2 工况

（c）Y5 工况

（d）Y6 工况

图 5.51 （一） 东南风条件下不同工况调水引流长江水的混合过程

（蓝色表示长江水，时间分别是 10d、20d、30d）

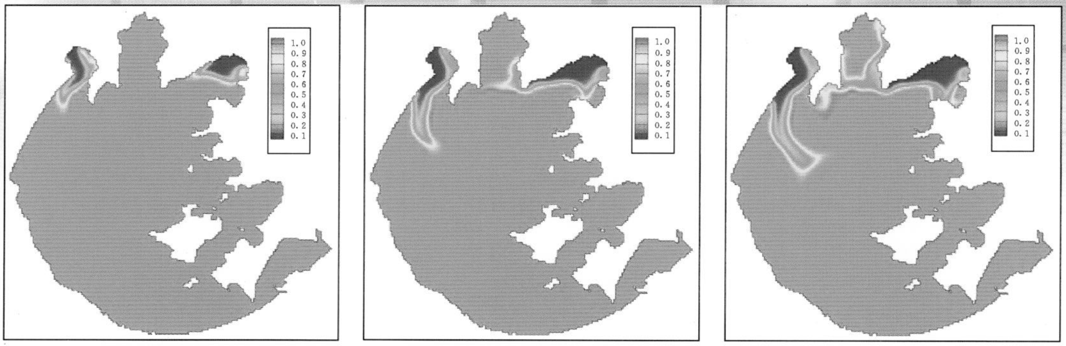

(e) Y7 工况

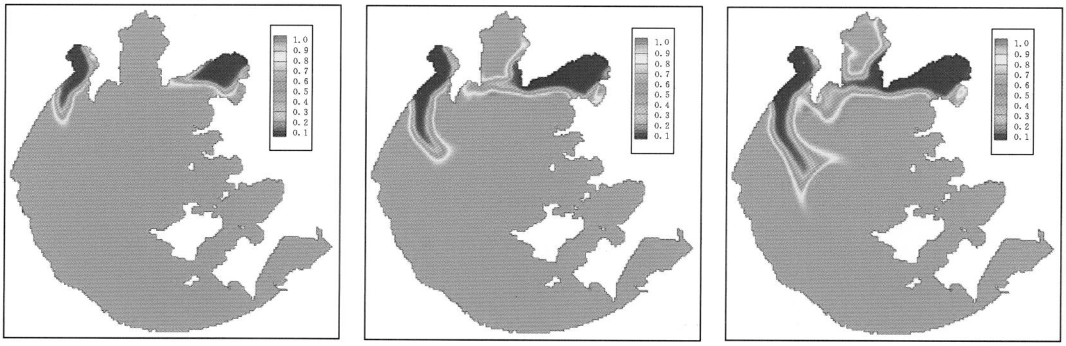

(f) Y8 工况

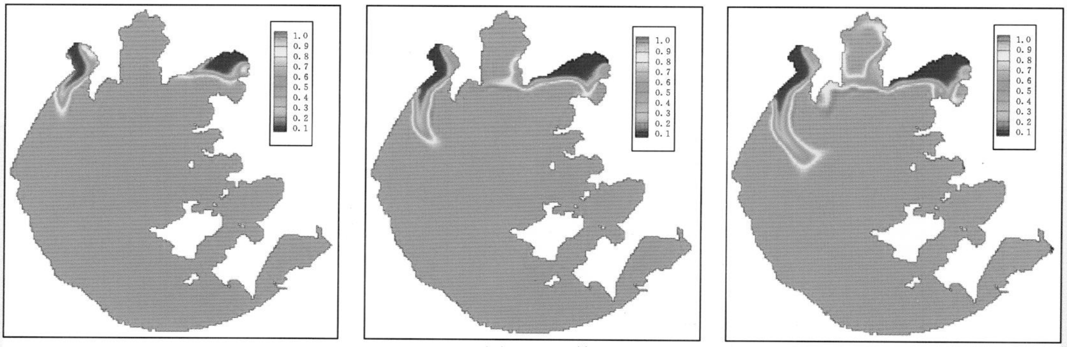

(g) Y9 工况

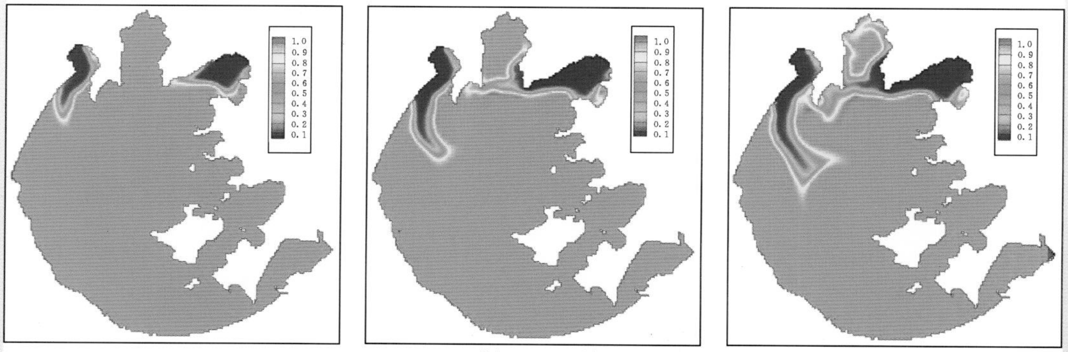

(h) Y10 工况

图 5.51（二）　东南风条件下不同工况调水引流长江水的混合过程

（蓝色表示长江水，时间分别是 10d、20d、30d）

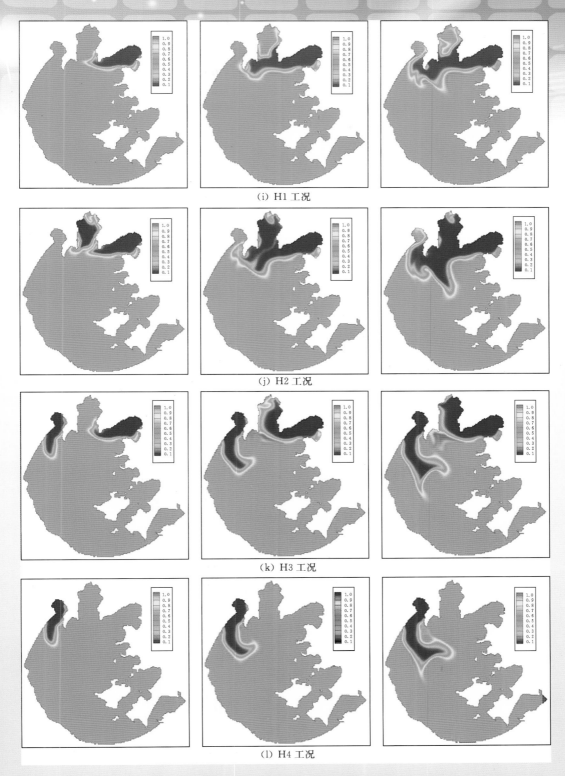

(i) H1 工况

(j) H2 工况

(k) H3 工况

(l) H4 工况

图 5.51（三） 东南风条件下不同工况调水引流长江水的混合过程

（蓝色表示长江水，时间分别是 10d、20d、30d）

图 6.18 新孟河水环境风险示意图

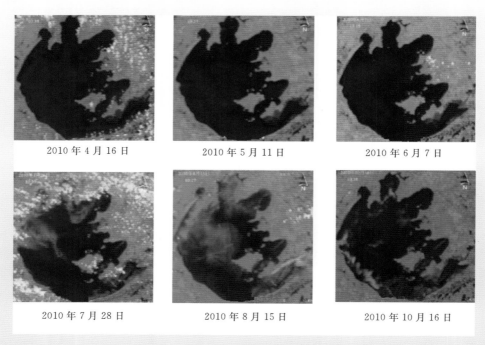

图 6.85（一） 2010—2013 年太湖卫星遥感影像

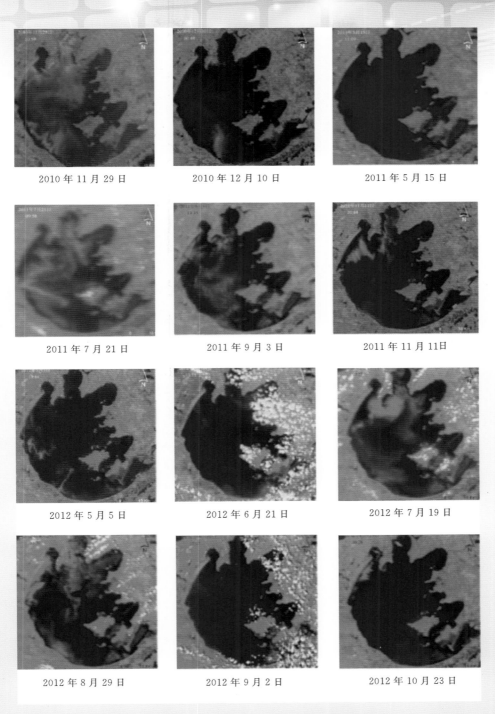

2010 年 11 月 29 日　　　　2010 年 12 月 10 日　　　　2011 年 5 月 15 日

2011 年 7 月 21 日　　　　2011 年 9 月 3 日　　　　2011 年 11 月 11日

2012 年 5 月 5 日　　　　2012 年 6 月 21 日　　　　2012 年 7 月 19 日

2012 年 8 月 29 日　　　　2012 年 9 月 2 日　　　　2012 年 10 月 23 日

图 6.85（二）　2010—2013 年太湖卫星遥感影像

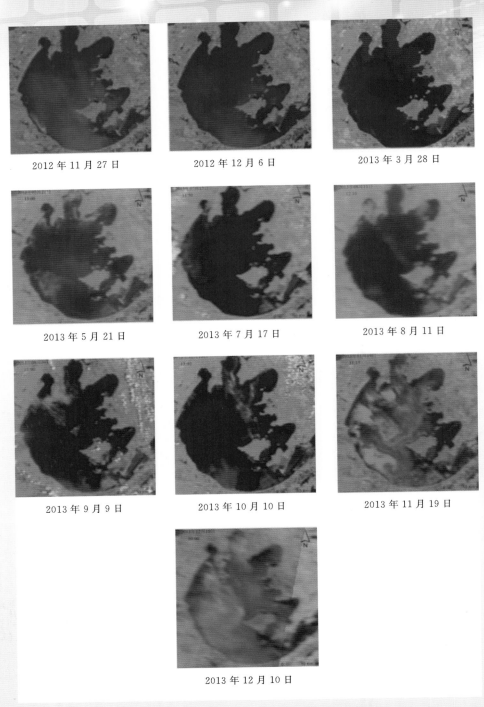

2012 年 11 月 27 日　　　　　　2012 年 12 月 6 日　　　　　　2013 年 3 月 28 日

2013 年 5 月 21 日　　　　　　2013 年 7 月 17 日　　　　　　2013 年 8 月 11 日

2013 年 9 月 9 日　　　　　　2013 年 10 月 10 日　　　　　　2013 年 11 月 19 日

2013 年 12 月 10 日

图 6.85（三）　2010—2013 年太湖卫星遥感影像